高等院校"十三五"规划教材——Python系列

DATA PROCESSING, ANALYSIS, VISUALIZATION AND DATA OPERATION USING PYTHON

Python
数据处理、分析、可视化与数据化运营

宋天龙◎编著

人民邮电出版社

北 京

图书在版编目（ＣＩＰ）数据

Python数据处理、分析、可视化与数据化运营 / 宋
天龙编著. -- 北京：人民邮电出版社，2020.9（2022.7重印）
高等院校"十三五"规划教材. Python系列
ISBN 978-7-115-52759-2

Ⅰ．①P… Ⅱ．①宋… Ⅲ．①软件工具－程序设计－
高等学校－教材 Ⅳ．①TP311.561

中国版本图书馆CIP数据核字 (2019) 第267609号

内 容 提 要

本书主要围绕 Python 在企业中的数据分析工作实践进行编写。全书共 10 章，内容包括认识 Python、
Python 语言基础、数据对象的读写、数据清洗和预处理、数据可视化、基本数据统计分析、高级数据建模
分析、自然语言处理和文本挖掘、数据分析部署和应用、数据分析与数据化运营等。本书将数据分析技术
与数据应用场景深度结合，具有很强的实用性和操作性。

本书可作为普通高等院校本科、专科统计学、商务分析、大数据等相关课程的教材，也可作为数据分析
人员的参考用书。

♦ 编　　著　宋天龙
　　责任编辑　孙燕燕
　　责任印制　周昇亮

♦ 人民邮电出版社出版发行　　北京市丰台区成寿寺路 11 号
　邮编 100164　电子邮件 315@ptpress.com.cn
　网址 https://www.ptpress.com.cn
　北京捷迅佳彩印刷有限公司印刷

♦ 开本：787×1092　1/16
　印张：15.25　　　　　　　2020 年 9 月第 1 版
　字数：368 千字　　　　　 2022 年 7 月北京第 4 次印刷

定价：49.80 元

读者服务热线：**(010)81055256**　印装质量热线：**(010)81055316**
反盗版热线：**(010)81055315**
广告经营许可证：京东市监广登字 20170147 号

随着市场竞争的日益激烈和互联网的迅猛发展，数据分析工作的价值越来越受到企业的重视。数据分析工作中有多种工具可供选择，如 Excel、Python、R、SPSS Statistics 等，而 Python 无疑是现阶段最常用的工具之一。它除了具备开源免费、生态完善、多场景应用、快速上手及强大的数据分析功能等特征外，在机器学习、人工智能等领域也大放异彩。

本书结合 Python 的众多特性，讲解 Python 在数据分析、数据可视化和数据建模领域最常用的知识，以及在数据化运营中的实际应用方法，是一本知识结构完整的应用型教材。

本书具有以下特点。

（1）内容全面。本书在内容设计上，涵盖了从数据源端到应用端完整的工作环节；在知识结构上，涉及了从统计学到统计分析、从结构化数据算法建模到非结构化数据的文本挖掘和自然语言处理等与数据分析相关的知识。

（2）案例贴近生活实际。本书所选案例均来源于企业工作实际，有助于提高读者的实践能力。

（3）布局合理。本书从数据报告矩阵、分析指标矩阵、探索维度矩阵以及应用场景矩阵 4 个维度，详细阐述了如何全方位地在企业运营中形成数据闭环，利于读者理解。

本书内容如下。

第 1 章认识 Python，主要介绍 Python 的概念、如何准备 Python 程序环境、Python 数据分析库和 Jupyter 的常用操作等。

第 2 章 Python 语言基础，从各个角度介绍 Python 的基本用法，以及数据分析中 Pandas 库的常用操作等。

第 3 章数据对象的读写，主要介绍目录与文件的操作方法，数据文件、数据库的读写方法，以及数据对象持久化的操作方法等。

第 4 章数据清洗和预处理，主要介绍常用的结构化数据和非结构化数据预处理的相关知识等。

第 5 章数据可视化，从应用角度介绍如何在不同场景下选择最合适的可视化方式等。

第 6 章基本数据统计分析，主要介绍基本的数据分析方法等，内容简单易学、实用性强。

第 7 章高级数据建模分析，主要介绍当前各个主题下的应用模型以及常用算法等，并以案例的方式再现了整个使用过程。

第 8 章自然语言处理和文本挖掘，主要介绍文本的进阶应用和挖掘知识等。

第 9 章数据分析部署和应用，主要介绍数据分析自动化应用和高级落地的方式等，旨在最大化地减少数据分析师的重复工作,提高其工作效率。

第 10 章数据分析与数据化运营,从数据报告矩阵、分析指标矩阵、探索维度矩阵、应用场景矩阵等几个方面,介绍如何建立全面的数据应用体系。

学习完本书的知识,读者不仅能够掌握数据分析的常用知识和技巧,还能获取 Python 在数据分析中的实践能力。

本书由宋天龙编著。本书对很多实践内容的总结都来源于触脉(北京)咨询有限公司。该公司不仅在国内在线数据监测分析领域具有一定地位,更在数据分析、咨询、开发等领域积累了丰富的行业经验和专业资源。在本书的编写过程中,编者得到了王晓东和柳辉先生的帮助和支持,在此表示感谢。同时,也感谢张默宇、张璐、许嫚、张伟松、白迪、孙沐源、石光远、洪佳等(排名不分先后)的帮助。另外,还要感谢我的夫人姜丽女士,是她的巨大付出才使我有了写作的空间和时间,以保障本书顺利出版。限于篇幅,还有很多人无法一一列出,在此一并深表感谢。

本书的代码部分将使用 Jupyter Notebook 完成。读者可在人邮教育社区(www.ryjiaoyu.com)免费下载附件。

由于时间仓促,加之编者水平和经验有限,书中难免有欠妥之处,恳请读者批评指正。

宋天龙

2019 年 12 月

第 1 章 认识 Python

本书旨在帮助读者使用 Python 解决数据分析工作中遇到的相关问题，因此，本章将先介绍 Python 与数据分析的基本概念、如何准备 Python 程序环境、Python 数据分析库，以及 Python 交互环境 Jupyter。最后，通过一个 Python 程序实现在 Jupyter 交互环境中输出"hello world"语句。

1.1 Python 与数据分析

1.1.1 Python 的概念

Python 是一种面向对象的解释性高级编程语言。1989 年的圣诞节，荷兰人吉多（Guido）开始编写 Python 语言的编译器。1991 年，第一个 Python 编译器诞生，这标志着 Python 的第一个版本正式诞生。

Python 语言的魅力在于使开发人员可以花更多的时间用于思考程序的逻辑，而不是具体的实现细节。它是目前最流程的编程语言之一。借助丰富的第三方库，它在数据分析、数据挖掘和数据化运营中的应用十分广泛。它的特点如下。

（1）开源/免费。任何使用者都无须付费，这是开源最大的魅力之一。

（2）可移植性。Python 程序只需一次开发便可在 Windows、Linux、Mac 等多平台运行。

（3）丰富的第三方数据工作库。Python 语言除了自带数学计算库外，还包括丰富的第三方库和工具用于连接结构化和非结构化数据库，进行数据科学计算和处理、机器学习和深度学习等。

（4）强大的数据获取和集成能力。Python 语言除了支持多种类型的文件和数据库集成外，还能通过 API、网络抓取等方式获取外部数据。

（5）海量数据的计算能力和效率。Python 语言可轻松应对 GB 甚至 TB 级别的海量数据。

（6）与其他语言集成。Python 语言具备"胶水"能力，能与 Java、C、C++、Matlab、R 等语言集成使用。

（7）强大的学习交流和培训资源。Python 语言已经成为世界上最主流的编程语言和数据处理工作的核心工具之一，有非常多的社区、博客、论坛、培训机构、教育机构提供交流和学习的机会。

（8）开发效率高。Python 语言简洁、规范、开发效率高，如要实现相同的功能，Python 语言需要的代码量明显少于其他程序设计语言。

（9）简单易学。Python 语言的语法简单，即使是没有任何代码基础的人，也能在几小时内掌握基本的 Python 编程技巧。

1.1.2 数据分析与 Python

数据分析是指使用统计分析、算法和建模等方法，对特定的数据集进行分析、探索和研究，以提取有价值的信息、挖掘规律或得到有效结论的过程。

在实际生活和工作中，人们通过数据辅助判断、提供决策依据以及做出更科学的行动建议。从广义上看，任何通过数据来实现目标的过程，都是数据分析的过程。因此，数据分析不局限于简单的数理统计或统计分析概念，而是扩展到所有与数据相关的分析方法或算法。因而，在广度上，数据分析可以包含传统的机器学习或数据挖掘领域的分析，这些领域都是通过数据来解决特定问题。

使用 Python 做数据分析，一方面，源于 Python 语言本身的简洁易用性，以及在数据分析方面具备专业的工具库，这极大地降低了数据分析的技能应用门槛；另一方面，Python 语言在应对结构化、非结构化等多类型数据以及海量数据集时，仍然具有非常好的适应性和扩展性，这使 Python 语言的应用场景不会局限于特定的分析场景。因此，使用 Python 语言做数据分析是大多数用户的不二之选。

1.2 准备 Python 程序环境

Python 程序环境一般包含两个方面内容：Python 标准程序和 Python 第三方库。

（1）Python 标准程序是 Python 官方发行的标准环境，包含了完整的用于实现各种开发和应用的功能、库和包等。

（2）Python 第三方库是非官方开发的用于实现特定目的的库，如分布式爬虫、矩阵计算等，这些库一般都针对特定领域做了优化和提高。

1.2.1 安装 Python 程序

安装 Python 程序一般有以下两种方式。

（1）通过官方网站下载 Python 标准程序并安装，然后根据后期使用需求，分别手动安装第三方库。

（2）通过特定的集成发行版安装，如 Anaconda，可一次性完成 Python 标准程序和常用第三方库的安装。

这里推荐使用第 2 种方式，使用 Anaconda 安装 Python 程序环境。Anaconda 是一个开源的 Python 发行版本，其包含了 conda、Python 等 180 多个科学包及其依赖项。它是科学计算领域非常流行的 Python 包以及集成环境管理的应用。它的优势主要表现在以下几个方面。

① 默认安装好 Python 标准程序，无须单独下载安装；常用的数据分析和挖掘包，如 Pandas、NumPy、SciPy、Statsmodels、scikit-learn（sklearn）、Matplotlib 等也一应俱全。

② Anaconda 已经将不同安装包的依赖关系全部解决，避免不同包在安装顺序和环境依赖方面的困扰。

③ 支持 Windows、macOS 和 Linux 多平台，且紧跟 Python 标准程序更新的步伐。

④ 提供多种 Python 交互功能，包括界面化的方式引导、多种交互环境，如 IPython、Jupyter、Spyder 等，甚至连具体细分工具的学习资源都准备好了。

安装 Anaconda，只需要登录 Anaconda 官网下载对应版本的安装包即可。如图 1-1 所示，目前 Anaconda 发行的最新 Python 版本包括 32 位和 64 位的 Python 2.7 和 Python 3.7。本书选择的是 64-Bit Graphical Installer（614.3 MB）。

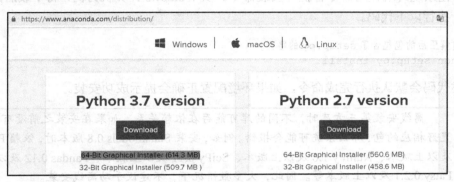

图 1-1　Windows Anaconda 下载页面

1.2.2　安装第三方库

虽然 Anaconda 已经安装了常用的库，但总有一些库是未收录在其发行版本中的。下面介绍如何自行安装第三方库。

安装 Python 第三方库，用户可通过 pip、easy_install（不推荐使用）、conda（Anaconda 提供）以及默认的 setup 方法安装。这里倾向于优先选择 pip 或 conda 安装，其次使用 setup 命令安装。pip 和 conda 的使用方法基本类似，这里以 pip 为例。

1. 使用 pip 安装第三方库

pip 是 Python 包管理工具，提供了对 Python 包的查找、下载、安装、更新、卸载等功能。Python 2.7.9+或 Python 3.4+以上版本都自带 pip 工具，使用 pip 安装第三库需要调用 install 方法，用法是：pip install PACKAGE。其中，install（安装）表示 pip 的应用方法。除了 install 外，还有 list、show、check、uninstall 等。package 表示目标库的对象，它可以是一个文件地址，也可以是库名。例如，以下两种方式都能实现 scikit-learn 库的安装。

```
pip install scikit-learn                                          # ①
pip install https://files.pythonhosted.org/packages/b2/9d/
3e18b1191331d9a467426fb4625c17de1aae29d371696f38a5e05238e99/
scikit_learn-0.20.1-cp36-cp36m-win_amd4.whl                       # ②
pip install scikit_learn-0.20.1-cp36-cp36m-win_amd4.whl           # ③
```

代码①实现了在线安装 scikit_learn，此时要求必须联网；代码②通过一个在线 whl 文件实现在线安装 scikit_learn，但该文件可以是任何一个第三方机构发行的库，而非标准库；代码③基于本地的 whl 文件完成 scikit_learn 的安装。

使用 pip 或 conda 在线安装第三方库的基本前提是目标库已经存在于安装源中，原因是这两个命令都是在特定的安装源中查找目标库，而目标库需要预先发布到安装源中。

2. 使用 setup.py 配合 install 方法安装第三方库

每个第三方库都有一个源码文件压缩包，格式为.tar.gz 或.zip，如 pandas-0.19.2.tar.gz、numPy-1.12.1.zip，将压缩包从 pypi（或其他资源）下载到要安装的服务器或本地计算机并解压，然后在系统终端使用命令行执行安装命令。以 Windows 计算机为例，将下载后的压缩包解压后，执行以下代码。

```
cd [解压后的包包含了 setup.py 的路径]
python setup.py install
```

上述代码会默认执行完成命令，如果环境配置正确会提示成功安装。

离线安装第三方库时，不同的库可能存在依赖关系，如果在安装之前没有安装和配置好相应的包，那么系统可能会报错。例如，安装 Statsmodels 0.8 版本时，依赖 Python 2.6 及以上版本、NumPy 1.6 及以上版本、SciPy 0.11 及以上版本、Pandas 0.12 及以上版本、Patsy 0.2.1 及以上版本等。因此，大多数情况下，不建议手动离线安装。

1.3 Python 数据分析库

在用 Python 做数据分析的过程中，除了使用 Python 的基础语法实现自定义功能外，分析人员还会借助于第三方库已经封装的功能实现更快速、高效的数据处理和分析功能。常见的库包括 Pandas、SciPy、NumPy、scikit_learn、Statsmodels、Gensim。

1.3.1 Pandas

Pandas（Python Data Analysis Library）是一个用于 Python 数据分析的库，它的主要作用是进行数据分析和预处理。Pandas 提供用于进行结构化数据分析的二维表格型数据结构，类似于 R 中的数据框，能进行类似于数据库中的切片、切块、聚合、选择子集等精细化操作，便于数据分析。另外，Pandas 还提供了时间序列的功能，该功能用于金融行业的数据分析。Anaconda 默认已经安装了该库。

1.3.2 SciPy

SciPy（Scientific Computing Tools for Python）是一组专门解决不同场景科学和工程计算的库，它侧重于数学、函数等相关方面的应用，如积分和微分方程求解等。Anaconda 默认已经安装了该库。

1.3.3 NumPy

NumPy（Numeric Python）是 Python 科学计算的基础库，也是 Python 进行数据计算的关键库之一，同时又是很多第三方库的依赖库。Anaconda 默认已经安装了该库。

如果读者的系统环境中没有该库，自行安装会略显复杂。原因是之后我们用到的 sklearn 的安装，会依赖带有 MKL 模块的 NumPy 库，而这个库目前需要自己安装。有需要的读者，可直接从本书附件的 libs 目录中查找 "1.带有 MKL 模块的 NumPy 包" 对应的 URL 获取下载地址。

1.3.4　scikit-learn

scikit-learn（简称 sklearn）是使用 Python 语言进行数据挖掘和机器学习的主要库之一。它是一个基于 Python 语言的机器学习工具库，内置监督式学习和非监督式学习两类机器学习方法，包括各种回归、k 近邻、贝叶斯、决策树、混合高斯模型、聚类、分类、流式学习、人工神经网络、集成方法等主流分析方法；同时支持预置数据集、数据预处理、模型选择和评估等方法，是一个非常完整的机器学习工具库。Anaconda 默认已经安装了该库。

sklearn 缺少了某些常用算法，如关联算法、时间序列算法等。不过有其他第三方库可以用于实现关联分析，时间序列也是结合 Pandas 和 Statsmodels 来实现。另外，Python 缺失的这些库恰恰是 R 语言的长处，用 Python 语言调用 R 语言的特定库执行特定程序也非常简单。

1.3.5　Statsmodels

Statsmodels 是基于 Python 语言的统计建模和计量经济学库，包括一些描述性统计、统计模型估计和统计测试，集成了多种线性回归模型、广义线性回归模型、离散数据分布模型、时间序列分析模型、非参数估计、生存分析、主成分分析、核密度估计，以及广泛的统计测试和绘图等功能。Anaconda 默认已经安装了该库。

1.3.6　Gensim

Gensim 是一个专业的主题模型 Python 语言库，用于提供可扩展统计语义、分析纯文本语义结构及检索语义上类似的文档。Anaconda 的安装包中默认不安装 Gensim，读者可以在终端命令行中使用 `pip install gensim` 命令安装 Gensim。

在 Python 数据分析中，还会涉及数据读写、预处理、可视化及与其他程序的交互库，相关库会在后续用到时再介绍。

1.4　Python 交互环境 Jupyter

Jupyter Notebook（以下简写为 Jupyter）是一个在线交互式 Web 应用服务，通过调用不同的内核程序，可支持运行 40 多种编程语言。在 Jupyter 中，用户可以编写、运行代码，可视化查看输出结果。因此，这是一款从数据读取、数据处理、数据分析、数据可视化到数据结果保存的便捷工具。

1.4.1　启动 Jupyter

启动 Jupyter 可在系统终端命令行中输入 jupyter-notebook 或 jupyter notebook，然后按回车键启动，或直接从 Windows "开始"菜单中的 Anaconda3（64-bit）目录下找到 Jupyter Notebook。如图 1-2 所示，Jupyter 会打开命令行窗口，同时默认浏览器也会打开一个新的 Tab 并进入 Jupyter Notebook 的 Web 页面，如图 1-3 所示。

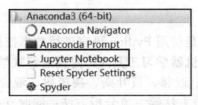

图 1-2　在 Windows 启动菜单中启动 Jupyter

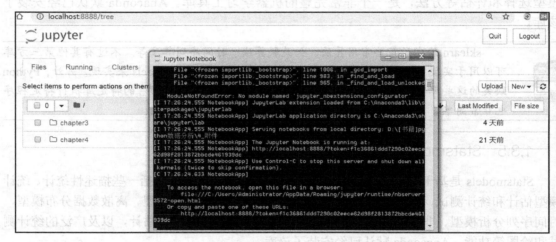

图 1-3　Jupyter 命令行窗口启动信息和 Web 页面

1.4.2　Jupyter 的功能区

在图 1-4 所示的页面中有 3 个功能区，即主功能区、文件和目录功能区、文件和目录列表。

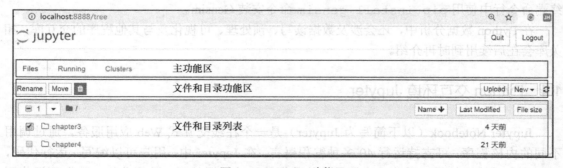

图 1-4　Jupyter 功能区

（1）主功能区。File（默认视图）展示了该空间下所有文件和目录的详细信息，用户可在该区域管理文件和目录；Running（正在执行）显示了当前在运行的 Jupyter 程序，用户可在该功能区关闭正在运行的 Jupyter 程序；Clusters（集群）显示了由 IPython 提供的并行功能项信息。

（2）文件和目录功能区。对文件和目录做新增、删除、移动、上传等操作。

（3）文件和目录列表。可查看特定目录和文件，直接单击文件可查看该文件详情。

1.4.3　Jupyter 的常用操作

1. 新建 Python 文件

单击右上角 New▾ 按钮，选择当前 Python 版本对应的文件 Python3，进入文件编辑窗口；在这里也可以创建其他的文件，选择 Text File 即可。新创建的文件，默认文件名为 Untitled.ipynd（其中.ipynd 为 Jupyter 默认的文件扩展名）。用户可在进入文件编辑模式之后，在 "File" 下拉菜单中选择 "Rename" 命令修改文件名称。

2. 编辑 Python 文件

文件编辑窗口的功能区包括 3 个部分：菜单功能区、代码相关操作区和代码区，如图 1-5 所示。

图 1-5　新交互窗口功能区

（1）菜单功能区：包括文件、编辑、视图、插入、元件、内核、小部件以及帮助菜单。

（2）代码相关操作区：包括保存、新增、运行、停止等操作按钮，这些是与代码本身相关的常用操作。

（3）代码区：在该区域内输入代码并进行代码相关操作区中的相关操作之后，即可在代码区中显示代码的运行结果。

3. 保存与恢复

保存当前文件直接按 Ctrl+S 组合键即可，此时将生成一个检查点版本。与保存不同的是，恢复有不同的场景应用。

（1）撤销或回退。如果对文件进行了多次修改，但是想返回之前的操作，可直接按 Ctrl+Z 组合健，该操作与是否保存无关。

（2）恢复到上一个检查点版本。在很多场景下，第 1 个版本已经完成，第 2 个版本修改了很多功能，此时可能无法确认到底第 2 个版本修改了哪些内容。这时可以用 Jupyter 中的 "Revert to Checkpoint" 命令来恢复到上一个检查点的版本。

目前的恢复功能只支持恢复一个检查点。例如，在 10:10、10:15、10:20 3 个时间点分别按 Ctrl+S 组合健保存文件后，在 10:20 之后使用 "Revert to Checkpoint" 功能则只能则将文件恢复到最近的 10:20 保存的文件版本。

4．导出文件

文件在 Jupyter 中编辑完成后，可以导出为多种格式的文件，如常用的 Python 文件、Jupyter 专用文件、PDF 文件等。如果在后期可能二次修改或使用该文件，那么可将该文件保存为 Jupyter 或 Python 文件；如果想将文件分享出去，可保存为 Jupyter、PDF 或 HTML 文件；如果希望分享出去的文件不可编辑，那么可选择 PDF 或 HTML 文件。

5．单元格输入和输出

单元格（Cell）类似于 Excel 中的单元格，用来输入和输出内容。单元格的输入格式包括以下 4 类。

（1）Code：当前文件内核的代码格式，本书为 Python 代码。

（2）MarkDown：一种可以使用普通文本编辑器编写的标记语言，通过简单的标记语法，它可以使普通文本内容具有一定的格式。第 2 章将会具体介绍。

（3）Raw NBConvert：类似于纯文本的格式，输入内容即输出内容，因此是"原样输出"的格式。

（4）Heading：标题格式，类似于 Word 中的标题一、标题二等，不过 Jupyter 已经不建议在这里设置标题了，而是使用 Markdown 语言中的#来设置标题。

在输入格式上，写代码时选择 Code，而做单独模块的注释时，使用 Markdown 语言。单元格输出的内容具体取决于 Code 的内容。

6．单元格常用编辑功能

单元格常用的编辑功能按钮如图 1-6 所示。

▢ 用于保存和检查点，也可按 Ctrl+S 组合键。

⊞ 用于在当前单元格下新建单元格。

✂ 用于剪切当前单元格。

▨ 用于粘贴选择的单元格。

▤ 用于在当前单元格下粘贴单元格。

↑ 和 ↓ 分别用于将当前单元格上移、下移。

图 1-6　常用单元格编辑功能

在 Jupyter 中编辑代码时，按 Tab 键可以自动补足代码。

7．执行 Python 程序

Python 程序的执行是以单元格为单位的，操作命令如下。

（1）执行当前单元格代码，可单击该单元格前的 ▶ 或按 Ctrl＋Enter 组合键。

（2）执行当前单元格代码并且移动到下一个单元格，可单击菜单功能栏中的 ▶ Run 或按 Shift＋Enter 组合键。

（3）执行当前单元格代码，新建并移动到下一个单元格，可按 Alt＋Enter 组合键。

（4）重启内核并重新执行所有单元格程序，可单击 ⏭ 按钮。

以上仅仅是利用 Jupyter 提供的工具执行单元格的程序，但在很多情况下，可能还需要执行外部文件或程序，如执行 test.py 文件。此时，可以在单元格中输入以下任意一种命令执行程序。

（1）%run test.py：调用 IPython 的魔术命令执行该文件。

（2）!python3 test.py：调用系统的 Python 命令执行该文件。

提示
 需要注意的是，文件路径要与当前执行环境一致，否则要输入完整的绝对路径或相对路径。

1.4.4 Jupyter 的魔术命令

魔术命令是指 IPython 提供的特殊命令，它将常用的操作命令以%开头的方式封装起来，使用时非常方便。以下是常用的魔术命令。

（1）%matplotlib inline。一般情况下，Python 的可视化都会用到 Matplotlib 库，要在 Jupyter 中使用该库并把结果集成到 Jupyter 中，需要使用%matplotlib inline 命令，如图 1-7 所示。

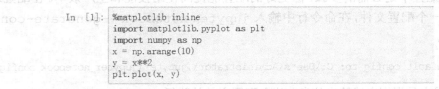

```
In [1]: %matplotlib inline
        import matplotlib.pyplot as plt
        import numpy as np
        x = np.arange(10)
        y = x**2
        plt.plot(x, y)

Out[1]: [<matplotlib.lines.Line2D at 0x7bf7ba8>]
```

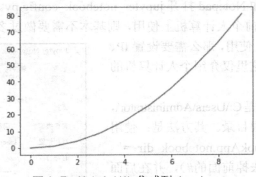

图 1-7 Matplotlib 集成到 Jupyter

（2）%ls。查看当前目录下的文件或文件夹的详细列表信息。

（3）%cd。切换工作路径。

（4）%run。执行特定的 Python 程序。若要中断程序，按 Ctrl+C 组合键。

（5）%paste 和%cpaste。粘贴剪切板中的内容。%paste 实现代码粘贴后立即执行，无须开发人员确认。该命令适合粘贴一小段功能确认的代码，直接执行%cpaste 实现代码粘贴后，需要开发人员输入"—"或按 Ctrl+D 组合键确认。该命令适合较大量的代码，尤其是代码可能来自于不同的文件，需要粘贴到一起进行二次编辑或确认。

（6）%pwd。查看 Python 当前的工作路径和目录。

（7）%time、%timeit 以及%%time、%%timeit。这 3 个命令都是用于测试代码执行时间，%time 用来测试单个单元格或单行命令执行一次的时间。%%timeit 与%time 类似，但可以基于次数测试并返回平均时间，例如，测试 10 次或 100 次，默认为测试 1000 次。如果要测试的代码不只一行，就需要%%time 和%%timeit，它们与%time 和%timeit 命令的主要区别在于支持测试多行程序。

（8）%hist。显示命令的输入（或输出）历史，在查找历史命令操作时非常有用。

（9）%quickref。显示 IPython 的快速参考。

（10）**%magic**。显示所有魔术命令的详细文档。

另外，还有一些不常用的命令，如%debug、%pdb、%prun、%statement、%bookmark、%alias、%xdel 和%reset 等。

%符号不是必须的，这意味着即使不输入%，也可以使用，如 pwd=%pwd。但前提是当前环境中没有与魔术命令同名的命令，这叫作 Automagic（自动化魔术命令）。

1.4.5　Jupyter 的配置

Jupyter 的配置不是必需的步骤，但更好的配置能提高使用技能和生产效率。在配置之前，需要手动生成一个配置文件，在命令行中输入 `jupyter notebook --generate-config`。系统提示如下。

```
Writing default config to: C:\Users\Administrator\.jupyter\jupyter_notebook_config.py
```

此时，开发人员根据上述输出信息，进入配置文件的路径：C:\Users\Administrator\.jupyter\，然后使用文本编辑器，如 Notepad 打开 jupyter_notebook_config.py。

如果 Jupyter 仅在当前个人计算机上使用，则基本不需要做过多的设置；但如果需要作为Web 服务，提供给其他人使用，那么需要设置 IP、密码、授权、端口等。这里仅介绍个人计算机的默认工作目录设置。

Jupyter 默认工作目录是 C:\Users\Administrator\，这里设置为本书附件的根目录。其方法是：使用搜索功能找到"c.NotebookApp.notebook_dir ="代码行，取消其注释（去掉前面的#），并在后面设置具体目录，如 c.NotebookApp. notebook_dir = 'D:\\[书籍]python 数据处理、分析、可视化与数据化运营\\4_附件'。

在实现上述设置后，需要将"Jupyter Notebook 属性"对话框的"快捷方式"选项卡中"目标"文本框中的"%USERPROFILE%"删除，再单击"保存"按钮。最后重启一个新的 Jupyter任务即可，如图 1-8 所示。

本书的代码部分将使用 Jupyter Notebook完成。

图 1-8　修改快捷方式值

1.5　执行第一个 Python 程序

现在，Python 数据工作环境已经基本配置完成。本节先用 Python 语言完成第一个小案例。具体步骤如下。

步骤 1　单击 chapter1 目录并进入该目录下，新建一个 Python3 文件，方法参考 1.4.3 节。

文件命名为 hello_word。

步骤2 在图 1-9 所示的单元格中，输入代码 print('hello world')。注意要使用英文状态下的单引号。

图 1-9 新文件单元格

print 语法如下。

```
print(value, ..., sep=' ', end='\n', file=sys.stdout, flush=False)
```

常用参数如下。

（1）value：要打印输出的对象值，必填。

（2）end：打印后每行的终止符号。默认以换行符（表示为'\n'）结尾，也可以配置为其他字符串或转义字符，更多转义字符会在第 3 章介绍。

（3）file：打印输出对象，默认是系统调试窗口，也可以指定为文件对象。

当 print 打印的字符串中出现'\n'时，也会出现换行。例如，输入 print('hello \n Python')，hello 和 Python 会分两行显示。

步骤3 单击单元格最左侧的"执行"按钮▶，如图 1-10 所示。

步骤4 查看打印及保存结果。在程序下面会出现程序执行的过程。本程序调用系统 print 方法打印指定对象。在执行完成后，按 Ctrl+S 组合键保存程序和运行结果，如图 1-11 所示。

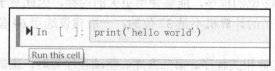

图 1-10 单元格左侧的"执行"按钮

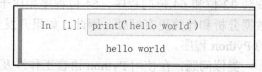

图 1-11 代码执行后输出结果

至此，用户实现了从新建文件、为文件命名、输入程序脚本、执行程序、查看和保存运行结果的完整流程。附件的 chapter1 下保存了文件的所有内容，包括程序代码和输出结果。这是我们通向 Python 数据分析的第一步！

1.6 新手常见误区

1.6.1 随意升级库到最新版本

大多数库的升级，通常意味着该库有新的功能加入或修复已知的 BUG（程序错误）。但盲目地追求新版本的升级，可能会导致以下两个潜在问题。

（1）不同版本库的开发语法和规则可能有差异，这将直接影响程序的实现。

（2）不同库之间有依赖，升级目标库之后可能对其他库的依赖产生问题。

 通过 Anaconda 安装的所有标准库和第三方库，都已经经过测试，以保证各个库都能正常工作，随意升级库的版本将很可能导致上述两个问题。

类似问题：与追求新版本类似的是追求新功能。一般新功能的稳定性都需要经过实践检验，作为学习使用是可以的，但要真正用在实际项目中则需要慎重，尤其是大版本发行时更要慎重，如从 v1.*.*到 v2.*.*这种升级。通常，最稳定的版本都是最新版本之前的版本。

1.6.2 纠结于使用 Python2 还是 Python3

Python 语言当前同时支持 Python2 和 Python3 两个版本，这两个版本的语法不完全兼容，因此在执行其他版本的程序时很可能会报错。本书建议如果没有特殊要求，则使用 Python3，原因是从现实看，目前已经基本不存在 Python3 无法实现 Python2 相关功能的场景了；从长远看，Python3 是主流。更重要的是，从 2019 年开始，很多关键的 Python 库（如 NumPy）都已经放弃 Python2 了，Python2 被放弃也只是时间问题。

类似问题：不同版本的问题不止存在于读者的学习环境（个人 Windows 计算机）中，也存在于实际生产和工作环境（公司服务器）中。当前服务器的主流系统都是 Linux，自带的 Python 版本一般都是 Python2。在 Linux 系统中可以同时安装多个 Python 版本（Windows 当然也可以），如果没有特殊要求或强制条件，仍然建议使用 Python3。

1.6.3 纠结于选择 32 位还是 64 位版本

当前个人计算机的操作系统有 32 位的，也有 64 位的，一般内存较大时（如 8GB 或以上），都会选择 64 位操作系统。在 32 位操作系统上只能安装 32 位的程序，而在 64 位系统上可以安装 32 位和 64 位的程序。64 位程序相比于 32 位的程序，能够使用更大的内存，因此对于数据分析和计算更有好处。因此，如果开发人员的计算机不是 32 位的，一般建议选用 64 位的 Python 程序。

类似问题：在使用 Python 语言工作涉及其他相关程序、第三方库、驱动程序等时，也需要使用与 Python 语言相同的版本，否则很可能由于不兼容问题导致程序无法正确执行。

实训：打印自己的名字

1．基本背景

print 命令是 Python 语言的基础且常用的命令之一，它能将目标对象输出到调试窗口。本章已经介绍了如何在 Jupyter 中打印输出 Hello World，读者可参照该方法打印输出自己的名字。

2．训练要点

（1）掌握 print 命令的基本用法。

（2）培养用中文输入和用英文输入字符串的习惯。提示：汉字输出需要用中文输入，字符串输出需要用英文输入。

3．实训要求

在 Jupyter 中新建一个 Python3 文件，在单元格中使用 print 方法打印输出自己的中文名字。

4．实现思路

（1）新建 Python3 文件。

（2）在单元格中输入 print('中文名字')，"中文名字"请以实际名字代替。

（3）执行该单元格代码，查看打印输出结果。

思考与练习

1．本章介绍的 Python 程序安装，可使用哪个集成发行版本？

2．安装第三方库可以使用哪些命令完成？

3．安装第三方库时，只能在线安装吗，能否使用本地文件安装？

4．你已经了解到哪些 Python 数据分析库，它们各自的侧重点是什么？

5．如何在 Jupyter 中新建文件、输入代码、执行代码和保存结果？

6．请在 Jupyter 中编写代码，打印输出"Hello，world"，并将这两个单词在两行显示，效果如下。

```
Hello,
World
```

第2章 Python 语言基础

本章将介绍 Python 的基础规则、数据类型、数据结构、条件表达式与判断、循环和流程控制、运算符、字符串处理和正则表达式、功能模块的封装、高阶计算函数的应用、导入 Python 库等 Python 原生的语法和规则，最后介绍 Pandas 库的基础用法。

2.1　基础规则

基础规则是指 Python 的基本语法和原则，它们的影响范围不限定于特定功能，而是全部程序。

2.1.1　Python 解释器

Python 解释器就是能解释并执行 Python 程序文件的程序，通过 Anaconda 或官网安装的 Python 语言会产生不同的解释器，或者同时安装不同 Python 版本也会有不同的解释器。

（1）基本语法：#!/usr/bin/python。#!后的具体路径就是 Python 程序文件所在的实际路径。

（2）语法位置：该程序文件的首行。

Python 解释器语法设置一般只适用于 Linux 和 UNIX。

2.1.2　编码声明

编码声明用于设置 Python 解释器在读取解释文件时的编码规则。

（1）基本语法：# coding=<encoding name> 或者 # -*- coding: <encoding name>-*-。例如，设置中文编码方式为# coding=utf-8 或者# -*- coding: utf-8 -*-。

（2）语法位置：如果首行是 Python 解释器信息，那么编码就在程序文件的第 2 行；否则编码应该在程序文件的首行。

2.1.3　缩进和执行域

如果 Python 程序文件中只有一行脚本，那么执行过程不涉及执行域或执行范围的问题。

但如果程序的功能较为复杂，用户就需要通过多行代码来完成一个功能逻辑。在 Python 语言中，用户可以通过不同层级的缩进界定功能范围。一般来说，在 Python 中以 4 个英文空格为单位实现不同层级的缩进，且不同层级的缩进量必须相同。例如，下面是一段代码的缩进示例。

```
如果 a>5:                           # 层级 1
    打印 a>5                         # 层级 2
否则：                              # 层级 1
    打印 a<5                         # 层级 2
```

上面示例中的第 1 行和第 3 行属于同一个层级，实现条件判断逻辑；第 2 行和第 4 行分别缩进 4 个空格，属于第 2 层级，它们分别在相应条件下有不同的功能。如果其内部有更多子层级，那么可在此基础上再缩进 4 个空格（即 8 个空格）以表示子级别的功能，依此类推。

2.1.4　长语句断行

长语句断行是指一条语句太长，人为地将其拆分为两行或多行，这样做的目的是提高程序的可读性。一般情况下，一行语句的最大长度是 79 个或 80 个字符。

由于长语句原本是一条语句，因此不能直接使用回车键断行，而应该使用反斜杠\。示例如下。

```
print('这是一个条非常非常非常非常非常非常非常非常非常很长很长很长很长的语句')  # ①
print('这是一个条非常非常非常非常非常非常非常非常\
很长很长很长很长的语句')  # ②
```

代码①是一行，代码②在特定位置加入"\"符号后，使用回车键将长语句断行。

　　　　一般断行都会选择在有区别意义的功能或规则处断开，因此断行不一定都在语句接近 80 个字符时才使用，在 75、79 等多个字符长度时都可能断行。

2.1.5　单行和多行注释

注释是在程序中用于说明或解释特定用途、功能、注意点等关键信息的方法。除了特别简单的代码外，程序一般都要添加注释。根据内容的量级差异，注释可分为单行注释和多行注释。

1．单行注释

单行注释用于注释特定语句或行的信息，使用#实现。示例如下。

```
print('Learn Python') # 打印输出字符串——这里是注释信息
```

2．多行注释

多行注释用于较多功能尤其是模块化封装的功能中，如函数等。与单行注释的区别是，多行注释使用 3 个单引号 ''' 或者 3 个双引号 """ 将注释引起来。示例如下。

```
'''
```

```
这是多行注释第一行
这是多行注释第二行
'''
print('Learn Python')
```

 在注释中可使用多种格式的字符串，但需要编码支持，否则会导致文件打开时乱码。

2.1.6 变量的命名规则和赋值规则

Python 中的变量需要先命名再使用，变量的命名规则和赋值规则如下。

1．命名规则

一般而言，Python 的命名有以下规则。

（1）变量名由数字、字母、下画线组成，但不能以数字开头。

（2）变量名不能使用 Python 关键字，如 if、while、enumerate、true 等。

（3）变量名区分大小写，如 a=1 和 A=1 是不同的变量。

（4）使用可理解、行业通用的变量名，而非无意义的简写，便于理解变量含义。

2．赋值规则

变量在赋值时，使用=（等号）实现，如 is_man = 1 或 is_women=False。等号左边是变量名，等号右边是变量值。任何一个对象都能赋值给变量，包括数字、字符串、日期、数组、矩阵等。

2.2 数据类型

在 Python 默认标准库中，数据的数据类型包括数字型数据、字符串型数据、日期型数据三大类。

2.2.1 数字型数据

Python 常用的数字型可细分为整数型、浮点型、布尔型和复数类型 4 种。以下仅介绍前 3 种。

```
a1 = 2          # 整数型，等价于 int(2)
a2 = 2.1        # 浮点型，等价于 float(2.1)
a3 = True       # 布尔型，等价于 bool(1)
```

代码中的 a1、a2、a3 分别定义了整数型、浮点型、布尔型的对象。

（1）a1 的整数型值域可包含正数、负数和 0。

（2）a2 的浮点型默认使用双精度浮点数，其值域受制于底层的机器架构。

（3）a3 的布尔型值域只有 True 和 False 两种，而在实际计算时会按照 True=1 和 False=0 来运算，这是一类特殊的数字型数据。

2.2.2 字符串型数据

字符串是以字符为单位进行处理的，bytes 类型是以字节为单位处理的。以下代码中的 a5 和 a6 分别创建了一个字符串类型和一个 bytes 类型的对象，它们常用于定义带有名称或内容的对象。

16

```
a5 = '字符串'                              # 字符串
a6 = bytes ('字符串','utf-8')              # bytes
```

（1）a5 的字符串类型是由 Unicode 码位值组成的序列，范围为 U+0000～U+10FFFF，范围内的任何一个对象都能表示出来，如中文、英文、标点符号等。字符串类型可通过 1 对单引号、1 对双引号或 3 对单引号或 3 对双引号创建。例如，a5 = '字符串'、a5 = "字符串"、a5 = """字符串"""和 a5 = '''字符串'''是等价的定义效果。

（2）a6 的 bytes 类型可通过 bytes()方法或 b'方法（字符串前加前缀 b，后面使用与字符串相同的引号方法）创建，其中 bytes 方法可以指定对象的编码规则，如中文可以用 utf-8；而直接使用 b'方法，要求字符串必须是 ASCII 字符串。

　　某些字符串内部也会存在引号，如 Tony said"Hello"。在定义该字符串时，只需保证外部字符串与内部字符串的引号不重复即可，如 strs = Tony said "Hello"。

2.2.3　日期型数据

日期型数据其实并不是 Python 内置类型，而是 Python 标准库 time 和 datetime 中的类型。除了这两个库外，Python 标准库中的 calendar（日历）也能实现日期、时间的操作。由于日期在各种事务型数据和原始数据中很常见，因此下面介绍常用的日期类型。这里以 datetime 库为例介绍日期型的用法。

```
from datetime import datetime
date_info = datetime.today().date().strftime('%Y-%m-%d')               # ①
time_info = datetime.today().time().strftime ('%H:%M:%S')              # ②
Datetime_info = datetime.now().strftime('%Y-%m-%d %H:%M:%S')           # ③
Datetimestamp_info = datetime.now().strftime('%Y-%m-%d %H:%M:%S %f')   # ④
Datetimestamp_info2 = datetime.now().timestamp()                       # ⑤
```

代码第 1 行实现了直接导入 datetime.datetime 的方法，后续所有的 datetime 都代表 datetime.datetime。这个需要注意。

代码①～代码⑤分别实现获取当前日期、时间、日期时间、时间戳（其中代码④和代码⑤是两种不同的时间戳表示方式）。

（1）Date：日期，由代码①实现，结果为 2019-03-03。

（2）Time：时间，由代码②实现，结果为 14:52:53。

（3）Datetime：日期时间，由代码③实现，结果为 2019-03-03 14:52:53。

（4）Datetimestamp：时间戳，由代码④和代码⑤实现，这种类型的数据广泛应用在电子商务、金融等数据记录中。代码④的输出格式为 2019-03-03 14:52:53 966318；代码⑤实现了使用 Unix 方法表示时间戳的格式，结果为 1551595973.966318。

　　上述结果用字符串类型表示日期，目的是方便读者了解输出格式。而原始的数据类型不是这种格式。例如，datetime.today().date()的输出结果是 datetime.date(2019, 3, 22)。

2.2.4　数据类型的判断与转换

大多数数据类型间可以相互转换，以便应用到不同的应用场景。

1. 数据类型的判断方法

判断对象的类型可使用 type 或 isinstance 方法。

（1）type 的用法是 type(object)，该方法直接返回对象的类型值。

（2）isinstance 的用法是 isinstance(object,class_or_tuple)，其中的 class 是 object 的类型，tuple 是类型的元组。该方法返回特定对象是否为 class 或 tuple 中的定义对象类型的布尔值。示例如下。

```
type(a5)                    # 使用 type 方法判断类型，返回 str
isinstance(a5,str)          # 使用 isinstance 方法判断类型，返回 True
```

Python 官方推荐使用 isinstance（isinstance 是 Python 中的一个内建函数）方法来判断数据类型，原因是它在多数情况下判断更准确。

2. 字符串类型和 bytes 类型的相互转换

字符串类型和 bytes 类型相互转换的示例方法如下。

```
str_to_bytes =str.encode(a5)
# 使用字符串的内置 encode 方法，将 a5 转换为 bytes 类型，默认使用 utf-8 格式编码
bytes_to_str = bytes.decode(str_to_bytes)
# 使用 bytes 类型内置的 decode 方法将对象解码成字符串，默认使用 utf-8 格式解码
```

3. 字符串类型和数字类型的相互转换

字符串类型转换为数字类型的示例如下。

```
a7 = '1'                    # 定义一个必须能转换为数字的字符串对象
str_to_int = int(a7)        # 使用 int 方法将字符串转换为整数型
str_to_float= float(a7)     # 使用 float 方法将字符串转换为浮点型
str_to_bool = bool(a7)      # 使用 bool 方法将字符串转换为浮点型
str_to_complex = complex(a7) # 使用 complex 方法将字符串转换为复数型
```

数字型转换为字符串型的方法较为简单，使用 str 方法即可，示例如下。

```
int_to_str = str(str_to_int)  # 使用 str 方法转换为字符串型
```

字符串类型与数字类型的相互转化，需要注意如下问题。

（1）字符串类型要转换为数字类型。要求转换后的对象必须是数字，如果是纯粹的字符串对象则不能转换为数字。例如，字符串'abcd'不能转换为数字，而'12'则可以。

（2）字符串类型转换为布尔型。传入字符串时，空字符串返回 False，否则返回 True。

4. 字符串类型与日期类型的相互转换

2.2.3 节中的日期输出，实际上是调用了 strftime 方法将日期格式转换为字符串。strftime 是一种计算机函数，根据区域设置格式化本地时间/日期；而将字符串转换为日期则使用 strptime 方法，strptime()主要按照特定时间格式将字符串类型转换为时间类型。示例如下。

```
datetime_to_str = datetime.now().strftime('%Y-%m-%d %H:%M:%S')  # 日期转字符串
str_to_datetime = datetime.strptime(datetime_to_str,'%Y-%m-%d %H:%M:%S')
# 字符串转日期
```

需要注意的是，将日期转换为字符串使用调用日期对象的 strftime 方法；将字符串转换

为日期使用 datetime 的 strftime 方法。在转换时需要注意日期格式设置必须一致，否则会导致无法正确转换或还原。日期、时间、时间戳的相互转换方法，与 2.2.4 节中的示例相同，此处仅需要使用不同的日期格式即可。

2.3　数据结构

Python 常用的内置数据结构包括列表、元组、字典和集合 4 种，这 4 种数据结构都可以通过推导式或类推导式的方式构建。

2.3.1　列表和列表推导式

列表是一个可变的有序集合，列表内部可包含任何数据类型。"可变"意味着列表内的元素可以发生改变；"有序"意味着列表内的元素都有先后顺序。

1. 创建列表

创建列表可通过两种方式：使用中括号[]或 list()方法，示例如下。

创建一个空列表：list_example1 = [] 等价于 list_example2 = list()。

列表也可以嵌套使用，如 list_example3 = [1,True,b'bytes',['a','b']]。

2. 获取元素

在 Python 的数据结构中，有序集合都可以基于索引获取对应索引位置的值。索引从 0 开始，例如，索引 0 代表第 1 个对象，索引 1 代表第 2 个对象，以此类推；最后一个位置则从−1 开始，−1 代表最后一个对象，−2 代表倒数第 2 个对象，以此类推。获取列表元素的示例如下。

```
values = [1,True,b'bytes',['a','b']]  # 列表包括 4 个元素，其中第 4 个元素为列表
values[3]          # 获取列表的第 4 个元素，结果为['a','b']
values[-1]         # 获取列表的最后一个元素，结果为['a','b']
values[:2]         # 获取列表前 2 个元素，结果为[1, True]
values[-3:-1]      # 获取列表倒数第 1 个到倒数第 3 个元素，结果为[True, b'bytes']
values[::2]        # 获取列表中从头开始的间隔一个取一个的元素，结果为[1, b'bytes']
values[3][1]       #获取列表中第 4 个元素的第 2 个值，结果为'b'
```

列表索引涉及范围索引时，默认索引包含左侧但不包含右侧，即"[ )"模式。例如，values[:2]表示索引值范围是[0:2]，索引值列表是 0、1，但不包括索引 2。

3. 列表操作

表 2-1 列出了常用的列表操作方法。

表 2-1　　　　　　　　　　　　　　列表操作方法

功能	方法	说明	示例
追加	append(object)	追加元素到列表，默认追加在列表最后，用于追加单个元素	In: a=[1,2,3] In: a.append(4) In: a Out: [1,2,3,4]

续表

功能	方法	说明	示例
清空	clear()	清空整个列表	In: a=[1,2,3] In: a.clear() In: a Out: []
复制	copy()	复制（拷贝）列表为新列表	In: a=[1,2,3] In: b=a.copy() In: b Out: [1,2,3]
批量追加	extend(iterable)	将另外一份列表对象批量追加到列表中，用于扩展列表	In: a=[1,2,3] In: b=[4,5] In: a.extend(b) In: a Out: [1,2,3,4,5]
查询值的索引	index(value)	查询列表中某个值第 1 个匹配项的索引值	In: a=[1,2,3] In: a.index(2) Out: 1
插入	insert(index, object)	将对象插入列表，与 append 不同的是，可指定元素插入的位置	In: a=[1,2,3] In: a.insert(1,4) In: a Out: [1,4,2,3]
按索引删除元素	pop(index=-1)	移除列表中的一个（默认最后一个）元素，并且返回该元素的值。使用 index 值指定删除的位置	In: a=[1,2,3] In: a.pop() Out: 3 In: a Out: [1,2]
按值删除元素	remove(value)	移除列表中某个值的第 1 个匹配项	In: a=[1,2,3] In: a.remove(1) In: a Out: [2,3]
反转列表	reverse()	反转列表	In: a=[1,2,3] In: a.reverse() In: a Out: [3,2,1]
排序列表	sort (*, key=None, reverse=False)	按列表元素大小排序，通过 reverse 参数可指定倒序排序	In: a=[1,3,2] In: a.sort() In: a Out: [1,2,3]
查看列表长度	len(object)	查看列表中有多少个对象	In: a=[1,3,2] In:len(a) Out: 3

 列表排序还可以通过索引实现。例如，表 2-1 中的反转列表功能，可以通过 a[::-1] 实现，结果同样为[3,2,1]。

4．列表推导式

列表推导式直接在列表内计算，这是 Python 非常重要的数据计算方式。

下面的示例在列表内实现简单的计算，从 range(5) 中循环取出 *i* 并乘 2，得到一个列表，结果为 [0,2,4,6,8]。

```
[i*2 for i in range(5)]
```

下面的示例通过列表计算函数，先定义功能函数，然后在列表推导式中调用函数计算每个 *i* 并返回列表，结果为 [0.0, 1.5, 3.0, 4.5, 6.0]。

```
def sum(n):
    return n+n/2
[sum(i) for i in range(5)]
```

> 列表推导式不仅写法相对于 for 循环更加简洁，而且性能更加高效。因此，建议尽量使用列表推导式来代替 for 循环实现数据计算。

2.3.2　元组和元组推导式

元组（Tuple）是一个不可变的有序集合，其内部元素可为任何数据类型。其与列表的显著差异是其不可变性。

1．创建元组

创建元组可通过两种方式：使用小括号 () 或 tuple() 方法，示例如下。

创建一个空元组：tuple_example1 = () 等价于 tuple_example2 = tuple()。

元组也可以嵌套使用，如 tuple_example3 = (1,True,b'bytes',('a','b'))。

2．获取元素

在元组中获取对象的方法与列表相同，具体可查看 2.3.1 节中获取元素的方法和示例。

3．元组操作

元组的不可变性导致其无法像列表一样可实现对象的编辑，如追加、删除、清空等，仅能查看相关的操作。表 2-2 列出了常用的元组操作方法。

表 2-2　　　　　　　　　　　　　　　　　元组操作方法

功能	方法	说明	示例
计数	count(value)	查看元素出现的次数	In: a=(1,2,2,2,3) In: a.count(2) Out: 3
查看索引	index(value)	查看特定值第一次出现的索引位置	In: a=(1,2,2,2,3) In: a.index(2) Out: 1
查看元组长度	len(object)	查看元组中有多少个对象	In: a=(1,2,2,2,3) In:len(a) Out: 5

4．元组推导式

本质上，元组没有推导式的概念，如果参照列表推导式实现元组推导式后，其结果是一个生成器对象，而并不是元组本身。

例如，a = (i*2 for i in range(5))代码执行后，通过 type(a)查看该对象，发现其返回值是<generator object <genexpr> at 0x0000000004766390>，而非 tuple。此时，可根据需要将其转换为列表（使用 list 方法）或元组（使用 tuple 方法）。例如，通过 tuple(a)得到结果(0, 2, 4, 6, 8)，此时该对象已经是一个元组。

2.3.3 字典和字典推导式

字典是一个可变的集合。字典内部的数据存储以 key:value（键值对，中间是冒号）的形式来表示数据对象的关系。例如，王守城的语文成绩是 99 分，可表示为{'王守城':99}。

1．创建字典

创建字典可通过两种方式：使用大括号{ }或 dict()方法。例如，创建一个空元组，dict_example1 = {} 等价于 dict_example2 =dict()。字典的 key（键值）必须是不可变对象，如字符串、元组等；而 value 可以是任意对象，包括字典本身，因此字典也可以嵌套使用，如 dict_example3 = {'tony':98,'lucy':{'first name':'li'}}。

除了上述方法，在对象已经是一个字典的前提下（如 dict_example1 和 dict_example2 定义），也可以通过 fromkeys 方法创建具体对象。示例如下。

```
dict_example4 = {}              # 空字典
seq = ['a', 'b']                # 列表由 2 个字符串组成，它们将分别作为后续字典的 key
values = [1, 2]                 # 列表由 2 个数值组成，它们将作为后续字典公用的 Value
dict_example4 = dict_example4.fromkeys(seq,values)
# 使用 fromkeys 方法创建了一个新字典，dict_example4 的值为{'a': [1, 2], 'b': [1, 2]}
```

注意　　values 中的值是所有字典的公用值，即所有的 value 都相同，而非每个元素的 value 值。

2．获取元素

字典内元素的获取与元组和列表不同，它不是通过索引实现的，而是通过 key 实现的。同时，字典还有多种获取不同 key 和 value 的方法。

```
values = {'tony':98,'lucy':{'first name':'li'}} # 包含嵌套字典的字典
values['tony']                  # 获取字典中 key 为 tony 的值，结果为 98
values['lucy']['first name']
# 获取字典中 key 为 lucy 的值，再从值中找到 key 为 first name 的值，结果为'li'
values.get('tony')              # 使用字典的 get 方法获取 key 为 tony 的值，结果为 98
values.keys()
# 使用字典的 keys 方法获取所有的 key 值，结果为 dict_keys(['tony', 'lucy'])，该类型可使用
list 转换为列表
values.values()                 # 使用字典的 values 方法获取 values 的值，结果为 dict_values([98,
                                {'first name': 'li'}])，该类型可使用 list 转换为列表
values.items()
# 使用字典的 items 方法获取所有的键值对组合，结果为 dict_items([('tony', 98), ('lucy',
{'first name': 'li'})])
```

提示　　字典的 get 方法用于返回指定 key 值对应的 value 值，如果没有则返回默认值。当一个新的 key 不在字典中时，可通过 default 参数设置默认值，而不使用单独写判断逻辑的方式赋值。例如，示例中，使用 a.get('c',0)设置当 key 为 c 没有返回值时，默认值为 0。

3. 字典操作

表 2-3 列出了常用的字典操作方法。

表 2-3 字典操作方法

功能	方法	说明	示例
删除所有元素	clear()	删除字典内的所有元素	In: a={'a':1,'b':2} In: a.clear()
复制	copy()	复制字典对象	In: a={'a':1,'b':2} In: b=a.copy() In: b Out: {'a':1,'b':2}
查看索引	setdefault(key, default=None)	如果 key 不存在字典中，则设置默认值，与 get 方法类似	In: a={'a':1,'b':2} In: a.setdefault ('c',0) In: a Out: {'a': 1, 'b': 2, 'c': 0}
更新字典	update(dict)	将另一个字典中的信息按新字典的 key 更新到现有字典中	In: a={'a':1,'b':2} In: b = {'a': 'fromb'} In: a.update(b) In: a Out: {'a': 'fromb', 'b': 2}
删除 key 对应的值	pop(key,[default])	删除字典给定 key 对应的值，返回值为被删除的值。如果 key 不存在，则返回 default 值	In: a={'a':1,'b':2} In: a.pop('a') Out: 1 In: a Out: {'b': 2}

4. 字典推导式

使用字典推导式也能快速地创建字典，示例如下。

```
keys = (str(i*i) for i in range(3))  # 通过元组推导式生成包含 value 值的生成器
values = [i+1 for i in range(3)]      # 列表推导式生成包含 key 值的列表
dict_final = {k:v for k,v in zip(keys, values)}
# 通过字典推导式调用上述 2 个对象生成字典，其结果为{'0': 1, '1': 2, '4': 3}
```

2.3.4 集合和集合推导式

集合是 Python 中的一个特殊数据结构，它包含了无序且不重复的元素。集合与其他数据结构的显著区别在于其不重复的特性。

1. 创建集合

创建集合可通过两种方式：使用大括号{ }或 set()方法。如 set_example1 = {1,2,3}等价于 set_example2 =set()。

前面章节也介绍了使用大括号{}创建字典的方法，本小节在创建集合时要求大括号内必须包含值，而不能为空，否则其创建的就是一个字典，而非集合。

2. 集合操作

集合虽然无法通过索引或 key 找到特定的元素，但可用于多个集合的对比、组合等操作。表 2-4 列出了常用的集合操作方法。

表 2-4　　　　　　　　　　　　集合操作方法

功能	方法	说明	示例
增加元素	add(object)	向集合内增加一个元素	In: a={1,2,3} In: a.add(4) In: a Out: {1,2,3,4}
移除所有元素	clear()	移除集合内的所有元素	In: a={1,2,3} In: a.clear() In: a Out: set()
复制集合	copy()	复制一个集合	In: a={1,2,3} In: b=a.copy() In: b Out: {1,2,3}
查找集合差异元素	difference(set)	查找两个集合的差异元素	In: a={1,2,3} In: b = {1,2} In: a.difference(b) Out: 3
删除相同元素	difference_update(set)	从一个集合中删除两个集合中相同的元素	In: a={1,2,3} In: b = {2,4} In: a.difference_update(b) In: a Out: {1,3}
删除元素	discard(object)	删除集合中的元素	In: a={1,2,3} In: a.discard(2) In: a Out: {1,3}
取交集	intersection(set)	取两个集合的交集	In: a={1,2,3} In: b={2,4} In: a.intersection(b) Out: {2}
删除不同元素	intersection_update(set)	从一个集合中删除两个集合中不相同的元素	In: a={1,2,3} In: b={2,4} In: a.intersection_update(b) Out: {2}
删除元素	remove(object)	元素必须在集合中	In: a={1,2,3} In: a.remove(1) In: a Out: {2,3}
取不重复集合	symmetric_difference()	返回两个集合中不重复的元素的集合	In: a={1,2,3} In: b={2,4} In: a.symmetric_difference(b) Out: {1,3,4}
删除重复元素并添加不重复元素	symmetric_difference_update()	删除两个集合中的重复元素并将不重复元素添加到集合	In: a={1,2,3} In: b={2,4} In: a.symmetric_difference_update(b) In: a Out: {1,3,4}

续表

功能	方法	说明	示例
取并集	union(set)	取两个集合的并集	In: a={1,2,3} In: b={2,4} In: a.union(b) Out: {1,2,3,4}
添加集合	update(set)	向一个集合中添加另一个集合	In: a={1,2,3} In: b={2,4} In: a.update(b) In: a Out: {1,2,3,4}

3. 集合推导式

集合推导式的写法更类似于列表推导式，示例如下。

```
a = {i for i in range(5)}
```

 　　与 set 类似的还有一个 frozenset，二者的区别在于 set 是可变集合，而 frozenset 是不可变集合。其特点是一旦创建，就不可更改，这个特性与元组类似。

2.3.5　数据结构的判断与转换

判断数据结构可使用 type 或 isinstance 方法，具体请参照 2.2.4 节中数据类型的判断部分。在不同数据结构间转换时，由于不同数据结构的特性是不同的，因此不是所有的数据结构都能等值（保持原值不变）转换。

1. 列表和元组转换

列表与元组之间只需通过 list 或 tuple 方法转换即可。例如，先通过 a = ['1','2','3']定义一个列表，然后使用 tuple(a)方法将其直接转换为元组，结果为('1','2','3')。

2. 列表、元组和集合的转换

列表和元组可直接使用 set 方法转换为集合。例如，先通过 a = ('1','2','1')定义一个元组，然后使用 set(a)方法将其直接转换为集合，结果为{'1', '2'}。注意：集合会将列表或元组中重复的值去掉。

2.4　条件表达式与判断

条件判断是通过条件表达式实现的，这是数值计算的基础，常用于根据不同的判断结果实现差异化的逻辑。

2.4.1　单层条件判断

条件判断的基本方法为：使用 if 定义第一个判断逻辑，中间判断逻辑使用 elif 方法定义，最后的其他条件要进行统一处理时，调用 else 方法。示例如下。

```
a = 1            # 定义一个变量对象
if a == 0:       # 判断 a 是否为 0，如果条件为真（为真的情况下返回结果 True）
```

```
    print('a=0')          # 打印 a=0
else:                     # 如果 a 不为 0
    print('a!=0')         # 打印 a!=0
```

2.4.2　嵌套条件判断

如果判断逻辑简单，那么可以使用单层判断；当判断逻辑复杂时，需要嵌套条件判断。在嵌套的过程中，只需在任意 if、elif 或 else 环节再次使用单层条件判断的方法即可。示例如下。

```
a = 1                     # 定义了一个变量对象 a=1
if a == 0:                # 判断 a 是否为 0，如果条件为真（为真的情况下返回结果 True）
    print('a=0')          # 打印 a=0
elif a > 0:               # 判断 a 是否大于 0，如果条件为真
    if  a <=5:            # 判断 a 是否小于等于 5，如果条件为真
        print('a>0 且 a<=5')  # 打印 a>0 且 a<=5
    else:                 # 判断 a 大于 5，如果条件为真
        print('a>5')      # 打印 a>5
else:                     # 其他情况下
    print('a<0')          # 打印 a<0
```

2.4.3　多条件判断中的 and 和 or

在 2.4.2 节的示例中，每个 if 或 elif 都是针对单一条件的，但在复杂情况下，需要判断多个条件是否同时为真。例如，可以将上述代码中当 a>0 且 a<=5 组合起来实现，示例如下。

```
a = 1                     # 定义一个变量对象 a=1
if a == 0:                # 判断 a 是否为 0，如果条件为真（为真返回结果 True）
    print('a=0')          # 打印 a=0
elif a > 0 and a <= 5:    # 判断 a 大于 0 且 a 小于等于 5，如果条件为真
    print('a>0 且 a<=5')   # 打印 a>0 且 a<=5
elif a > 5:               # 判断 a 大于 5，如果条件为真
    print('a>5')          # 打印 a>5
else:                     # 其他情况下
    print('a<0')          # 打印 a<0
```

与 and 对应的是 or 方法，即多个条件只有一个为真时返回 True，否则返回 False。在代码中，判断 a > 0 和 a <= 5 只有一个条件成立即可，那么可写成 a > 0 or a <= 5。

2.4.4　多条件判断中的链式比较、all 和 any

1. 链式比较

在上述代码中，由于 a > 0 and a <= 5 都是针对同一个对象的比较，因此可以简化为 0 < a <= 5，这是一种链式比较方法，同样可以获得 a 同时与 2 个值同时比较的结果。

2. all 和 any 的应用

如果判断对象很多，使用多个 and 或者 or 往往会过于烦琐，此时可以使用 all 或 any 方法来判断同时为真或只有一个为真的条件。例如：

（1）a>0 and b<2 and c==8，可以写为 all((a>0,b<2,c==8))，条件同时为真

返回 True，否则返回 False。

（2）a>0 or b<2 or c==8，any((a>0,b<2,c==8))，只要有一个条件为真，就返回 True，否则返回 False。

2.4.5　基于条件表达式的赋值

条件判断还能用来赋值，这种方式在赋值逻辑较为复杂时比较常用，示例如下。

```
a = 1                       # 创建变量a=1
b = a if a > 1 else 0       # 根据a的值做判断，当a>1时为b赋值1；否则b赋值0
```

2.5　循环和流程控制

循环是重复执行特定动作的过程，Python3 中使用 for 或 while 实现。

2.5.1　for 循环和条件表达式

for 循环可以遍历任何序列对象，如列表、元组、字典等。下面通过示例介绍 for 循环的用法。

```
for i in [1,2,3]:       # 从列表[1,2,3]中循环取出每个值
    print(i)            # 打印输出对应值
```

在循环中，经常使用条件表达式实现不同的功能，例如：

```
for i in [1,2,3]:       # 从列表[1,2,3]中循环取出每个值
    if i<=2:            # 新增了对i的判断，当i<=2时执行下面的代码
        print(i)        # 打印输出对应值
```

2.5.2　while 循环和条件表达式

while 循环与 for 循环的思路类似，区别在于 while 循环需要通过条件来实现逻辑控制，而不能像 for 循环一样直接读取序列对象。在 2.5.1 节的代码中，使用 while 循环表述的示例如下。

```
i = 1                   # 定义变量对象1
while i<=2:             # 使用while循环判断i，只有当i<=2时，才执行下面的程序
    print("Good")      # 打印输出Good
    i += 1             # 对i增加1，表达式也可以写为i= i+1
```

2.5.3　循环嵌套

循环可以嵌套使用，一般用于从每个子元素中获取更多的可迭代对象，示例如下。

```
nums = [[11],[21,22]]   # 定义了一个嵌套列表
for i in nums:         # 外层循环，每次读取nums的一个元素（列表）为i
    for j in i:        # 内层循环，读取i中的每个元素
        print(j)       # 打印i中的每个元素
```

27

2.5.4　无限循环

while 循环可实现无限循环，即永远执行。这种循环在特定场景下也会用到。例如，程序实时监控特定目录下是否出现文件，如果出现，则读取数据并将数据写入数据库，示例如下。

```
while True:          # while 后面的条件为 True，意味着每次循环都会调用后面的代码
    do_something_here    # do_something_here 为具体实现逻辑
```

要实现无限循环，程序必须能在系统后台执行，否则当调试窗口关闭时，会终止程序。一般情况下，让程序在后台执行可通过特定的方法实现。例如，在 Linux 服务器中使用 nohup 方法将 Python 程序放在后台执行。

　　　　　　无限循环的本质是死循环，仅在特定场景下使用，因此应该在循环中设计退出机制。

2.5.5　break 和 continue 控制

在程序的循环体内，如果想在符合某个条件时控制程序，如终止循环或跳过当次循环，就可以使用 break 或 continue 语句实现。break 用于完全结束一个循环，跳出循环体执行循环体后面的语句；而 continue 只是终止本次循环，接着还执行后面的循环。因此，可以理解为break 是结束整个循环体，continue 是结束单次循环。例如，下面代码执行后，仅打印输出 1。

```
for i in [1,2,3,4]:    # 从列表[1,2,3,4]循环读取 i
    if i < 2:          # 判断当 i<3 结果为真时，执行下面的代码
        print(i)       # 打印输出 i
    elif i == 2:       # 判断当 i 为 3 结果为真时，执行下面的代码
        continue       # 略过此次循环，继续下一个循环操作
    else:              # 在其他情况下
        break          # 意味着终止整个循环不再继续执行
```

2.6　运算符

运算符是不同对象间进行判断和计算的符号，如 1+2=3，其中的"+"就是运算符。Python语言中的运算符主要包括算术运算符、赋值运算符、比较运算符、逻辑运算符、成员运算符、身份运算符等，另外还有一类特殊的位运算符在数据分析中较少使用，在此略过。不同的运算符之间有优先级。

2.6.1　算术运算符

算术运算符是不同对象之间进行算术计算的符号，主要的算术运算符如表 2-5 所示。

表 2-5　　　　　　　　　　　　　　算术运算符

运算符	名称	功能	示例
+	加	用于两个数字对象为相加； 用于两个字符串对象为组合	In: 'a'+'b' Out: 'ab'

续表

运算符	名称	功能	示例
—	减	用于单数字前面代表负数； 用于两个数字对象之间表示相减	In: 1 – 2 Out: -1
*	乘	用于两个数字对象之间表示相乘； 用于单个对象表示重复多次	In: 'a'*3 Out: 'aaa'
/	除	用于两个数字对象之间表示相除	In: 1/2 Out: 0.5
%	取余	用于返回除法的余数，也叫模运算	In: %2 Out: 1
**	幂运算	用于返回 *x* 的 *y* 次幂	In: 2**4 Out: 16
//	取整	用于返回除数向下取整的整数	In: 1//2 Out: 0

提示

在幂运算中，如果数值较大或幂较大，推荐使用 pow 方法实现幂运算。例如，表 2-5 中的幂运算可写成 pow(2,4) 来表示 2 的 4 次方。

2.6.2 赋值运算符

赋值运算符是双目运算符，在赋值表达式中主要用于对变量做赋值操作。在表 2-6 中以 *a*=2，*b*=1 为例，介绍常用的赋值运算符。

表 2-6   赋值运算符

运算符	名称	功能	示例
=	简单赋值	简单的赋值方法	In: c = a + b In: c Out: 3
+=	加法赋值	将一个对象加一个数字后再赋值	In: a += 2 # 等价于 a = a+2 In: a Out: 4
—=	减法赋值	将一个对象减去一个数字后再赋值	In: a —= 2 # 等价于 a = a-2 In: a Out: 0
*=	乘法赋值	将一个对象乘以一个数字后再赋值	In: a *= 2 # 等价于 a = a*2 In: a Out: 4
/=	除法赋值	将一个对象除以一个数字后再赋值	In: a /= 2 # 等价于 a = a/2 In: a Out: 1.0
**=	幂赋值	将一个对象与一个数字幂运算后再赋值	In: a **= 2 # 等价于 a = a**2 In: a Out: 4
//=	取整赋值	将一个对象取整赋值一个数字后再赋值	In: a //= 2 # 等价于 a = a//2 In: a Out: 1

2.6.3　比较运算符

比较运算符用于比较不同对象的值的大小。在表 2-7 中以 $a=2$，$b=1$ 为例，介绍常用的比较运算符。

表 2-7　　　　　　　　　　　　　　　　比较运算符

运算符	名称	功能	示例
==	等于	比较两个对象是否相等	In: a == b Out: False
!=	不等于	比较两个对象是否不相等	In: a != b Out: True
>或>=	大于或大于等于	比较一个对象是否大于或大于等于另一个对象	In: a >= b Out: True
<或<=	小于或小于等于	比较一个对象是否小于或小于等于另一个对象	In: a <=b Out: False

2.6.4　逻辑运算符

逻辑运算符用于判定变量或值之间的逻辑，包括固定的 3 个符号。在表 2-8 中以 $a=2$，$b=1$ 为例，介绍常用的逻辑运算符。

表 2-8　　　　　　　　　　　　　　　　逻辑运算符

运算符	名称	功能	示例
not	非	返回相反的逻辑值	In: not(a == b) Out: True
and	且	在 a 和 b 同时为真的情况下，返回 True，否则为 False	In: a ==2 and b == 1 Out: True
or	或	在 a 和 b 有一个为真的情况下，返回 True，否则为 False	In: a ==2 or b == 2 Out: True

2.6.5　成员运算符

成员运算符用于判断对象是否从属于另一个对象。在表 2-9 中以 $a=2$，$b=[1,2]$为例，介绍常用的成员运算符。

表 2-9　　　　　　　　　　　　　　　　成员运算符

运算符	名称	功能	示例
in	在……中	是否在指定序列对象中找到对象	In: a in b Out: True
not in	不在……中	是否在指定序列对象中找不到对象	In: a not in b Out: False

2.6.6　身份运算符

身份运算符与比较运算符类似，用于比较两个对象是否指向同一个存储地址对象。存储地址对象通过 id()方法判断。例如，id(a)获取变量 a 在内存中的存储地址。如果两个对象的

id 值相同，则意味着身份相同。示例如下。

```
a,b=1,2                    # 通过赋值表达式分别为变量 a 和 b 赋值 1 和 2
print(id(a), id(b))
# 通过 print 方法打印 a 和 b 的内存地址分别为 8791530729216 和 8791530729248
```

从运行结果可以看出变量 *a* 和 *b* 的存储地址是不同的。通过表 2-10 中的运算符可以判断两个变量的身份。

表 2-10　　　　　　　　　　　　　　　　　身份运算符

运算符	名称	功能	示例
is	是	比较两个对象是否指向同一个存储对象	In: a is b Out: False
is not	不是	比较两个对象是否指向不同的存储对象	In: a is not b Out: True

2.6.7　运算符优先级

运算符优先级是指不同运算符在同时出现时，先后或优先执行的顺序。优先级高的运算符优先进行运算。下面按照优先级从高到低的顺序依次列出了除位运算符外，运算符的优先级。

（1）算术运算符：幂运算（**）。

（2）算术运算符：乘（*）、除（/）、取余（%）、取整（//）。

（3）算术运算符：加法(+)、减法（–）。

（4）比较运算符：小于等于（<=）、小于（<）、大于（>）、大于等于（>=）。

（5）比较运算符：等于（==）和不等于（!=）。

（6）赋值运算符：等于（=）、加等于（+=）、减等于（–=）、乘等于（*=）、除等于（/=）、幂等于（**=）、取整等于（//=）。

（7）身份运算符：是（is）和不是（is not）。

（8）成员运算符：在……中（in）和不在……中（not in）。

（9）逻辑运算符：非（not）、且（and）、或（or）。

2.7　字符串处理和正则表达式

字符串是常用的数据类型，可配合多种方法实现丰富的应用。

2.7.1　字符串格式化

字符串格式化是指字符串本身通过特定的占位符确定位置信息，然后按照特定的格式将变量对象传入对应位置，形成新的字符串。字符串格式化主要有 3 种方法。

1. 使用%格式化字符串

通过 `format % values` 的形式传值，其中 **format** 是包含%规则的字符串，**values** 是要传入的值，传值可通过位置、字典等方式实现。常用的%格式和辅助功能如表 2-11

所示。

表 2-11   常用的%格式和辅助功能

符号	功能	辅助功能
%s	格式化为字符串	*: 定义宽度或小数位精度 -: 左对齐 0: 在数字前面填充 0 而非空格 m.n: m 是最小总位数，n 是小数点后的位数
%d	格式化为整数	
%f	格式化为浮点数	
%e	格式化为科学计数法来表示浮点数	
%%	格式化为百分号	

下面通过一个示例说明%的用法。

```
print('my name is %s, age %d, height %.2f, money %5.2e, satisfied %.2f %%' %
('Lucy',33,183.5,1000000000.0,90.365))
```

代码中共 4 处%应用，第 1 处通过%s 传入名字为 Lucy。第 2 处通过%d 传入年龄为 33。第 3 处通过%.2f 传入身高为 183.5，其中 f 前的.2 代表浮点数保留 2 位小数。第 4 处通过%5.2e 传入金额，并使用科学计数法表示，表示方式为共 5 位数字，小数点保留 2 位。第 5 处通过%.2f 配合%%输出百分比打印结果，保留两位小数，最终打印结果如下。

```
my name is lucy, age 33, height 183.50, money 1.00e+09, satisfied 90.36 %
```

2. 使用 str.format()格式化字符串

从 Python 2.7 开始出现的 str.format 比%更灵活，其基本规则是通过 `str.format(values)` 的方法格式化，其中 str 是带有{}规则的字符串，values 是要传入的值。使用 format 方法格式化的规则与%相同，具体如表 2-11 所示。

str.format()可通过多种方式灵活获取字符串对应的数值，下面通过示例说明其用法。

（1）通过位置索引获取结果。位置索引就是通过{}中不同位置的索引获取对应的值，例如，{1}代表 values 序列值中的第 2 个元素。示例如下。

```
print('my name is {0}, age {1}, height {2:.2f}, money {3:5.2e}, satisfied {4:.2%}'.
format('lucy',33,183.5, 10000000.0,0.90365))
```

代码中的{0}、{1}、{2}、{3}、{4}分别表示通过位置索引的方式，从后续的值中获取对应数据。{2:.2f}、{3:5.2e}、{4:.2%}分别表示值为小数点保留两位数的浮点型小数，共 5 位数，小数点保留 2 位，保留两位数的百分比。其中百分比的显示结果与%略有不同，需要读者留意。

（2）通过默认位置索引获取结果。如果后续的有序列表已经按照{}出现的顺序排列好，那么可省略其中的索引值，{}将获得 values 中对应位置的值。示例如下。

```
print('my name is {}, age {}, height {:.2f}, money {:5.2e}, satisfied {:.2%}'.
format('lucy',33,183.5,10000000.0,0.90365))
```

（3）通过关键字获取结果。{}也支持通过关键字参数的方式获得结果，例如，{key}可以获取参数 key 对应的 value 值。示例如下。

```
print('my name is {name}, age {age}, height {height:.2f}, money {money:5.2e},
satisfied
{percent:.2%}'.format(name='lucy',age=33,height=183.5,money=10000000.0,
percent=0.90365))
```

上述 3 段代码的输出结果相同，具体如下。

```
my name is lucy, age 33, height 183.50, money 1.00e+07, satisfied 90.36%
```

3．使用 f-strings 格式化字符串

f-strings 是 Python 3.6 新增的方法，该方法在字符串前增加字符 f 作为标志，以 {key} 为变量传参，类似于简化的 format 关键字传参方式。上述代码使用 f-strings 格式化输出如下。

```
name='lucy'                 # 定义 name 变量
age=33                      # 定义 age 变量
height=183.5                # 定义 height 变量
money=10000000.0            # 定义 money 变量
percent=0.90365             # 定义 percent 变量
print(f'my name is {name}, age {age}, height {height:.2f}, money {money:5.2e},
satisfied {percent:.2%}')   #字符串前的 f 表示这是一个 f-strings 对象，然后在{}中传入参数即可
```

2.7.2　字符串的编译执行

当部分功能以字符串的形式存在时，在执行时需要将其解析出来，然后编译并执行。根据不同情况可通过 eval 或 compile 方法实现代码的编译和执行。

1．使用 eval 方法执行字符串表达式

使用 eval 方法可以执行字符串表达式内的功能，示例如下。

```
c,d = '1+2','1 == 2'        # 定义 2 个字符串变量对象 c 和 d
print(eval(c))              # 调用 eval 方法解析字符串表达式 c，并打印输出结果为 3
print(eval(d))              # 调用 eval 方法解析字符串表达式 d，并打印输出结果为 False
```

2．使用 compile 方法编译执行复杂功能

如果字符串包含复杂的功能，如流程、条件等，可使用 compile 方法编译，然后调用 exec 方法或 eval 方法执行相应功能，示例如下。

```
com_strs = '''              # 定义一个字符串对象 com_strs
i = 1                       # 定义变量 i 为 1
if i >0:                    # 判断 i 是否大于 0，如果为真，则执行下面的过程
    print("Good")           # 打印输出 Good
'''
com_str=compile(com_strs,'','exec')  # 使用 compile 方法编译该字符串
exec(com_str)               # 使用 exec 方法执行编译好的对象，执行后得到结果为 Good
```

2.7.3　内置字符串处理方法

字符串内置了多种方法用于获取字符串子集、拼接字符串、大小写处理、搜索和替换、去除空格和指定字符以及判断字符串等。下面以字符串 s='this is Python! '为例说明具体方法。

1．获取字符串子集

获取字符串子集通过索引实现，具体用法与列表相同，示例如下。

```
print(s[:4])          # 获取前4个字符串，代码返回this
print(s[5:8])         # 获取第6~第8个字符，代码返回is
print(s[-8:])         # 获取最后8个字符串，代码返回python!
```

2．拼接与拆分字符串

拼接字符串可通过+（加号）或join方法实现，示例如下。

```
print(s+'a')          # 拼接字符串s和'a'，代码返回this is python! a
print(''.join([s,'b']))  # 拼接列表，代码返回this is python! b
print(s.split())
# 默认按空格分隔，默认去除所有空格，代码返回拆分后的列表['this', 'is', 'python!']
print(s.split(' '))
# 按指定字符空格分割字符串，代码返回拆分后的列表['this', 'is', 'python!', '']，注意列表中包
含的空字符串不会默认去除
```

在join前面的''中填写何种组合字符串就可以何种方式分隔，如逗号、分号或空等。join方法内的对象一般是列表或元组等可直接拼接的对象集合。

3．大小写处理

英文字符串会涉及大小写统一的问题，大小写处理可通过多种方式实现，示例如下。

```
print(s.upper())      # 字符串全部大写，代码返回THIS IS PYTHON!
print(s.lower() )     # 字符串全部小写，代码返回this is python!
print(s.swapcase())   # 字符串大小写互换，代码返回THIS IS PYTHON!
print(s.capitalize()) # 字符串首字母大写，其余小写，代码返回This is python!
print(s.title())      # 字符串每个单词首字母大写，代码返回This Is Python!
```

4．搜索和替换

搜索和替换常用的方法如下。

```
print(s.find('is'))       # 搜索字符串is，没有返回-1，代码返回2
print(s.find('is',1,2))   # 从字符串对应索引的[1:2]子集中查找is，代码返回-1
print(s.count('is'))      # 统计字符串is出现的次数，代码返回2
print(s.rfind('is'))      # 从右边开始查找is，代码返回5
print(s.replace('python','python3'))# 用python3替换python,代码返回this is python3!
print(s.replace('python','python3',1))  # 返回结果同上，指定只替换1次
```

> 与s.find方法类似的是s.index方法，二者除了函数名不同外，其他的设置项相同。但s.index在没有找到字符串时会报错，需要相应的try except进行处理；而s.index直接返回-1，不报错。

5．去除空格

空格可能出现在字符串的开头、中间或结尾的任意地方，去除空格的方法如下。

```
print(s.strip())        # 只去除两边的空格，代码返回结果this is python!
print(s.lstrip())       # 只去除左边的空格，代码返回结果this is python!
print(s.rstrip())       # 只去除右边的空格，代码返回结果this is python!
print(s.replace(' ',''))  # 通过替换方法去除所有空格，代码返回结果thisispython!
```

6. 字符串判断

字符串判断常用的方法如下。

```
print(s.startswith('python'))      # 是否以'python'开头, 代码返回结果 False
print(s.endswith(' '))             # 是否以空格结尾, 代码返回结果 True
print(s.isalnum())                 # 是否全为字母或数字, 代码返回结果 False
print(s.isalpha())                 # 是否全为字母, 代码返回结果 False
print(s.isdigit())
# 是否全为数字, 数字的范围包括 Unicode 数字、byte 数字 (单字节)、全角数字 (双字节), 代码返回结果 False
print(s.isdecimal())
# 是否全为数字, 数字的范围包括 Unicode 数字、全角数字 (双字节), 代码返回结果 False
print(s.isnumeric())
# 是否全为数字, 数字的范围包括 Unicode 数字、全角数字 (双字节)、罗马数字、汉字数字, 代码返回结果 False
print(s.islower())                 # 是否全为小写, 代码返回结果 True
print(s.isupper())                 # 是否全为大写, 代码返回结果 False
print(s.istitle())                 # 判断首字母是否为大写, 代码返回结果 False
print(s.isspace())                 # 判断字符是否为空格, 代码返回结果 False
```

在上述判断时，isdigit、isdecimal、isnumeric 都能实现数字的判断，三者的区别在于对数字范围定义的差异上。读者在使用时需要注意当字符串中出现罗马数字（如 V）、汉字数字（如五）、比特数字（单字节，如 b"5"）时，三者的结果是有差异的。

2.7.4　正则表达式的应用

Python 语言内置的字符串函数可以实现简单的字符串处理，但在复杂的文本场景下，正则表达式更加有效。正则表达式是由特殊符号组成的字符串，其中可包含一种或多种匹配模式。

正则表达式通过不同的字符表示不同的语法规则，包括表示匹配对象的规则、匹配次数的规则和匹配模式的规则。

（1）**表示匹配对象的规则**：是指通过什么方式表示要匹配的字符串本身，如数字、字符。常用的匹配对象的规则如表 2-12 所示。

表 2-12　　　　　　　　　　　　　　　常用的匹配对象的规则

运算符	说明	示例
.	表示任意字符对象	'pyt.on'表示 pyt 和 on 中间可以有任意一个字符，因此'python'能匹配到该对象
\	表示转义字符，将正则表达式中的特殊符号转义为普通字符	'pyt\.on'表示模式本身就是'pyt.on'，其中的.不再表示任意字符对象
[]	表示字符规则的集合	'[0-3]'表示规则包含 0～3 共 4 个数字
\d	固定用法，表示任意十进制数字	'\d', 相当于[0-9]
\D	固定用法，表示任意非数字字符	'\D', 相当于[^0-9]
\s	固定用法，表示任意空白字符	'\s', 相当于[\t\n\r\f\v]
\S	固定用法，表示任意非空白字符	'\S', 相当于[^\t\n\r\f\v]
\w	固定用法，表示任意数字和字母	'\w', 相当于 [a-zA-Z0-9]
\W	固定用法，表示任意非数字和字母	'\W', 相当于 [^a-zA-Z0-9]

（2）**表示匹配次数的规则**：是指匹配对象多少次。常用的表示匹配次数的规则如表 2-13

Python 数据处理、分析、可视化与数据化运营

所示。

表 2-13　　　　　　　　　　　　常用的匹配次数的规则

运算符	说明	示例
*	表示匹配前一个字符 0 到无限次	'.*'表示任意字符出现无限次
+	表示匹配前一个字符 1 到无限次	'\d+'表示任意数字出现 1 到无限次
?	表示匹配前一个字符 0～1 次	'\D?'表示任意非数字出现 0～1 次
{m}	表示匹配前一个字符 m 次	'\w{2}'表示任意数字和字母出现 2 次
{m,n}	表示匹配前一个字符 m～n 次	'\W{2,5}'表示任意非数字和字母出现 2～5 次

（3）**表示匹配模式的规则**：是指匹配以何种模式实现，如开头、结尾。常用的表示匹配模式的规则如表 2-14 所示。

表 2-14　　　　　　　　　　　　常用的匹配模式的规则

运算符	说明	示例
^	表示字符串匹配开头规则	'^py'表示字符串以 py 开头，因此'python'能匹配到该模式
$	表示字符串匹配结尾规则	'on$'表示字符串以 on 结尾，因此'python'能匹配到该模式
|	表示多个规则中只要匹配一个规则即可	'[!|,]'表示规则包括感叹号和逗号，匹配任意一个字符即可

使用正则表达式需要导入 Python 内置的 re 库，该库包含多个函数，这里介绍常用的函数 re.match、re.findall、re.split 和 re.sub 的用法。

① 使用 re.match 返回匹配群组。re.match 可基于特定的模式，直接返回匹配的群组对象。要使用正则表达式写出规则，需要明确字符串中信息的组成规则。例如，假设字符串 a 中的规则包含了 ID 值、用户等级、订单金额、自定义维度和日期，其中，ID12 为 ID 值，该 ID 后面的值为 1～+∞的整数；high 为用户等级，这是一个字符串；90345 为订单金额，为整数；20190330 为订单日期，为固定的 8 位长度。下面是该使用函数的示例。

```
import re
a = "ID12high90345cd520190330"   # 定义一个字符串
re_match = re.match('^ID(\d+)(\D*)(\d*)(\w{3})(\d{8})',a) # 建立匹配模式
print(re_match.groups())
# 打印被匹配的字符串群组，结果为('12', 'high', '90345','cd5', '20190330')
print(re_match.groups()[1])        # 打印群组中的特定对象，结果为 high
```

② 使用 re.findall 返回匹配列表。re.findall 用于查找特定规则的字符串，并以列表的形式返回。在上述字符串中查找数字的示例如下。

```
import re
a = "ID12high90345cd520190330"    # 字符串中包含数字和字母
print(re.findall('\d+',a))
# 打印匹配出现 1 或多次的数字，结果为['12', '90345','520190330']
print(re.findall('\d{2,3}',a))
# 打印匹配出现 2～3 次的数字，结果为['12', '903', '45', '520', '190', '330']
```

代码中，在第 1 种匹配模式下，所有的数字都被正确找到并返回；第 2 种匹配模式则将

90345 和 520190330 分别拆分为多个数字，数字已经失去意义。

③ 使用 re.split 拆分字符串。使用字符串自带的 re 库的 split 方法可以指定单一分隔符，正则表达式可以指定多种分隔符。示例如下。

```
import re                    # 导入 re 库
strs = 'this is!a,string'    # 定义一个字符串，分隔符包括空格、感叹号、逗号
re.split('[ |!|,]',strs)
# 使用正则表达式写出 3 个分隔符规则，代码执行后返回结果为['this', 'is', 'a', 'string']
```

〔〕中的空格分隔符，不能写为''，否则将被认为该分割符是两个单引号中间加空格。

④ 使用 re.sub 替换字符串。re 库的 replace 方法也能实现替换操作，但只局限于固定对象的替换，正则表达式可实现基于规则的替换。示例如下。

```
import re                          # 导入 re 库
strs = 'this11_is12,python3!'      # 定义一个字符串，包括空格、数字、英文
print(re.sub('\d{2}|,|_',' ',strs))
# 将 2 位数字、逗号和_替换为空格，打印结果为 this is  python3!
print(re.sub('\D{4,10}','A',strs))
# 将长度为 4~10 的非数字字符串替换为 A，打印结果为 A11_is12A3!
```

2.8 功能模块的封装

功能模块封装的常见模式是函数、匿名函数和类。

2.8.1 函数

函数是面向功能实现的封装应用，一个函数用来实现一个特定的功能。

1. 函数的定义模式

函数主要包括函数名、参数、功能体和返回信息几个要素。函数定义模式的示例如下。

```
def function_name(argument_list):
# 使用 def 方法定义，function_name 是函数名；括号内的 argument_list 是参数列表，多个参数以
逗号分隔
    expression                # expression 是函数功能主体
    return expression
# expression 为函数可返回的结果，其中 expression 可以是一个变量对象，也可以是一个表达式
```

2. 函数的定义示例

```
def agg_sum(x,y,z=5):
# 通过 def 定义一个名为 agg_sum 的函数，z=5 表示 z 如果没有传值，则默认为 5
    '''该功能实现了两个数字求和'''
# 函数的文档字符串（DocStrings）用来详细说明函数的功能、参数、实现、返回、错误、注意事项和示例等
    sum = x + y + z           # 常规功能，实现对 3 个数求和
    return sum
# 使用 return 方法将计算结果用 sum 返回，return 不是必需的，但作为一个被调用的功能模块，一般
都会返回特定结果
```

3．函数的调用方式

函数在调用时只需传入定义时对应的参数值即可，示例如下。

```
print(agg_sum(10,20))          # 将 10 和 20 分别传给 agg_sum 函数，计算结果为 35
print(agg_sum(10,20,z=10))
# 10 和 20 是通过位置默认传给 x 和 y，z=10 则通过关键字的方式传递，z=10 也可以直接写为 10，通过
位置的方式传递，计算结果为 50
```

提示

　　函数还有一类特殊的参数对象：可变参数。可变参数即数量可以变化的参数，包括*args 和**kwargs 两类。*args 表示一个可迭代的序列对象，如元组或列表；**kwargs 表示字典类对象，可通过关键字获得对应的值。这两类参数一般用于提供公用类的服务，可根据场景不设置具体参数的数量，也可根据实际应用设计计算逻辑。

2.8.2　匿名函数

1．匿名函数的定义模式

匿名函数就是没有名字的函数，匿名函数的定义模式是 lambda argument_list: expression。表达式以 lambda 开头，argument_list 是表达式涉及的参数，多个参数以逗号分隔；冒号后面的 expression 是具体的功能定义。整个表达式必须在一行内完成。

2．匿名函数的定义示例

例如，2.1.1 节中的代码可以改写为以下模式。

```
agg_sum = lambda x,y,z:x+y+z
# 定义了一个基于 lambda 的功能表达式 agg_sum，表达式的参数为 x、y、z，这 3 个参数实现的逻辑是 x+y+z
```

3．匿名函数的调用方式

```
print(agg_sum(10,20,10))
# 调用该表达式并将 10、20、10 分别赋给 x、y、z，然后打印输出结果为 40
```

总体来看，函数和匿名函数在简单功能的实现上差别不大。但是，当功能复杂时，用函数实现会更加有效。例如，功能带有循环、条件、复制等多种操作，此时用匿名函数只能勉强实现部分功能，甚至复杂的逻辑无法表达出来，所以匿名函数在写法、可理解、灵活性和功能上都差很多。因此，二者在不同的应用场景下各有其优势。

2.8.3　类

类与函数的区别在于类是面向对象的封装，因此类有很多函数没有的信息。

1．类的定义模式

类包含类名、初始化函数、属性和方法等要素。类的定义模式示例如下。

```
class class_name:              # 类使用 class 方法定义，后面的 class_name 为类的名称
    def __init__(self,argument_list):
# 使用函数定义方法，定义一个初始化的函数，其中，__init__为固定名称不可更改，self 为固定参数且
必须在第一个位置，后续所有的方法都可以通过 self 获取，argument_list 为该类用到的其他参数的列表，
参数以逗号分隔
        expression             # 一般是赋值表达式，用于初始化不同的变量值
    def method(self):          # 普通函数的定义方式，但 self 参数是固定的
```

```
        expression          # 普通函数的功能封装
        return expression   # 普通函数的返回对象
```

2．类的定义示例

```
class User:                      # 定义名为 User 的类
    def __init__(self,name, score):
```
初始化函数包含 name、score 2个参数（self 参数为类实例本身），该类内的方法都可以获取该初始化函数中实例化后的值
```
        self.name = name         # 将 name 赋值给实例对象
        self.score = score       # 将 score 赋值给实例对象
    def print_name(self):        # 定义一个类的方法，名为 print_name
        print(self.name)         # 打印类的 name 值
    def update_score(self,new_score):
```
定义名为 update_score 的方法，该方法包含 new_score 参数，该参数只能在该方法内使用，而不能在其他方法内使用
```
        self.score = new_score*0.8+1.1    # 基于 new_score 的规则更新 self.score
```

3．类的实例化和应用

在使用类时一般需要先实例化，然后才能调用实例化后的类的方法和属性等。示例如下。

```
tony = User('tony',150)      # 创建实例化对象 tony，但并未调用任何方法
tony.print_name()
```
调用 tony 的 print_name 方法，打印实例的名称为 tony，访问类内的方法的方法是实例名.方法名（注意不是类名.函数名）
```
tony.update_score(100)
```
调用 tony 的 update_score 方法，修改 score 的值。后续所有类内的其他方法在调用该属性 score 时，都是修改后 new_score 的值
```
print(tony.score)
```
调用 tony 的 print 方法打印 tony 的 score 属性，结果为 81.1（１００×0.8+1.1），访问类中属性的方法是实例名.属性名

提示　　类中的函数（称为类的方法）与普通函数应用的区别在于其定义时必须带有默认参数 self，且在传值时，由于 self 代表实例本身，所以不需要额外传值。另外，类在应用时必须使用"实例名.函数名"的方式调用，而不能直接使用函数名的方式。

2.9　高阶计算函数的应用

Python 内置的高阶计算函数包括 map、reduce 和 filter。

2.9.1　map

map 是 Python 内置的高阶函数，它会根据提供的函数对指定序列进行映射。它接收一个函数（或匿名函数）f 和一个列表对象'list'，并把函数 f 依次作用在'list'的每个元素上，从而得到一个新的'list'并返回。该操作可以替换列表推导式以及'for'循环实现功能迭代计算。

map 函数的应用模式为 map(函数,可迭代对象)。其中函数为预先定义好的函数或直接由 lambda 定义的匿名函数表达式，函数或匿名函数只能接收一个参数。可迭代对象为可以直

接迭代取出的序列对象，如列表或生成器。map 函数的应用示例如下。

```
list_example= [1,2,3,4]                    # 定义一个列表
def func(i):                               # 定义名为 func 的函数，参数为 i
    return pow(i,2)                        # 返回 i 的平方值，使用 pow 方法代替**操作
print(list(map(func,list_example)))
# 调用 map 函数将定义的函数应用到列表上的每个元素,通过 print 方法打印输出,结果为[1, 4, 9, 16]
print(list(map(lambda i:pow(i,2),list_example)))
# 用 lambda 匿名函数代替函数来实现同样的功能,在简单计算逻辑下会简化代码,返回结果也是[1, 4, 9, 16]
```

map 函数本身比 for 循环拥有更高的执行效率，而且可以基于函数式的功能进行封装，代码可维护性更强。另外，很多库中也内置了 map 函数，例如，Python 自带的多进程库 multiprocessing 中就有该函数。map 函数能极大增强 Python 在多进程下应对大数据量级的计算能力。

2.9.2 reduce

在 Python3 中，reduced 函数被放到了 functools 模块中，因此在使用之前需要从 functools 库中导入。它可以接收一个函数或匿名函数和一个列表对象，把函数或匿名函数依次作用在列表的每两个元素上并进行操作，再将得到的元素与第 3 个元素进行操作，以此类推得到一个结果并返回。reduce 函数可以替换 for 循环实现功能迭代计算。

reduce 函数的应用模式为 reduce(函数,可迭代对象)。其中函数名为预先定义好的函数或直接由 lambda 定义的匿名函数表达式，函数或匿名函数必须接收 2 个参数。可迭代对象为可以直接迭代取出的序列对象，如列表、元组和生成器。reduce 应用示例如下。

```
from functools import reduce         # 从 functools 中导入 reduce 库
list_example = [1,2,3,4,5,6,7,8,9,10] # 定义一个列表对象 list_example
def add(x,y):                         # 定义加法函数 add，参数为 x 和 y
    return x+y                        # 返回 x 和 y 的和
print(reduce(add,list_example))
# 通过 reduce 函数调用 add，从 list_example 中每次取出 2 个元素并做加法，得到结果是 55
print(reduce(lambda x,y: x+y,list_example))
#使用匿名函数 lambda 代替 add 函数实现相同的功能，也得到结果 55
```

对比 reduce 与 map 函数的差异点：在功能上，reduce 函数实现了对每两个元素的操作，然后与后续元素做操作，map 函数实现了对每个元素的单独操作；在函数或匿名函数的定义上，reduce 函数要求必须传入两个参数，而 map 函数要求 1 个参数；在返回结果上，reduce 函数是一个对象，具体类型取决于函数或匿名函数定义；map 函数则是一个可迭代对象。

2.9.3 filter

filter 函数用于从序列中过滤出不符合条件的元素，并返回符合条件的元素列表。filter 函数可以替换列表推导式以及 for 循环实现功能条件筛选。

filter 函数应用模式为 filter(函数,可迭代对象)。其中函数名为预先定义好的函数或直接由 lambda 定义的匿名函数表达式。既然 filter 的功能涉及条件判断，那么在函数或匿名函数中，需要与条件表达式或者其他能返回 True 或 False 结果的函数配合实现。可迭代对象为可以直接迭代取出的序列对象，如列表、元组等。filter 应用示例如下。

```
List_example = [1,'cool',2, 'bad', 'good'] # 列表中包含数字和字符串
def is_string(s):              # 函数名为 is_string, 参数为 s
return isinstance(s,str)
# 用来判断元素是否为字符串类型, 如果为真则返回 True, 否则返回 False
print(list(filter(is_string,list_example)))
# 使用 filter 方法调用 is_string 函数判断 list_example 每个元素, 最终返回的结果为['cool',
'bad', 'good']
print(list(filter(lambda s: isinstance(s,str),list_example)))
# 使用 lambda 匿名函数代替 is_string 判断字符串, 返回相同结果为['cool', 'bad', 'good']
```

总体来看，**map** 函数用于全体处理每个元素；**reduce** 函数用于全体元素的积累操作，例如累加、累减、组合等；**filter** 函数用于基于不同条件的过滤，如类型、数值大小、字母或数字等。三者用途不同。

2.10　导入 Python 库

Python 内置了多种用于实现不同用途的库，如数学计算的 math、日期和时间处理的 datetime、系统相关功能的 sys 等。同时，通过 1.2.2 节介绍的方法可以安装第三方库。另外，也可以将自己开发的功能封装为单独的库，导入其他 Python 程序中使用。

2.10.1　导入标准库和第三方库

Python 中的标准库和第三方库，可通过 import [库名] 或 from [库名] import [方法名]两种方法导入，示例如下。

```
Import os                      # 使用 import 方法直接导入 os 库
from os import path            # 使用 from 库 import 方法导入 os 中的 path 库
print(os.path.split(r'C:\Anaconda3\Scripts'))    # 使用 os.path.split 方法拆分
C:\Anaconda3\Scripts 路径, 并返回拆分的结果('C:\\Anaconda3', 'Scripts')
print(path.split(r'C:\Anaconda3\Scripts'))       # 使用 path.split 方法拆分
C:\Anaconda3\Scripts 路径, 并返回拆分的结果('C:\\Anaconda3', 'Scripts')
```

这两种导入方法都可以，但是在应用时有差异。由于第 1 行代码导入的是 os 库，因而必须从 os 库中找特定方法。第 2 行代码导入的是 os 中的 path 库，因此在执行时只需从 path 中找到特定方法即可。多层级中的子级方法用.（点）隔开，如库.方法.子方法。

　　　　　除上述方法外，还可以使用 from 库名 import *导入，如 from os import *，此时将导入 os 中的所有方法。但由于没有明显的导入标志，在后续应用时可能会产生逻辑不清晰、库名和现有变量名冲突等问题，因此不建议使用。

当需要引入多个库时，可直接使用逗号隔开，示例如下。

```
Import math,pickle             # 导入 2 个父级库
from os import path,getcwd     # 导入库中的 2 个子级库/方法
```

多级方法用点隔开，示例如下。

```
From os.path import split, abspath    # 导入 os.path 中的 split 和 abspath
```

2.10.2　导入自定义库

Python 在导入库时遵循一种查找规则：首先查找当前 Python 执行路径下是否存在该库，如果不存在，则在系统 sys.path 中查找。要让系统找到自定义库，只需将自定义库放在执行目录或者 sys.path 下即可。关于 sys.path 的信息，可通过 import sys;print(sys.path) 查看具体路径。Sys.path 本身是可变的，可将自定义库的路径加入其中。

以本章附件中的自定义 demo 库为例，将其导入程序可使用以下方式实现。

（1）在当前目录下导入自定义库，直接使用 import 或 from import 方法导入，这时要求导入的 demo 库（python 文件）与当前工作路径一致。

```
Import demo                         # 导入 demo
from demo import add,subtract       # 导入 demo 中的具体方法
```

（2）将 demo 所在的路径加入 sys.path 路径中，后面的应用方法与 Python 标准库和第三方库相同。

```
Import os,sys                              # 导入 os,sys 库
sys.path.append(os.path.abspath('../libs'))   # 将 demo 库所在的路径加入系统路径
import demo                               # 导入 demo
from demo import add,subtract             # 导入 demo 中的具体方法
```

 代码执行默认在 chapter2（本章附件中）路径下，../libs 表示当前路径的父级路径下的 libs 目录，os.path.abspath 表示获取该路径的绝对路径。

2.10.3　使用库的别名

在导入库时，用户可以使用别名来指代库。这种方式常用于原始库、方法名较长或有特定用法的场景。示例如下。

```
Import numpy as np                                          # 习惯用法
from sklearn.tree import DecisionTreeClassifier as DT        # 缩写
from sklearn.metrics import mean_absolute_error as MAE       # 行业通用用语
```

后续在使用上述 3 个方法时，只需调用 np 代替 numpy，DT 代替 DecisionTree Classifier，MAE 代替 mean_absolute_error。

2.10.4　不同库的导入顺序

在复杂场景下，可能会导入多种库，如 Python 标准库、第三方库和自定义库。在导入时，可按照标准库、第三方库和自定义的顺序循环导入相应库。示例如下。

```
Import os                           # 首先是标准库
import numpy as np                  # 其次是第三方库
from demo import add, subtract      # 最后是自定义库
```

2.11　Pandas 库基础

由于本书的数据读写、预处理等都是基于 Pandas 库实现的，因此本节仅作为常用功能的入门简介，后面在每个章节将详细介绍其不同场景下的用法。

2.11.1 创建数据对象

Pandas 库最常用的数据对象是数据框（DataFrame）和 Series。数据框与 R 语言中的数据框格式类似，都是一个二维数组。Series 则是一个一维数组，类似于列表。数据框是 Pandas 库中最常用的数据组织方式和对象。有关更多数据文件的读取将在第 3 章介绍。从文件和其他对象创建数据框的方法如表 2-15 所示。

表 2-15　　　　　　　　　　　　　　创建数据框的方法

方法	功能	示例	示例说明
read_table read_csv read_excel	从文件创建数据框	In: import pandas as pd In: data1 = pd.read_table('table_data.txt', sep='; ')	读取 table_data.txt 文件，数据分隔符是;
DataFrame.from_dict DataFrame.from_items DataFrame.from_records	从其他对象，如 Series、NumPy 数组、字典创建数据框	In: data_dict = {'col1': [2, 1, 0], 'col2': ['a', 'b', 'a'], 'col3': [True, True, False]} In: data2 = pd.DataFrame.from_dict(data_dict)	基于字典创建数据框，列名为字典的 3 个 key，每一列的值为 key 对应的 value 值

　　　　2.11 节下面的示例中，将按照内容的先后顺序依次执行代码，如果读者跳跃执行代码或查看内容，则可能无法得到预期的结果。

2.11.2 查看数据信息

查看数据信息包括查看总体概况、描述性统计信息、数据类型和数据样本，具体方法如表 2-16 所示。

表 2-16　　　　　　　　　　　　Pandas 查看数据信息的常用方法

方法	功能	示例	示例说明
info()	查看数据框的索引和列的类型、非空设置和内存用量信息	In: print(data2.info()) Out: <class 'pandas.core.frame.DataFrame'> RangeIndex: 3 entries, 0 to 2 Data columns (total 3 columns): col1　　3 non-null int64 col2　　3 non-null object col3　　3 non-null bool dtypes: bool(1), int64(1), object(1) memory usage: 131.0+ bytes None	返回对象的所有信息
describe()	显示描述性统计数据,包括集中趋势、分散趋势、形状等	In: print(data2.describe()) Out:　　col1 count　　3.0 mean　　1.0 std　　1.0 min　　0.0 25%　　0.5 50%　　1.0 75%　　1.5 max　　2.0	默认查看类型为数据类的列，使用 include='all'查看所有类型的数据

续表

方法	功能	示例	示例说明
dtype()	查看数据框每一列的数据类型	In: print(data2.dtypes) Out: col1 int64 col2 object col3 bool dtype: objectt	结果是 Series 类型
head (N)	查看前 N 条结果；默认查看前 5 行	In: print(data2.head(2)) Out: col1 col2 col3 0 2 a True 1 1 b True	从第 1 行开始取前 2 行
tail (N)	查看后 N 条结果	In: print(data2.tail(2)) Out: col1 col2 col3 1 1 b True 2 0 a False	从最后 1 行开始取后 2 行
index	查看索引	In: print(data2.index) Out: RangeIndex(start=0, stop=3, step=1)	结果是一个类列表的对象，可用列表方法操作对象
columns	查看列名	In: print(data2.columns) Out: Index(['col1', 'col2', 'col3'], dtype='object')	
shape	查看形状，记录有多少行、多少列	In: print(data2.shape) Out: (3,3)	形状为元组类型
isnull	查看每个值是否为空值	In: print(data2.isnull()) Out: col1 col2 col3 0 False False False 1 False False False 2 False False False	数据中没有空值，因此都是 False
unique	查看特定列的唯一值	In: print(data2['col2'].unique()) Out: ['a' 'b']	查看 col2 列的唯一值

注意　在上述查看方法中，除了 info 方法外，其他方法返回的对象都可以直接赋值给变量，然后基于变量对象做二次处理。例如，可以从 dtype 的返回值中仅获取类型为 bool 的列。

2.11.3　数据切片和切块

数据切片和切块是使用不同的列或索引切分数据，实现从数据中获取特定子集。Pandas 常用的数据切片和切块方法如表 2-17 所示。

表 2-17　　　　　　　　　　　Pandas 常用的数据切片和切块方法

方法	功能	示例	示例说明
[['列名 1', '列名 2',…]]	按列名选择单列或多列	In: print(data2[['col1','col2']]) Out: col1 col2 0 2 a 1 1 b 2 0 a	选择 data2 的 col1 和 col2 两列

方法	功能	示例	示例说明
[m:n]	选择行索引为 *m*~*n*，的记录	In: print(data2[0:2]) Out: col1 col2 col3 0 2 a True 1 1 b True	选取行索引在[0:2]的记录，不包含 2
iloc[m:n]		In: print(data2.iloc[0:2]) Out: col1 col2 col3 0 2 a True 1 1 b True	
iloc[m:n,j:k]	选择行索引为 *m*~*n*，列索引为 *j*~*k* 的记录	In: print(data2.iloc[0:2,0:1]) Out: col1 0 2 1 1	选取行索引在[0:2]，列索引在 [0:1] 的记录，行索引不包含 2，列索引不包含 1
loc[m:n,['列名 1', '列名 2',...]]	选择行索引为 *m*~*n*，且列名为列名 1、列名 2 的记录	In: print(data2.loc[0:2,['col1','col2']]) Out: col1 col2 0 2 a 1 1 b 2 0 a	选取行索引在[0:2)，列名为'col1'和'col2' 的记录，行索引不包含 2

如果选择特定索引的数据，直接写索引值即可。例如，data2.loc[2,['col1','col2']]为选择第 3 行且列名为'col1'和'col2'的记录。

2.11.4 数据筛选和过滤

数据筛选和过滤是基于条件的数据选择。2.6.3 节提到的比较运算符都能用于数据的筛选和过滤条件，不同条件间的逻辑不能直接用 and、or 来实现且、或的逻辑，而是要用&和|实现。常用的数据筛选和过滤方法如表 2-18 所示。

表 2-18　　　　　　　　　Pandas 常用的数据筛选和过滤方法

方法	功能	示例	示例说明
单列单条件	以单独列为基础选择符合条件的数据	In: print(data2[data2['col3']==True]) Out: col1 col2 col3 0 2 a True 1 1 b True	选择 col3 中值为 True 的所有记录
多列单条件	以所有的列为基础选择符合条件的数据	In: print(data2[data2=='a']) Out: col1 col2 col3 0 NaN a NaN 1 NaN NaN NaN 2 NaN a NaN	选择所有值为 *a* 的数据
使用"且"进行选择	多个筛选条件，且多个条件的逻辑为"且"，用&表示	In: print(data2[(data2['col2']=='a') & (data2['col3']==True)]) Out: col1 col2 col3 0 2 a True	选择 col2 值为 *a* 且 col3 值为 True 的记录

方法	功能	示例	示例说明
使用"或"进行选择	多个筛选条件，且多个条件的逻辑为"或"，用|表示	In: print(data2[(data2['col2']=='a') | (data2['col3']==True)]) Out:　col1　col2　col3 0　　2　　a　　True 1　　1　　b　　True 2　　0　　a　　False	选择 col2 值为 a 或 col3 值为 True 的记录
使用 isin 查找范围	基于特定值的范围的数据查找	In: print(data2[data2['col1'].isin([1,2])]) Out:　col1　col2　col3 0　　2　　a　　True 1　　1　　b　　True	筛选 col1 值为 1 或 2 的记录
query	按照类似 SQL 的规则筛选数据	In: print(data2.query('col2=="b"')) Out:　col1　col2　col3 1　　1　　b　　1	筛选数据中 col2 值为 b 的记录

2.11.5　数据预处理操作

Pandas 库的数据预处理是基于整个数据框或 Series 实现的。整个预处理工作包含众多项目。本节列出通过 Pandas 库实现的场景功能和常用的预处理方法，Pandas 库的更多功能会在第 4 章进行详细介绍。Pandas 常用预处理方法如表 2-19 所示。

表 2-19　　　　　　　　　　　Pandas 库常用的预处理方法

方法	功能	示例	示例说明
T	转置数据框，行和列转换	In: print(data2.T) Out:　　0　1　2 col1　2　1　0 col2　a　b　a	行索引、列名以及数据相互调换
sort_values	按值排序，默认为正序。可通过 ascending=False 指定倒序排序	In: print(data2.sort_values(['col1'])) Out:　col1　col2 2　　0　　a 1　　1　　b 0　　2　　a	按 col1 列排序
sort_index	按索引排序，默认为正序。可通过 ascending=False 指定倒序排序	In: print(data2.sort_index(ascending=False)) Out:　col1　col2　col3 2　　0　　a　　0 1　　1　　b　　1 0　　2　　a　　1	按索引倒序排序
dropna	去掉默认值。可通过 axis 设置为 0 或 index、1 或 columns 丢弃带有默认值的行或列	In: print(data2.dropna()) Out:　col1　col2　col3 0　　2　　a　　True 1　　1　　b　　True 2　　0　　a　　False	直接丢弃带有默认值的行
fillna	填充缺失值，可设置为固定值以及不同的填充方法	In: print(data2.fillna(method='bfill')) Out:　col1　col2　col3 0　　2　　a　　True 1　　1　　b　　True 2　　0　　a　　False	使用下一个有效记录填充缺失值

方法	功能	示例	示例说明
astype	转换特定列的类型	In: data2['col3'] = data2['col3'].astype(int) In: print(data2.dtypes) Out: col1 int64 　　col2 object 　　col3 int32 dtype: object	将 col3 转换为 int 型
rename	更新列名	In: print(data2.rename(columns= {'col1':'A','col2':'B','col3':'C'})) Out: A B C 0 2 a 1 1 1 b 1 2 0 a 0	将 data2 的列名更新为 A、B、C
drop_duplicates	去掉重复项。通过指定列设置去重的参照	In: print(data2.drop_duplicates(['col3'])) Out: col1 col2 col3 0 2 a 1 2 0 a 0	按 col3 列去掉重复记录
replace	查找替换	In: print(data2.replace('a','A')) Out: col1 col2 col3 0 2 A 1 1 1 b 1 2 0 A 0	将小写字符 a 替换为大写字母 A
sample	抽样	In: print(data2.sample(n=2)) Out: col1 col2 col3 0 2 a 1 1 1 b 1	从 data2 中随机抽取 2 条数据

2.11.6　数据合并和匹配

数据合并和匹配是对多个数据框进行合并或匹配操作。Pandas 库常用的数据合并和匹配方法如表 2-20 所示。

表 2-20　　　　　　　　　　　Pandas 库常用的数据合并和匹配方法

方法	功能	示例	示例说明
merge	关联并匹配 2 个数据框	In: print(data2.merge(data1,on='col1',how='inner')) Out: col1 col2_x col3_x col2_y col3_y col4 0 1 b 1 2 3 4	关联 data1 和 data2。主键分别为 a 列和 col1 列，内关联方式
concat	合并 2 个数据框，可按行或列合并	In: print(pd.concat((data1,data2),axis=1)) Out: col1 col2 col3 col4 col1 col2 col3 0 1 2 3 4 2 a 1 1 6 7 8 9 1 b 1 2 11 12 13 14 0 a 0	按列合并 data1 和 data2，可指定 axis=0 按行合并

方法	功能	示例								示例说明
append	按行追加数据框	In: print(data1.append(data2)) Out:　col1　col2　col3　col4 0　　1　　2　　3　　4.0 1　　6　　7　　8　　9.0 2　　11　12　　13　　14.0 0　　2　　a　　1　　NaN 1　　1　　b　　1　　NaN 2　　0　　a　　0　　NaN								将 data2 追加到 data1。等价于 pd.concat((data1, data2),axis=0)
join	关联并匹配 2 个数据框	In: print(data1.join(data2,lsuffix='_d1', rsuffix='_d2')) Out: col1_d1　col2_d1　col3_d1　col4 col1_d2　col2_d2　col3_d2 0　1　　2　　3　　4　2　　a　　1 1　6　　7　　8　　9　1　　b　　1 2　11　12　　13　　14　0　　a　　0								将 data1 和 data2 关联，设置关联后的列名前缀分别为 d1 和 d2

2.11.7　数据分类汇总

数据分类汇总与 Excel 中的概念和功能类似。Pandas 库常用的数据分类汇总方法如表 2-21 所示。

表 2-21　　　　　　　　　　　Pandas 库常用的数据分类汇总方法

方法	功能	示例	示例说明
groupby	按指定的列做分类汇总	In: print(data2.groupby(['col2'])['col1'].sum()) Out: col2 a　　2 b　　1 Name: col1, dtype: int64	以 col2 列为维度，以 col1 列为指标求和
pivot_table	建立数据透视表视图	In: print(pd.pivot_table(data2,index=['col2'])) Out:　　col1　col3 col2 a　　1　0.5 b　　1　1.0 Name: col1, dtype: int64	以 col2 列为索引建立数据透视表，默认计算方式为求均值

2.11.8　高级函数使用

Pandas 库能直接实现数据框级别的高级函数应用，而不用循环遍历每条记录甚至每个值后再做计算，这种方式能极大提高计算效率。Pandas 库常用的高级函数如表 2-22 所示。

表 2-22　　　　　　　　　　　Pandas 库常用的高级函数

函数	功能	示例	示例说明
map	将一个函数或匿名函数应用到 Series 或数据框的特定列	In: print(data2['col3'].map(lambda x:x*2)) Out: 0　　2 1　　2 2　　0 Name: col3, dtype: int64	对 data2 的 col3 的每个值乘 2

续表

函数	功能	示例	示例说明
apply	将一个函数或匿名函数应用到 Series 或数据框	In: print(data2.apply(pd.np.cumsum)) Out:　　col1　col2　col3 0　　　2　　a　　1 1　　　3　　ab　　2 2　　　3　　aba　2	将 data2 的所有列按行（默认）累加
agg	一次性对多个列做聚合操作	In: import numpy as np In: print(data2.groupby(['col2']).agg({'col1':np.sum,'col3':np.mean})) Out:　　col1　　col3 col2 a　　　2　　0.5 b　　　1　　1.0	在 data2 中以 col2 为维度，对 col1 求和，对 col3 求均值

2.12　新手常见误区

2.12.1　错误的缩进导致功能范围混乱

Python 语言通过缩进实现功能域的定义。缩进出现错误会导致功能问题，在该场景下，建议首先将外层功能写完，然后写内层功能，这样逻辑更清晰明了，不容易出错。

用 Pycharm 编辑代码，在手动换行时，默认会自动缩进到距其最近的一个功能的功能范围。但如果要缩进到父级功能，则通常需要手动缩进。

类似问题：与错误缩进相关的问题是多层条件、嵌套函数和嵌套类的定义和使用。不同层级的定义逻辑也会使功能范围出现问题。例如，在类内定义了一个方法，在类外使用时一般需要使用"实例名.方法名"，而不能直接使用方法名。

2.12.2　混淆赋值和条件判断符号

赋值表达式通过=（等号）实现，在判断时使用==（2 个等号）判断值相等逻辑。如果在判断时用=（等号），则会出错。

类似问题：is 和==（等于）在判断时也有差异。在大多数情况下，不同对象对比时，==（等于）和 is 是不能通用的，即使通过==（等于）判断两个对象相等，也并不一定意味着两个对象的身份相同。示例如下。

```
a= [1,2,3]                    # 创建一个列表对象 a
print(id(a))                  # 打印输出 a 对应的内存地址，值为 75360392
import copy                   # 导入 copy 库，用来复制对象
b = copy.deepcopy(a)
# 通过 copy 的 deepcopy 方法创建一个基于 a 的深拷贝对象 b，此时 a 和 b 的值是相等的（通过==可以
判断值相等）
print(id(b))            # 打印输出 b 的内存地址信息，结果为 75331272
print(a is b)
# 判断 a 和 b 的身份是否相同，打印结果为 False。通过结果可以看到 a 和 b 虽然是相等的值，但内存地
址不同，所以用 is 判断的结果会返回 False
```

2.12.3 列表长度与初始索引、终止索引误用

Python 语言中的可迭代对象一般都能通过索引获得对应位置的值，如列表、元组、数据框、Series 等。通过 len()函数可以获得可迭代对象的元素或记录的数量。例如，len(a)的结果是 5，意味着 a 中有 5 个元素，而元素的起始索引需要从 0 开始，以 4（而非 5）结束。这个原则在所有 Python 对象中都适用。很多初学者容易从 1 开始读取初始结果，使用 5 来获得最后一个值，这时会出现索引错误。

提示　如果元素的数量过大而又想获得最后一个值，建议使用-1 来实现，而非绝对索引序列值。

类似问题：一维数据中的索引问题也会出现在二维数据中，尤其是在使用多级区间索引时更容易出问题。例如，使用 df.iloc[0,2:3,7]是选择行索引为 0~2（注意不包含 2）、列索引为 3~7（不包含 7）的数据，此时更要注意起始索引和终止索引的闭合和包含关系。

2.12.4 表达式或功能缺少冒号

Python 语言中的表达式或功能很多都是基于冒号（:）分隔的，如 if 条件语句、for 循环语句、匿名函数的定义、函数的定义等。如果缺少: 则会报错，误用其他符号也会报错。示例如下。

```
if a == 1    # 缺少冒号
    print('Good')
```

类似问题：与该问题类似的问题是缺少其他符号，如小括号、中括号、大括号等。在使用对象和功能时，各种括号都是成对出现的，即有前半部分的括号就一定会有对应的后半部分的括号。代码功能较为复杂时，经常会忽略后半部分的括号，从而导致程序报错或无法执行。

2.12.5 变量名的冲突问题

在定义变量时，不能使用系统保留字和关键字，但在复杂场景下，可能出现变量名"不够用"的情况，此时命名可能会出现问题。示例如下。

```
int = 6          # 变量对象名为 int，int 本身是系统整数型的函数名
print(int)       # 打印输出对象的值为6
int(6.1)         # 原本希望使用 int 方法获得整数，但会提示不可调用的错误
```

类似问题：在使用 from import 方法导入库中的方法时，也可能出现命名冲突的问题。例如，Python 标准库 math 和第三方库 NumPy 中都含有 log 方法，如果同时导入这两个库，则不能同时使用 from math import log 和 from numpy import log，而应直接使用 import math 和 import numpy，然后使用 math.log 和 numPy.log 方法，否则系统无法知道我们到底要用的是哪个库中的 log 方法。

2.12.6 混淆 int 和 round 对浮点数的取整

在上面例子中提到了使用 int 方法可以实现对浮点数取整。需要注意的是，int 是向下取整，而非传统意义上的四舍五入，四舍五入应该使用 round 方法。例如，int(3.6)会得到结果

3，而 round(3.6)会得到结果 4。

　　类似问题：/和%也是容易混淆的除法符号，/用于取除数的整数，%用于取余数。例如，5/2=2，而 5%2=1。另外一个关键信息是，/的结果与分子或分母的类型有关，如 5./2=2.5（而不是 2）。

实训：对列表中的元素按不同逻辑处理

1．基本背景

　　列表、条件表达式、功能封装等是 Python 语言重要的语法。本实训通过多个规则的组合使用来提高读者对这些功能的熟练程度。

2．训练要点

（1）掌握列表推导式的基本用法。

（2）掌握循环和条件表达式的用法。

（3）掌握 map 配合 lambda 的用法。

3．实训要求

　　选择列表推导式、循环或 map 中至少 2 个方法实现针对列表元素的功能计算。功能逻辑为：对列表中的数字求 3 次方，将英文小写字母变为大写，并返回由新的数字和字母组成的列表。

4．实现思路

（1）定义一个列表 list_values，列表元素包括[1,'a','b','c',2]。

（2）取出每个元素。

（3）对每个元素按类型做判断，如果类型为 int，则调用 pow 方法；否则调用 upper 方法。例如，使用列表推导式[pow(i,3) if isinstance(i, int) else i.upper() for i in list_values]；使用 map 配合 lambda 方法：list(map(lambda i:pow(i,3) if isinstance(i, int) else i.upper(),list_values))

思考与练习

1．单行注释和多行注释分别如何定义？

2．变量的命名有哪些规则？

3．Python 语言有哪些数据类型和数据结构，如何判断数据类型和数据结构？

4．循环语句可以通过哪些方式实现？

5．功能封装有哪几种方式？

6．请在 Jupyter 中自定义实现 filter 的功能。

第 **3** 章 数据对象的读写

在企业内部，获取数据的途径一般有 2 种：一种是从数据文件中获取；另一种是从数据库中获取。前者一般来源于其他数据系统或业务运营系统，文件格式包括 txt、csv、tsv、xlsx、JSON、xml 等；后者则是数据采集和存储的源头，也是数据分析师获取更多详细数据的主要来源。因此，本章重点介绍这 2 类数据源的读写操作。另外，数据读写基本都是依托于工作目录实现的，本章也会介绍目录与文件操作以及数据对象的持久化操作。

3.1 目录与文件操作

在计算机中，目录构成了获取文件的基础，所有文件都存储于特定目录下。本节将介绍目录的基本操作，包括获取目录信息、目录的基本操作、路径与目录的组合与拆分、目录的判断、遍历目录以及文件的基本操作等内容。

3.1.1 获取目录信息

1. 获取当前目录

当前目录是 Python 程序执行或工作的目录，可使用 os.getcwd()获取目录信息（注意，没有参数值）。例如，'D:\\[书籍]Python 数据处理、分析、可视化与数据化运营\\3_附件\\chapter3'。

2. 获得上级目录

上级目录是当前目录的父级目录，可使用 os.path.dirname(path_name)获得特定路径的上级目录。例如，使用 os.path.dirname(os.getcwd())获取当前目录的上级目录是'D:\\[书籍]Python 数据处理、分析、可视化与数据化运营\\3_附件'。

3. 更改工作目录

更改工作目录可通过 os.chdir(path_name)实现。例如，将当前目录切换到第 4 章附件下，使用 os.chdir(r'D:\[书籍]Python 数据处理、分析、可视化与数据化运营\3_附件\chapter4')实现。此时，再次使用 os.getcwd()会发现工作目录已经切换。

在 Windows 中表示绝对路径时，不能直接复制粘贴 Windows 资源管理器中的路径地址。开发人员可通过以下 3 种方式表示 Windows 下的路径对象：一是使用 r 表示原始路径字符串，如本小节代码；二是使用\做转义，本小节代码需要改写为 os.chdir('D:\\[书籍] Python 数据处理、分析、可视化与数据化运营\\3_附件\\chapter4')；三是使用 UNIX 路径表示方法，即 os.chdir('D:/[书籍] Python 数据处理、分析、可视化与数据化运营/3_附件/chapter4')。

3.1.2　目录的基本操作

在稍微大型的数据分析工作中，开发人员通常需要针对不同的分析需求将文件分门别类地存放，如数据源目录、结果文件目录、图像目录、日志目录、过程临时目录等，此时应对目录做各种操作。具体内容如下。

1．创建目录

创建目录，可使用 os 库实现。在创建新目录之前，先使用 os.chdir(r'D:\[书籍]python 数据处理、分析、可视化与数据化运营\3_附件\chapter3') 切换回本章目录。

（1）使用 **os.mkdir** 创建单层级目录。所谓单层级目录，是指目录只包含一个层级或层次，没有二级或多级子目录。os.mkdir 使用方法为 os.mkdir(path_name)。其中，**path_name** 是要创建的目录的名称，如 os.mkdir('single_path')。

os.mkdir 创建目录时，只能在已有目录下创建新的目录。

（2）使用 **os.makedirs** 创建任意层级目录。某些时候可能需要创建一个多层级目录，即包含二级或多级子目录。os.makedirs 使用方法为 os.makedirs(path_names)。其中，**path_names** 既可以是单层级目录，又可以是多层级目录。示例如下。

```
os.makedirs('single_path',exist_ok=True)    # 创建单层级目录, 等同于os.mkdir('single_path')
os.makedirs('path_level_1/path_level_2')     # 创建一个包含 2 个层级的目录
```

对比 os.mkdir 和 os.makedirs，二者创建单层级目录的用法基本相同，但在创建多层级目录时，os.makedirs 可以根据子目录的要求自动创建父级目录并且可通过 exist_ok 设置是否检查目标目录已存在。因此，大多数时候使用 os.makedirs 创建目录更灵活。

2．删除目录

删除目录的功能与创建目录相反。下面的示例为将之前创建的 2 个目录删除。

（1）使用 **os.rmdir** 删除单层级目录，用法是 os.rmdir('single_path')。

（2）使用 **os.removedirs** 删除任意层级目录，示例如下。

```
os.mkdir('single_path2')                      # 建立目录
os.removedirs('single_path2')                 # 删除单层级目录
os.removedirs('path_level_1/path_level_2')    # 删除任意层级目录
```

os.rmdir 和 os.removedirs 要求被删除的目录为空目录，不能含有任何文件。

（3）使用 shutil.rmtree 删除任意层级目录及其文件。当目录下包含文件时，可使用 shutil 库删除任意层级的目录及其下面的文件，该库是对 os 删除操作的高级封装。示例如下。

```
os.mkdir('single_path3')                # 建立目录
shutil.rmtree('single_path3')           # 删除目录
```

3. 重命名目录

重命名目录使用 **os.rename** 方法。示例如下。

```
os.rename('folder','folder_rename')   # 重命名为 folder_rename
```

4. 复制目录

复制目录可通过 shutil 库实现。示例如下。

```
shutil.copytree('folder_rename','folder_copy')   # 复制到一个副本
```

shutil.copytree 会递归地复制源文件夹下的所有层级的目录及其文件。

5. 移动目录

移动目录可通过 shutil 库实现，示例如下。

```
shutil.move('folder_copy','folder_move')   # 移动目录及文件到新目录下
```

3.1.3 路径与目录的组合与拆分

路径可以由多个目录组成，同样也可以拆分为多个目录。

1. 组合目录为新路径

组合路径可通过 os.path.join(path_name1,path_name_n)方法实现。例如，使用 os.path.join(os.getcwd(),'new_folder') 实现路径组合，组合后的结果为'D:\\[书籍]python 数据处理、分析、可视化与数据化运营\\3_附件\\chapter3\\new_folder'。

2. 从路径中拆分出目录/文件

与组合相对的操作是拆分，通过 os.path.split(path_name)方法实现，结果为包含前部路径和最后一个目录/文件夹的二元元组。示例如下。

```
os.path.split(os.getcwd())
# 将目录拆分为('D:\\[书籍]Python 数据处理、分析、可视化与数据化运营\\3_附件','chapter3')
os.path.split('D:\\[书籍]Python 数据处理、分析、可视化与数据化运营\\3_附件\\chapter3\\
data.csv')
# 将路径拆分为 ('D:\\[书籍]Python 数据处理、分析、可视化与数据化运营\\3_附件\\chapter3', 'data.
csv')
```

3.1.4 目录的判断

判断目录能保证文件读写的有效性，判断对象包括判断特定对象是否为目录以及目录是否存在。

1. 判断是否为目录

使用方法 os.path.isdir(path_name)判断特定对象是否为目录，示例如下。

```
os.path.isdir(os.getcwd())   # 返回结果为 True
os.path.isdir(os.path.join(os.getcwd(),'data.csv'))   # 返回结果为 False
```

2．判断目录是否存在

使用方法 os.path.exists 判断目录是否存在，示例如下。

```
os.path.exists(os.getcwd())          # 返回 True
os.path.exists('test_dir')           # 返回 False
```

3.1.5 遍历目录

遍历是最为常用的操作之一，尤其是当外部数据系统导出的数据过大时，数据管理员通常会将系统数据导出为多个数据文件，后续再批量读取合并为完整的文件或使用增量计算的方式更新。遍历目录一般需要 2 步：一是获取所有文件夹下的文件或子文件夹；二是对单个文件进行操作。

1．使用 os．listdir 获取文件列表

如果是单层目录，可以直接使用 os.listdir(path_name)获取文件列表，示例如下。

```
for file in os.listdir(os.getcwd()):                           # ①
    print(file)                                                # ②
```

代码①通过 os.listdir 获得当前目录下的所有文件和文件夹，并结合 for 循环遍历每个文件；代码②打印输出每个文件/文件夹。由于内容较多，这里省略中间内容，部分结果如下。

```
code.ipynb
data.csv
…
table_data.txt
```

2．使用 os．walk 遍历目录

如果是多层级目录，那么 os.listdir(path_name)方法无法一次性读出所有子文件夹或目录的内容，这时可使用 os.walk(path_name) 方法遍历所有目录和子目录的文件列表。该方法可基于 path_name 返回每个对象的三元组对象，包括目录名、目录下的子目录以及目录下的文件列表。示例如下。

```
for dirpath,dirnames,filenames in os.walk(os.getcwd()):        # ①
    for file in filenames:                                     # ②
        fullpath = os.path.join(dirpath,file)                  # ③
        print(fullpath)                                        # ④
```

代码①使用 os.walk 方法配合 for 循环读出目录名，包含子目录列表以及当前目录下的文件列表；代码②使用 for 循环读出每个目录下的文件；代码③使用 os.path.join 将文件目录路径和文件名组合起来，形成完整路径文件；代码④打印输出文件。部分结果如下。

```
D:\[书籍]Python 数据处理、分析、可视化与数据化运营\3_附件\chapter3\code.ipynb
D:\[书籍]Python 数据处理、分析、可视化与数据化运营\3_附件\chapter3\data.csv
…
D:\[书籍]Python 数据处理、分析、可视化与数据化运营\3_附件\chapter3\table_data.txt
```

3.1.6 文件的基本操作

1．复制文件

shutil 库提供了多种用于复制文件的函数。

（1）使用 shutil.copyfile 复制文件（不包含元数据），如果目标文件已存在，就会被覆盖。

用法如下。

```
shutil.copyfile('demo.xlsx','demo_copy1.xlsx') # 将demo.xlsx复制为新文件demo_copy1.xlsx
```

（2）使用 shutil.copymode 复制文件权限，不复制其他内容。用法如下。

```
shutil. copymode('demo.xlsx','demo_copy1.xlsx')  # 复制demo.xlsx的权限到文件
demo_copy1.xlsx
```

（3）使用 shutil.copystat 复制权限、最后访问时间、最后修改时间，不复制其他内容。用法如下。

```
shutil.copystat('demo.xlsx','demo_copy1.xlsx')
```

（4）使用 shutil.copy 复制文件到另一个文件或目录。如果复制到目录，那么会在文件夹中创建或覆盖一个文件，且该文件与源文件名相同，文件权限也会被复制。示例如下。

```
shutil.copy('demo.xlsx','demo_copy2.xlsx')     # 复制到一个新文件
shutil.copy('demo.xlsx','folder_move')         # 复制到目录 folder_move
```

（5）使用 shutil.copy2 复制文件到另一个文件或目录。该方法与 shutil.copy() 类似，另外会同时复制文件的元数据。实际上，该方法是 shutil.copy() 和 shutil.copystat() 的组合。示例如下。

```
shutil.copy2('demo.xlsx','demo_copy3.xlsx')     # 复制到一个新文件
shutil.copy2('demo.xlsx','folder_rename')       # 复制到目录 folder_rename
```

2．移动文件

使用 shutil.move 移动文件，用法如下。

```
shutil.move('demo_copy3.xlsx','folder_ move') # 移动到目录 folder_move
```

3．删除文件

使用 os.remove 删除文件，用法如下。

```
os.remove('demo_copy2.xlsx') # 删除文件
```

4．重命名文件

一般情况下，使用 os.rename 重命名文件，用法如下。

```
os.rename('demo_copy1.xlsx', 'demo_copy1_new.xlsx')
# 将demo_copy1.xlsx 重命名为demo_copy1_new.xlsx
```

5．判断是否为文件

使用 os.path.isfile 判断文件是否存在，返回结果为 True 或 False。示例如下。

```
os.path.isfile('demo_copy1_new.xlsx') # 返回结果为 True
```

注意　　　如果文件不存在，则返回结果为 False。

6．从路径中获取文件扩展名

本章之前提到过使用 os.path.split()方法可以将文件切分。这里使用 os.path.splitext 切分文件扩展名。示例如下。

```
os.path.splitext('demo_copy1_new.xlsx') # 返回('demo_copy1_new','.xlsx')
```

3.2 数据文件的读写

3.2.1 读写普通文件

对于普通文件而言，文件内容可以是结构化的，也可以是非结构化或半结构化的。例如，日志属于半结构化的，普通的文本段落（如新闻、帖子、资讯等）属于非结构化的。只要存储的文件编码格式正确且信息有效便可以读取。

1. 使用 read、readline 和 readlines 方法读取文件

Python 可以读取任何格式的文件。读取数据文件的基本方法是使用 open 方法打开文件，然后使用 read、readline 和 readlines 方法读取文件。

open 方法打开文件时支持不同的读、写或追加模式，如表 3-1 所示。

表 3-1   Python 文件打开模式（mode）

模式	描述
r	以只读方式打开文件，文件的指针会放在文件的开头，为默认的文件打开模式
rb	以二进制格式打开一个文件用于只读
r+	打开一个文件用于读写
rb+	以二进制格式打开一个文件用于读写
w	打开一个文件只用于写入。如果该文件已存在，则将其覆盖；如果该文件不存在，则创建新文件
wb	以二进制格式打开一个文件只用于写入。如果该文件已存在，则将其覆盖；如果该文件不存在，则创建新文件
w+	打开一个文件用于读写。如果该文件已存在，则将其覆盖；如果该文件不存在，则创建新文件
wb+	以二进制格式打开一个文件用于读写。如果该文件已存在，则将其覆盖；如果该文件不存在，则创建新文件
a	打开一个文件用于追加。如果该文件已存在，文件指针将会放在文件的结尾，也就是说，新的内容将会被写入已有内容之后；如果该文件不存在，则创建新文件用于写入
ab	以二进制格式打开一个文件用于追加。如果该文件已存在，文件指针将会放在文件的结尾，也就是说，新的内容将会被写入已有内容之后；如果该文件不存在，则创建新文件用于写入
a+	打开一个文件用于读写。如果该文件已存在，则文件指针将会放在文件的结尾，文件打开时会是追加模式；如果该文件不存在，则创建新文件用于读写
ab+	以二进制格式打开一个文件用于追加。如果该文件已存在，则文件指针将会放在文件的结尾；如果该文件不存在，则创建新文件用于写入

在读取文件内容时，用户可以使用表 3-2 所示的 3 种方法。

表 3-2   Python 读取文件内容的 3 种方法

方法	描述	返回数据
read	读取文件中的全部数据，直到到达定义的字节数上限	内容字符串，所有行合并为一个字符串
readline	读取文件中的一行数据，直到到达定义的字节数上限	内容字符串
readlines	读取文件中的全部数据，直到到达定义的字节数上限	内容列表，每行数据作为列表中的一个对象

完整的读取过程包括打开文件对象、读取文件内容、关闭文件对象，示例如下。

```
data_file = 'raw_data'                              # ①
# read 方法
with open(data_file) as  f:                          # ②
    data1 = f.read()                                # ③
print(data1)                                        # ④
# readline 方法
with open(data_file) as  f:                          # ⑤
    data2 = f.readline()                            # ⑥
print(data2)                                        # ⑦
# readlines 方法
with open(data_file) as  f:                          # ⑧
    data3 = f.readlines()                           # ⑨
print(data3)                                        # ⑩
```

代码①定义了一个数据文件，文件信息如图 3-1 所示。

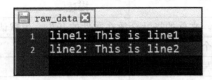

图 3-1 raw_data 源文件数据

代码②~代码④使用 read 方法读取文件内容，读取结果是一个完整的字符串。打印内容如下。

```
line1: This is line1
line2: This is line2
```

代码⑤~代码⑦使用 readline 方法读取文件内容，读取结果为当前指针所在的记录字符串。打印内容如下。

```
line1: This is line1
```

代码⑧~代码⑩使用 readlines 方法读取文件内容，读取结果为当前指针所在的记录。打印内容如下。

```
['line1: This is line1\n', 'line2: This is line2']
```

在实际应用中，read 方法和 readlines 方法比较常用，而且二者都能读取文件中全部的数据。二者的区别只是返回的数据类型不同，前者返回字符串，适用于所有行都是完整句子的文本文件，如大段文字信息；后者返回列表，适用于每行是一个单独的数据记录，如日志信息。不同的读取方法会直接影响后续基于内容的应用。readline 由于每次只读取一行数据，因此通常需要配合 seek、next 等指针操作才能完整遍历读取所有数据。

2．使用 write 和 writelines 方法写入文件

普通文件的写入与读取模式相同，仅是将代码③中的读取文件方法改为写入文件方法。对应的方法则变为 write 和 writelines。示例如下。

```
# write 方法
with open('raw_data_write','w+') as f:                       # ①
    f.write(data2)                                           # ②
# writelines 方法
with open('raw_data_writelines','w+') as f:                  # ③
    f.writelines(data3)                                      # ④
```

代码①和代码②打开一个文件对象 f, 然后使用 write 方法将一个字符串写入 raw_data_write 文件。

代码③和代码④打开一个文件对象 f, 然后使用 writelines 方法将一个字符串写入 raw_data_writelines 文件。二者写入结果如图 3-2 所示。

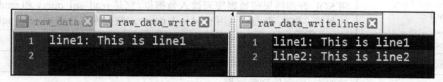

图 3-2 raw_data_write 文件内容和 raw_data_writelines 文件内容

write 方法适用于将一段文本段落或字符串写入文件, writelines 适用于将一个列表对象写入文件。如果对比读取和写入方法, write 方法与 read 相对应, writelines 与 readlines 相对应。

普通文件既有可能来源于现有的运营系统或 IT 系统, 也有可能直接从其他系统导出。例如, Apache 的服务器产生的日志、爬虫程序抓取的内容直接保存为 HTML 文件等。在半结构化和非结构的数据读取中, 普通文件读写的应用场景十分广泛。

3.2.2 读写 csv、txt、tsv 等格式的文件

理论上, Python 可以读取任意格式的文件, 但在数据分析工作中, 大多来源于系统内部的数据都已经以结构化的形式存储和分享。例如, txt、csv、tsv 等格式的文件都能非常方便地被 Python 读取。

1．读取数据

相对于 Python 默认函数以及其他库, Pandas 读取数据的方法更加丰富。Pandas 读取数据的常用方法如表 3-3 所示。

表 3-3 　　　　　　　　　　　　　Pandas 读取数据的常用方法

方法	描述
read_clipboard	从剪切板读取文本数据, 然后调用 read_table 方法解析数据到数据框
read_csv	读取 csv 文件到数据框, 默认文件分隔符是逗号
read_excel	读取 Excel 文件到数据框, 支持 xls 和 xlsx 格式的 Excel 文件
read_feather	读取格式化特征对象并返回对象
read_fwf	读取表格或固定宽度格式的文本行到数据框
read_gbq	从 Google Big Query 中读取数据到数据框

续表

方法	描述
read_hdf	读取 HDF 文件并返回其选择的对象
read_html	读取 HTML 信息并返回由数据框组成的列表
read_json	读取 JSON 信息并返回 Series 或数据框
read_msgpack	从指定的文件路径加载 msgpack pandas 对象
read_parquet	读取 parquet 对象并返回数据框
read_pickle	读取序列化/持久化的对象并返回
read_sas	以 XPORT 或 SAS7BDAT 格式读取 SAS 文件并返回数据框、SAS7BDATReader 或 XportReader 对象
read_sql	将 SQL 查询结果或数据库表读入数据框，它是 read_sql_query 和 read_sql_table 的封装。SQL 查询将调用 read_sql_query，数据库表将调用 read_sql_table
read_sql_query	将 SQL 查询结果读入数据框
read_sql_table	将数据库中的表读入数据框
read_stata	读取 Stata 文件到数据框
read_table	读取用通用分隔符分隔的数据文件到数据框，默认分隔符为制表符

在普通文件读取时，Pandas 最常用的方法是 read_csv、read_table。以下 2 种方法用到 chapter3 中的 data.csv 和 table_data.txt，数据内容如图 3-3 所示。

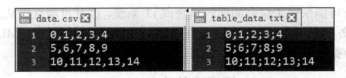

图 3-3　data.csv 和 table_data.txt 数据内容

（1）使用 read_cvs 方法读取数据。通过 read_csv 方法可以读取 csv（默认）及其他格式的数据文件。

语法如下。

```
read_csv(filepath_or_buffer, sep=',', delimiter=None, header='infer', names=None,
index_col=None, usecols=None, **kwds)
```

常用参数如下。

① filepath_or_buffer：字符串，要读取的文件对象，必填。

② sep：字符串，分隔符号，选填，默认值为英文逗号（,）。特殊情况下，如果数据分割符号含有多个，例如，多列之间通过"|+|"（3 个符号）分隔的，分隔符 sep 的值可以设置为"\|\+\|"，这是 Python 正则表达式语法。

③ names：类数组，列名，选填，默认值为空。

④ engine：解析引擎，默认设置为 python，这样设置的好处是功能更全面；而如果设置为 c，则解析速度更快，在解析数据量大的文件时更好用。但是，并不是在所有情况下都可以设置为 c。例如，在上面的 sep 解析规则中，如果设置为"\|\+\|"，则无法指定解析引擎为 c。

⑤ skiprows：类字典或整数型，要跳过的行或行数，选填，默认为空。

⑥ nrows：整数型，要读取的前记录总数，选填，默认为空，常用来在大型数据集下做初步探索之用。

⑦ na_values：NA 值的表现字符串，系统中已经默认将''、'#N/A'、'#N/A N/A'、'#NA'、'-1.#IND'、'-1.#QNAND'、'1.#QNAN'、'N/A'、'NA'、'NULL'、'NaN'、'nan'识别为 NA 值，如果数据中有其他 NA 值的表现形式，可以在这里指定。如 na_values=[' ','None']，表示将字符串空格和 None 识别为 NA 值。

 当数据中含有较多的、不规则的缺失值时，设置该字段可以有效识别缺失值字段，这对于后期执行缺失值判断、填充、放弃等方法至关重要。

⑧ thousands：字符串，千位符符号，选填，默认为空。

⑨ decimal：字符串，小数点符号，选填，默认为点（.），在特定情况下应用。例如，欧洲的千位符和小数点与中国相反，欧洲的 4.321,1 对应中国的 4,321.1。

⑩ encoding：文件编码，默认情况下是'utf-8'，但需要注意的是，从原始数据库中导出的数据可能有各种编码，如 gb2312、latin1 等，因此这里设置为与原始数据一致的编码格式。

 在查看文件格式时，用户可直接使用 Notepad（M 级左右推荐）或 UltraEdit（G 级左右推荐）打开文件，在文件的右下角有当前文件的编码格式。当然，如果希望统一使用 utf-8 这一种编码，那么将文件另存为 utf-8 格式即可。

返回：数据框或 TextParser。

示例如下。

```
import pandas as pd                                          # ①
data = pd.read_csv('data.csv',names='a,b,c,d,e'.split(','))  # ②
print(data)                                                   # ③
```

代码①导入 Pandas 库；代码②调用 pd.read_csv 读取 data.csv 文件，同时通过 names 指定文件名，names 的值通过字符串的 split 方法以逗号分隔，切分为一个包含 5 个字符串元素的列表；代码③打印输出数据。输出结果如下。

```
    a   b   c   d   e
0   0   1   2   3   4
1   5   6   7   8   9
2  10  11  12  13  14
```

（2）使用 read_table 方法读取数据。通过 read_table 方法可以将用通用分隔符分隔的数据文件读取到数据框，只要分隔符有一定规则即可。

语法如下。

```
read_table(filepath_or_buffer, sep='\t', delimiter=None, header='infer', names=None,
index_col=None, usecols=None, **kwds)
```

常用参数如下。read_table 参数与 read_csv 完全相同。其实 read_csv 本来就是 read_table 中分隔符是逗号的一个特例，即被读取的文件分隔符号为逗号。因此，具体参数请查阅

read_csv 的参数部分。

返回：数据框或 TextParser。

示例如下。

```
table_data = pd.read_table('table_data.txt', sep=';',names='a,b,c,d,e'.split(','))
                                                                              # ①
print(table_data)                                                             # ②
```

在上一段代码导入 Pandas 库的基础上，代码①调用 read_table 方法读取 table_data.txt 文件，代码②打印输出结果如下。

```
    a   b   c   d   e
0   0   1   2   3   4
1   5   6   7   8   9
2  10  11  12  13  14
```

2．将数据框对象保存为数据文件

将数据框对象保存为数据文件，使用 to_csv 方法。

语法如下。

```
to_csv(path_or_buf=None, sep=',', na_rep='', float_format=None, columns=None,
header=True, index=True, index_label=None, **kwds)
```

常用参数如下。

（1）filepath_or_buffer：字符串，要读取的文件对象，必填。

（2）sep：字符串，分隔符号，选填，默认值为英文逗号（,）。也可以指定为其他任意字符。

（3）na_rep：NA 值表示方法，选填，默认值为空。

（4）header：header 信息是否导出，默认值为 True。

（5）index：index 是否导出，默认值为 True。

（6）compression：字符串型，设置输出文件的压缩选项，可设置为'gzip'、'bz2'、'zip'、'xz'或 None。

（7）encoding：文件编码，Python3 中默认认为'utf-8'。

 　　　　如果数据框包含中文，需要设置为包含中文的字符编码，如 uft-8、GB2312 和 GBK 等。

示例如下。

```
table_data.to_csv('table_data_output.txt',sep=',',index=False)
```

在上述示例中，导出 table_data 为 table_data_output.txt，分隔符为逗号，不导出 index 信息。

Python 通过第三方库读写结构化数据文件时，已经将预定义好的规则写入库内，因此更适用于解析规则明确的数据读取场景。csv、tsv 等格式的文件常用列的分隔方式，只要是有固定分隔符分隔并以通用数据编码和字符集编码（如 utf8、ASCII、GB2312 等）存放的无扩展名格式的数据文件，都能直接读写。

3.2.3　读写 Excel 文件

Excel 也是一类常用的数据文件，除了用作数据源，也经常用于数据分析和结果展示。

1. 使用 Pandas 的 read_excel 读取 Excel 文件

表 3-3 中提到过，Pandas 有读取 Excel 文件的方法 read_excel。

语法如下。

```
read_excel(io, sheet_name=0, header=0, names=None, index_col=None, **kwds)
```

常用参数如下。

（1）io：字符串。文件路径、Pandas Excel 或 xlrd 工作簿，必填。

（2）sheet_name。字符串、整数或混合字符串、整数的列表或 None，默认为 0，即第一个 Sheet。字符串是指 Sheet 的名称，整数是指索引的 Sheet 位置，列表用来表示多个连续或不连续的 Sheet，设置为 None 表示获取全部 Sheet。设置为字符串或整数时，返回数据框；设置为列表或 None 时，返回由数据框构成的字典。如下是常用的设置方法：0（默认值）为第 1 个 Sheet；1 为第 2 个 Sheet；"Sheet1"为第 1 个 Sheet；[0,1,"Sheet5"]为第 1 个、第 2 个和第 5 个 Sheet；None 为所有的 Sheet。

（3）header。整数或由整数构成的列表，默认值为 0。该参数表示由哪一行信息解析为数据框的列名，默认 0 代表第 1 行。如果设置为由整数构成列表，那么将使用多行信息组成联合索引。如果设置为 None，则表示 Excel 中没有列表信息。

（4）names。类数组，默认值为 None，用来表示列名，仅当 header 设置为 None 时使用。

（5）index_col。整数或由整数构成的列表，默认值为 None。该参数表示哪一列表示 index 值。如果设置为由整数构成列表，那么将使用多行信息组成联合索引。

（6）skiprows。类列表，要跳过的行或行数，选填，默认为空。

（7）na_values。NA 值的表现字符串，系统中已经默认将"、'#N/A'、'#N/A N/A'、'#NA'、'-1.#IND'、'-1.#QNAN'、'-NaN'、'-nan'、'1.#IND'、'1.#QNAN'、'N/A'、'NA'、'NULL'、'NaN'、'n/a'、'nan'、'null'识别为 NA 值。如果数据中有其他 NA 值的表现形式，可以在这里指定。例如，设置 na_values=[' ','None']将字符串空格和 None 识别为 NA 值。

　　当数据中含有较多的、不规则的缺失值时，设置该字段可以有效识别缺失值字段，这对于后期执行缺失值判断、填充、放弃等方法至关重要。

示例如下。

```
import pandas as pd                                              # ①
data_file = 'demo.xlsx'                                         # ②
data_1 = pd.read_excel(data_file,sheet_name = 0)               # ③
print(data_1)                                                   # ④
data_2 = pd.read_excel(data_file,sheet_name = 1)               # ⑤
print(data_2)                                                   # ⑥
data_3 = pd.read_excel(data_file,sheet_name=None)              # ⑦
print(data3)                                                    # ⑧
```

代码①导入 Pandas 库，代码②定义一个 Excel 文件，该文件包含 2 个 Sheet，分别名为

Sheet1 和 Sheet2。

代码③和代码④读取第 1 个 Sheet 中的数据并打印输出，结果如下。

```
   ID_number          Status   Create_Time      Business_City
0  431381198109106573  有效      2019-01-01       深圳市
1  431381198809122734  有效      2019-01-02       深圳市
2  431381197903117478  有效      2019-01-03       深圳市
```

代码⑤和代码⑥读取第 2 个 Sheet 中的数据并打印输出，结果如下。

```
   ID_number  Status   Create_Time   Business_City
0  90946      无效      2019-01-10    广州市
1  72418      有效      2019-01-11    广州市
2  99278      无效      2019-01-12    广州市
```

代码⑦和代码⑧读取所有的 Sheet 文件并打印输出，结果如下。

```
OrderedDict([
('Sheet1',  ID_number          Status   Create_Time      Business_City
0  431381198109106573  有效      2019-01-01       深圳市
1  431381198809122734  有效      2019-01-02       深圳市
2  431381197903117478  有效      2019-01-03       深圳市),
('Sheet2',  ID_number  Status   Create_Time   Business_City
0  90946      无效      2019-01-10    广州市
1  72418      有效      2019-01-11    广州市
2  99278      无效      2019-01-12    广州市)])
```

2. 使用 Pandas 的 to_excel 写入 Excel 文件

Pandas 写入 Excel 文件主要使用 to_excel 方法。

语法如下。

```
to_excel(excel_writer, sheet_name='Sheet1', na_rep='', float_format=None,
columns=None, header=True, index=True, index_label=None, startrow=0, startcol=0,
engine=None, merge_cells=True, encoding=None, inf_rep='inf', verbose=True,
freeze_panes=None)
```

常用参数如下。

（1）excel_writer：字符串或 excel_writer 对象，必填。

（2）sheet_name：字符串，默认是 Sheet1。

（3）header：布尔型或字符串列表，写入 Excel 中的列名，默认为 True。设置为字符串列表将为导出的数据设置列名的别名。

（4）index：index 是否导出，默认为 True。

示例如下。

Pandas 的数据框写入 Excel 文件时区分 2 种情况：一种是写入单个 Sheet 到 Excel；另一种是写入多个 Sheet 到同一个 Excel。

（1）写入单个 Sheet 到 Excel 中。写入单个 Sheet 只需使用 to_excel 方法即可，用法如下。

data_2.to_excel('demo_write_1.xlsx') # 将 data_2 写入到 demo_write_1.xlsx

提示

　　　　如果直接使用 to_excel 方法多次写入相同的 Excel。即使 sheet_name 设置为不同的名称，Excel 中的数据仍会被最后一次写入的信息覆盖。

　　（2）写入多个 Sheet 到同一个 Excel 中。在一个 Excel 中写入多个 Sheet，需要配合 Pandas 的 ExcelWriter 方法，示例如下。

```
with pd.ExcelWriter('demo_write_2.xlsx') as writer:          # ①
    for name,data in data_3.items():                         # ②
        data.to_excel(writer,sheet_name=name)                # ③
writer.save()                                                # ④
```

　　代码①使用 pd.ExcelWriter 打开一个名为 demo_write_2.xlsx 的文件，并创建对象 writer，该对象使用 with 做上下文管理；代码②使用 for 循环遍历 data_3 的 key-value 键值对，获取每个 Sheet 的名称和数据；代码③使用 to_excel 方法写入 writer 对象；代码④保存创建并写入数据信息。

　　在企业实际应用场景中，由于 Excel 本身的限制和使用，其无法存储和计算过大（如千万级的数据记录）的数据量，并且 Excel 本身也不是为了海量数据的应用而产生的。因此，Excel 可以作为日常基本数据处理、补充数据来源、读取汇总级别的数据，以及数据结果展示的载体。

3.2.4　读写 JSON 文件

　　JSON 是一种轻量级的数据交换格式，由流行的 JavaScript 编程语言创建，广泛应用于 Web 数据交互。JSON 格式简洁、结构清晰，使用键值对（key:value）的格式存储数据对象。key 是数据对象的属性，value 是数据对象属性的对应值。例如，"性别":"男"就是一个 key:value 结构的数据。例如，本章附件中的 geo.xml 文件内容如下。

```
{"status":0,"result":{"location":{"lng":116.29381532521775,"lat":40.052991139
52319},"precise":0,"confidence":40,"comprehension":100}}
```

1. 使用 json. load 方法读取 JSON 文件
　　使用 json.load 方法可以读取 JSON 文件。
　　语法如下。

```
json.load(fp, *, cls=None, object_hook=None, parse_float=None, parse_int=None,
parse_constant=None, object_pairs_hook=None, **kw)
```

　　常用参数如下。
　　fp：JSON 数据文件对象，该对象需要支持.read()方法。
　　object_hook：返回解析后的 JSON 对象，该对象为字典型。
　　读取 JSON 文件的方式相对简单，示例如下。

```
import json                                                   # ①
with open('geo.json') as f:                                   # ②
    json_data = json.load(f)                                  # ③
lat_lng = json_data['result']['location']                     # ④
```

```
print(lat_lng)                                                         # ⑤
```

代码①导入 Python 自带的 JSON 库；代码②使用 Python 的 open 方法读取 geo.json 文件，通过 with 做上下文管理并创建文件对象 f；代码③使用 JSON 的 load 方法读取文件对象 f，读取的结果 json_data 为字典格式；代码④使用多层 key 找到目标信息，代码获取了 location 信息；代码⑤打印输出结果，如下。

```
{'lng': 116.29381532521775, 'lat': 40.05299113952319}
```

 如果直接从字符串读取出 JSON 对象，则调用 loads 方法即可。实际上，load 方法本身就是使用 fp.read() 将文件对象的字符串读取出来，然后直接调用 loads 方法解析字符串。

2．使用 json.dump 方法写入 JSON 文件

使用 json.dump 方法可以将 JSON 对象写入文件。

语法如下。

```
json.dump(obj, fp, *, skipkeys=False, ensure_ascii=True, check_circular=True,
allow_nan=True, cls=None, indent=None, separators=None, default=None, sort_keys=
False, **kw)
```

常用参数如下。

（1）obj：JSON 数据对象。

（2）fp：要写入的文件对象，该对象需要支持.write()方法。

（3）ensure_ascii：布尔型，设置为 False 表示可以包含非 ASCII 编码字符串，如中文。

写入 JSON 文件，只需要调用 dump 方法配合 Python 的原生写入方法即可，示例如下。

```
with open('geo2.json','w+') as f:                                      # ①
    json.dump(json_data,f)                                             # ②
```

代码①使用 open 方法打开 geo2.json 文件，使用 w+ 模式设置如果该文件已存在，则将其覆盖；如果该文件不存在，则创建新文件，并配合 with 方法创建文件对象 f。代码②使用 JSON 的 dump 方法将 json_data 写入文件对象 f。

 将 JSON 对象导出为普通字符串，调用 dumps 方法即可。

读取 JSON 文件通常发生在多个系统的数据交互场景下，且数据的量级较小，因为用 JSON 文件做数据分发本身就不是为大数据场景设计的。例如，很多服务的 API、网站前后台数据都是用 JSON 格式的文件交互。这种方式在数据分析中也会用到。

3.2.5　读写 SPSS Statistics、SAS、Stata 数据文件

在数据统计分析和数据挖掘领域，除了 Python 和 R 外，还有众多专业级工具，如 SAS、SPSS 和 Stata 等。这些工具都有自己支持的数据格式，Python 可通过第三方库支持读取这些文件的数据。下面使用 pyreadstat 读取数据，该库支持读取 SAS（sas7bdat、sas7bcat、xport/xpt）、

SPSS（sav、zsav）和 Stata（dta）文件，该库是基于 C 语言的 readstat 的封装。

1. 使用 pyreadstat. read_sav 读取 SPSS Statistics 数据文件

SPSS Statistics 是 IBM 提供的界面化的数据统计和分析工具，可用于专业的数据分析和挖掘工作，它是数据分析领域最为专业的软件之一。该软件的默认数据文件格式为.sav 或 zsav。

pyreadstat.read_sav 可读取 SPSS Statistics 的 sav 或 zsav 文件。

语法如下。

```
pyreadstat.read_sav(filename_path, metadataonly=False, dates_as_pandas_datetime=
False, apply_value_formats=False, **kwargs)
```

常用参数如下。

（1）filename_path：字符串，为 SPSS 文件对象，默认该字符串使用 utf.8 编码，必填。

（2）metadataonly：布尔型，默认为 False，仅返回 meta 信息。如果设置为 True，则在返回的数据框中只包含列信息，但不返回任何数据。

（3）encoding：字符串，默认为 None，编码方式。

（4）usecols：列表，设置使用的列。

返回：数据框和 meta 信息。

示例如下。

```
import pyreadstat                                          # ①
data, meta = pyreadstat.read_sav('ships.sav')             # ②
data.head()                                                # ③
vars(meta).keys()                                          # ④
```

代码①导入 pyreadstat 库。

代码②调用 pyreadstat 的 read_sav 方法，读取 ships.sav 文件，返回 data 和 meta 信息。

代码③调用数据框的 head 方法，显示前 5 条数据，结果如图 3-4 所示。

	type	construction	operation	months_service	log_months_service	damage_incidents
0	1.0	60.0	60.0	127.0	4.844187	0.0
1	1.0	60.0	75.0	63.0	4.143135	0.0
2	1.0	65.0	60.0	1095.0	6.998510	3.0
3	1.0	65.0	75.0	1095.0	6.998510	4.0
4	1.0	70.0	60.0	1512.0	7.321189	6.0

图 3-4 SPSS 读取数据展示

代码④调用系统的 vars 方法，将 meta 对象转换为字典对象，这样便可以通过字典的方法获取对应的值。vars(meta).keys()是将所有 meta 信息中的 key 展示出来，这样就能知道 meta 信息中有哪些属性可以使用。结果如下。

```
dict_keys(['column_names', 'column_labels', 'file_encoding', 'number_columns',
'number_rows', 'variable_value_labels', 'value_labels', 'variable_to_label',
'notes', 'original_variable_types', 'table_name', 'missing_ranges', 'missing_
user_values', 'variable_storage_width', 'variable_display_width', 'variable_
alignment', 'variable_measure', 'file_label', 'file_format'])
```

在上面的基础上，要查看某个属性，直接调用对应的方法即可。例如，查看 meta.column_

labels，即列的名称，结果如下。

```
['type', 'construction', 'operation', 'months_service', 'log_months_service',
'damage_incidents']
```

2. 使用 pyreadstat. read_sas7bdat 读取 SAS 数据文件

SAS 是数据统计、分析和挖掘领域的另一款专业级工具。很多时候，SAS 被誉为统计分析的标准软件。SAS 自身的数据文件支持多种格式，如 sas7bdat、sas7bcat、xport/xpt 等，pyreadstat 提供了读取多种格式文件的方法。

下面使用 pyreadstat.read_sas7bdat 读取 SAS 的 sas7bdat 格式数据文件。

语法如下。

```
pyreadstat.read_sas7bdat(filename_path, metadataonly=False, dates_as_pandas_
datetime=False, catalog_file=None, **kwargs)
```

pyreadstat.read_sas7bdat 的参数与 pyreadstat.read_sav 大多相同，常用参数参照 pyreadstat.read_sav。

返回：数据框和 meta 信息。

示例如下。

```
import pyreadstat                                               # ①
data,meta = pyreadstat.read_sas7bdat('omov.sas7bdat')          # ②
data.head()                                                     # ③
```

代码①导入 pyreadstat 库。

代码②调用 pyreadstat 的 read_sas7bdat 方法读取 omov.sas7bdat 文件，并返回数据框对象 data 和 meta。

代码③调用 data 的 head 方法，前 5 条数据展示的结果如图 3-5 所示。

	DBOUTREAS	DBOUTLEN	DBOUTVOL	DBOUTWHER	DBOUTWHY	DBUGROUP	DBGRPCNT	CONTROL
0	7.0	4	1	1	1	1.0	1.0	599754960148
1	8.0	4	1	2	2	1.0	1.0	999900019097
2	3.0	6	2	1	1	1.0	1.0	399557958186
3	3.0	6	3	1	2	1.0	1.0	999900019099
4	7.0	5	2	1	1	1.0	3.0	199409708983

图 3-5　SAS 数据文件结果展示

3. 使用 pyreadstat. read_dta 读取 Stata 数据文件

Stata 也是一款专业的统计分析工具，其很多统计分析能力远远超过了 SPSS，某些方面也可以与 SAS 媲美。Stata 软件的默认数据文件格式为.dta。

下面使用 pyreadstat.read_dta 方法读取 Stata 数据文件。

语法如下。

```
pyreadstat.read_dta(filename_path, metadataonly=False, dates_as_pandas_datetime=False,
apply_value_formats=False,**kwargs)
```

pyreadstat.read_dta 的参数与 pyreadstat.read_sav 的基本相同，常用参数参照 pyreadstat.read_sav。

返回：数据框和 meta 信息。

示例如下。

```
import pyreadstat                                          # ①
data,meta = pyreadstat.read_dta('stata.dta')              # ②
data.head()                                               # ③
```

代码①导入 pyreadstat 库。

代码②调用 pyreadstat 的 read_dta 方法读取 stata.dta 文件，并返回数据框对象 data 和 meta。

代码③调用 data 的 head 方法，前 5 条数据展示的结果如图 3-6 所示。

	date_tc	date_td	date_tw	date_tm	date_tq	date_th	date_ty
0	1960-01-01 00:00:00	1960-01-01	0.0	0.0	0.0	0.0	1960.0
1	2000-01-01 00:00:00	2000-01-01	2080.0	480.0	160.0	80.0	2000.0
2	9999-12-31 23:59:59	9999-12-31	418079.0	96479.0	32159.0	16079.0	9999.0
3	0100-01-01 00:00:00	0100-01-01	-96720.0	-22320.0	-7440.0	-3720.0	100.0
4	2262-04-22 00:00:00	2262-04-22	15719.0	3627.0	1209.0	604.0	2262.0

图 3-6　Stata 数据文件结果展示

4．写入 SPSS Statistics 、SAS、Stata 数据文件

由于 SPSS Statistics、SAS、Stata 都是非常强大且专业的统计分析工具，它们支持多种数据格式，如 csv、txt、xslx 等，因此可直接基于前面的内容写入各类文件，具体参照 3.2.1 节、3.2.2 节和 3.2.3 节。

Python 与 SPSS Statistics、SAS、Stata 这些工具的交互，更多的是将各个软件产生的结果再导入其他工具中进一步使用。例如，在 SPSS Statistics 中进行数据预处理，然后使用 Python 调用预处理结果进行机器学习或数据挖掘的建模。

3.2.6　读写 R 数据文件

R 是数据统计分析的专业工具之一，也是很多数据分析师常用的软件。R 是一个强大的数据分析工具，它本身支持多种数据格式的读取。但 R 也可以保存默认格式的数据文件，即.Rdata 数据文件。

1．使用 pyreadr．read_r 读取 R 数据文件

Python 读取 R 的数据文件，可使用 pyreadr.read_r 方法实现。

语法如下。

```
pyreadr.read_r(path, use_objects=None, timezone=None)
```

常用参数如下。

（1）path：字符串，R 数据文件的路径地址，必填。

（2）use_objects：列表，可通过列表的形式指定要读取的 R 数据对象，而非全部读取。

返回：字典对象。该字典中的 key 是 R 数据文件的对象的名称，value 是数据框。

示例如下。

```
import pyreadr                                    # ①
data = pyreadr.read_r('R_data.Rdata')            # ②
print(data.keys())                                # ③
data['raw_data'].head()                           # ④
```

代码①导入 pyreadr 库。

代码②调用 pyreadr.read_r 方法读取 R_data.Rdata 文件，并返回字典对象 data。

代码③打印 data 的所有 key，即数据文件对象的名称。在该对象中，只有一个数据对象 raw_data：odict_keys(['raw_data'])

代码④通过 key（raw_data）调用该对象的数据，并查看前 5 条结果，如图 3-7 所示。

	Date	Orders
0	2018/1/1	281
1	2018/1/2	304
2	2018/1/3	292
3	2018/1/4	360
4	2018/1/5	320

图 3-7　R 数据文件读取结果

2. 使用 pyreadr.write_rdata 写入 R 数据文件

Python 写入 R 数据文件，可以通过 pyreadr.write_rdata 实现。

语法如下。

```
pyreadr.write_rdata(path, df, df_name='dataset', dateformat='%Y-%m-%d',
datetimeformat='%Y-%m-%d %H:%M:%S')
```

常用参数如下。

（1）path：字符串，R 数据文件的路径地址，必填。

（2）df：数据框，需要保存的数据框，必填。

（3）df_name：字符串，数据框对象的名称。

在上面示例的基础上，将读取的数据保存，示例如下。

```
pyreadr.write_rdata("R_data_output.RData", data['raw_data'], df_name="data")
```

代码将 data['raw_data']保存为 R_data_output.RData 文件，指定数据框对象名称为 data。

R 与 SPSS Statistics、SAS、Stata 这些软件一样，支持读写多种格式的数据文件。由于 R 和 Python 一样，都只能通过编程的方式实现其功能，而 SPSS 等工具既提供了编程，又有 UI 操作界面，因此在与 Python 的交互上，R 和 Python 更具有融合性。

Python 与 R 的交互可以充分发挥二者的优势，实现优势互补。数据相互读写仅仅是发挥优势的基础。在更多的时候，可以选择其他库来实现功能和代码级别的相互调用，如 rpy2。这时，可以在 Python 中直接调用 R 的功能实现更专业的统计分析。

3.3　数据库的读写

数据库（Data Base）是按照数据结构来组织、存储和管理数据的仓库。数据库广泛应用于内容管理系统（Content Management System，CMS）、客户关系管理（Customer Relationship Management，CRM）、办公自动化（Office Automation，OA）、企业资源计划（Enterprise Resource Planning，ERP）、财务系统、决策支持系统（Decision Support System，DSS）、数据仓库和数据集市、进销存管理、生产管理、仓储管理等各类企业运营事务之中。

数据库按类型分为关系型数据库和非关系型数据库（又称为 NoSQL 数据库）。关系型数据库在企业中非常常见，尤其在传统企业中更为流行，常见的关系型数据库包括 DB2、Sybase、Oracle、PostgreSQL、SQL Server、MySQL 等；非关系型数据库随着企业经营的多样化以及大数据的出现，应用更加广泛。常用的非关系型数据库包括 Redis、MongoDB、HBase、Neo4J 等。

关系型数据库几乎是企业数据存储的"标配"，因此掌握数据库的相关操作（主要是 DDL 和 DML 2 种数据库语言）是每个数据工作者的必备技能之一。而非关系型数据库通常基于大数据平台或大数据场景，并不是每个企业都有非关系型数据库的应用场景，因此该技能通常作为加分项。

由于 Python 与结构化数据库的交互方式基本一致，在语法上仅有微小的差别，因此这里以 MySQL 为例，介绍 Python 如何操作数据库。

3.3.1　读写结构化数据库 MySQL

MySQL 本身有众多方式可以实现与 Python 的交互，这里选择第三方库 PyMySQL。PyMySQL 操作 MySQL 的基本流程如下。

1．建立 MySQL 连接

建立连接相当于在 Python 和 MySQL 之间搭建好一条通道，Python 的指令可以通过这条通道发出，MySQL 获得的结果也通过该通道返回。

2．获得游标

数据库中的游标是处理结果的一种机制，它既可以定位到结果中的某一条数据，也可以对多条数据进行操作，还可以移动或定位到符合要求的操作数据。

3．执行 SQL 语句

SQL 语句用于表达对数据库、表或数据的操作逻辑。虽然这里用到的操作集中在数据本身的读写上，但在关系型数据库中，SQL 语句能实现数据库、表的所有操作，如用户和权限管理，数据库和表的增、删、改、查，SQL 语句索引、主键、外键等设置，数据库同步机制等。对应到 SQL 语句上，select 语句用于查询操作，除此之外还有 create、update、delete、drop 等多种语句。

4．解析返回结果

上文提到，SQL 可以实现多种操作功能。如果 SQL 执行查询操作，那么会返回有效的查询信息。例如，查询数据库中的前 10 条数据，那么需要对返回的前 10 条数据进行解析和处理。

5．提交连接操作

任何数据库级别的操作，如增、改、删，都需要通过连接提交操作。在数据写入时，该操作是必须的。

6．关闭游标和连接

完成上述操作之后，需要关闭数据库的游标和客户端与数据库的连接。这点与数据文件的读写相同。如果通过 with 方法管理上下文，则无须单独的关闭动作。

下面通过一个示例说明如何通过 Python 读写 MySQL 数据库，MySQL 数据库和数据表 order 已经在第 1 章安装配置完成。

（1）导入库及定义数据库连接信息。

```
# 导入库
import pymysql                                        # ①
import numpy as np                                    # ②
import pandas as pd                                   # ③
# 定义数据库连接信息
config = {'host': '127.0.0.1',                        # ④
          'user': 'root',                             # ⑤
          'password': '123456',                       # ⑥
          'port': 3306,                               # ⑦
          'database': 'python_data',                  # ⑧
          'charset': 'utf8'                           # ⑨
          }
```

上述代码块实现了 2 个功能：导入需要的功能库和定义数据库连接信息。

代码①～代码③是需要用到的功能库，PyMySQL 用于操作 MySQL，NumPy 和 Pandas 用于数据基本处理。

代码④～代码⑨定义的 config 是一个字典，字典内是数据库的基本配置信息。

代码④：主机名或 IP 信息。

代码⑤：数据库的用户名。

代码⑥：数据库的密码。

代码⑦：数据库的端口。MySQL 的默认端口为 3306。

代码⑧：数据库的库名。

代码⑨：数据库的字符编码。

这些信息可直接询问数据管理员获取，并以实际信息替换示例代码中的相应信息。

（2）连接数据库。定义好数据库的基本信息后，下面开始获取数据库连接对象，包括连接数据库及获取游标。

```
# 连接数据库
cnn = pymysql.connect(**config)                       # ①
cursor = cnn.cursor()                                 # ②
```

代码①使用 pymysql.connect 方法并调用 config 信息建立数据库连接 cnn。注意 config 前面的 2 个星号，这是可变长参数的一种表示方法。它将 config 的信息以 key-value 键值对的形式传入函数中。

代码②在 cnn 的基础上，通过 cursor 方法获取游标 cursor。

（3）读取数据库中的现有数据。

```
sql = "SELECT * FROM 'order'"                         # ①
cursor.execute(sql)                                   # ②
data = cursor.fetchall()                              # ③
for i in data[:2]:                                    # ④
    print(i)
```

代码①定义了要执行的 SQL 语句，该 SQL 语句表示从现有的 order 数据表中读取所有数据。

代码②调用 cursor 的 execute 方法，执行已定义的 SQL 语句。

代码③调用 cursor 的 fetchall 方法,返回所有符合 SQL 语句条件的记录。除了该方法,也可以使用 fetchmany 方法指定返回结果的数量,或者使用 fetchone 方法只返回一条结果。

代码④和代码⑤使用 for 循环,打印结果的前 2 条数据,如下。

```
('3897894579', '0000-00-00', datetime.timedelta(0), 'PENDING_ORDER_CONFIRM',
'1038166', 59.0)
('3897983041', '0000-00-00', datetime.timedelta(0), 'REMOVED', '1041656',
19.9)
```

由输出结果可知,返回结果是一个可迭代的对象,对象的每条记录都是 tuple(元组)格式。后续若有数据需求,则可将其转换为 Pandas 的数据框或 NumPy 的数据组。

(4)将数据写入数据库。判断目标表是否存在。在写入数据之前,需要指定要写入的表。这里通过程序先判断目标表是否存在。

```
cursor.execute("show tables")                               # ①
table_object = cursor.fetchall()                            # ②
table_list = [t[0] for t in table_object]                  # ③
if not 'python_table' in table_list:                       # ④
    cursor.execute('''                                      # ⑤
    CREATE TABLE python_table (                             # ⑥
    Id          int(2),                                     # ⑦
    col1        int(2),                                     # ⑧
    col2        int(2),                                     # ⑨
    col3        int(2)                                      # ⑩
    )
    ''')
```

代码①通过游标对象 cursor 的 execute 方法,执行 show tables 命令。该命令表示查询当前数据库中所有表的表名。

代码②通过游标对象 cursor 的 fetchall 方法,返回所有表结果。该结果是一个包含表名的二元元组。

代码③通过列表推导式,将返回结果中的表名提取出来,形成新的列表 table_list。

代码④是一个条件判断表达式,如果列表 table_list 中没有名为 python_table 的表,则执行后续的代码段。

代码⑤~代码⑩是代码④结果为真时执行的代码,即调用 CREATE 方法创建一个名为 python_table 的表,并指定表的列名和列的类型。这是一个包含 4 列数据的表。

① 创建模拟数据,示例如下。

```
data = pd.DataFrame(np.arange(12).reshape(4,3))
print(data)
```

这里调用 Pandas 的默认方法创建一个模拟数据并打印输出。创建数据库时,np.arange(12) 表示创建一个包含 0~11 共 12 个数的序列,然后使用 reshape 方法将其从一维格式转换为二维格式,转换后的形状是 4 行 3 列。打印结果如下。

```
   0  1  2
0  0  1  2
1  3  4  5
```

73

```
2   6    7    8
3   9   10   11
```

② 写入数据。在确保目标表以及目标数据都存在的前提下，将数据写入数据库。

```
for ind,value in enumerate(data.values):                            # ①
    insert_sql = "INSERT INTO 'python_table' VALUES ('%s',%s,%s,%s)" % (ind,
value[0], value[1], value[2])                                       # ②
    cursor.execute(insert_sql)                                      # ③
    cnn.commit()                                                    # ④
```

代码①使用 for 循环结合 enumerate 方法，将 data.values 的索引以及数据值读取出来。

代码②创建了一段向数据表中写入数据的 sql。sql 本身是一个字符串表达式，并使用占位符实现数据动态写入。该 sql 数据表使用 insert 方法实现，写入的表是 python_table，写入的列是全部的默认列，写入的值包括每条记录的索引以及数据记录本身。

代码③通过 cursor 的 execute 方法执行 SQL 语句本身。

代码④调用数据库连接对象的 commit 方法提交操作。

代码执行后，在数据库中，出现图 3-8 所示的结果信息。

图 3-8　Python 写入数据库信息

（5）关闭游标和连接。

```
cursor.close()  # 关闭游标
cnn.close()  # 关闭连接
```

这里直接使用 cursor.close 和 cnn.close 方法即可。关闭后，无法再实现任何数据库操作。

3.3.2　读写非结构化数据库 MongoDB

对于非结构化数据库而言，不同的工具拥有不同的操作方法，在此介绍 MongoDB。MongoDB 是一个用 C++ 语言编写的基于分布式文件存储的数据库，旨在为 Web 应用提供可扩展的高性能数据存储解决方案。该数据库在很多实际场景中都有应用，如爬虫数据存储。

Python 连接 MongoDB 可通过官方提供的 PyMongo 库实现。PyMongo 的操作方式与 PyMySQL 基本类似，下面通过示例具体说明。

```
from pymongo import MongoClient                                     # ①
client = MongoClient('10.0.0.54', 27017)                            # ②
# 写入数据库
db = client.python_data                                            # ③
```

```
orders = db.test_python                                        # ④
terms = [{"user": "tony", "id": "31020", "age": "30", "products": ["215120",
"245101", "128410"], "date": "2019-01-06"}, {"user": "lucy", "id": "32210",
"age": "29", "products": ["541001", "340740", "450111"], "date": "2019-01-06"}]
                                                               # ⑤
orders.insert_many(terms)                                      # ⑥
# 读取数据库
print(orders.find_one())                                       # ⑦
for i in orders.find():                                        # ⑧
    print(i)                                                   # ⑨
# 关闭数据库连接
client.close()                                                 # ⑩
```

代码①导入 PyMongo 中的 MongoClient 方法。

代码②直接使用 MongoClient 方法初始化连接对象 client，初始化信息中的 10.0.0.54 为 MongoDB 主机地址，27017 为端口。

代码③选择名为 python_data 的数据库，该方法等价于 client['python_data']。

代码④选择数据库中名为 test 的集合，创建对象 order，该方法也可以写为 db[' test ']。

代码⑤定义了 2 条数据 terms，该数据对象是一个列表，列表中的每条数据都是字典格式。

代码⑥调用 orders.insert_many 方法，插入定义的数据。

代码⑦打印输出 orders 数据集中的第一条数据，结果如下。

```
{'_id': ObjectId('5c6a4e4f8b0b3f3bb0f34438'), 'user': 'tony', 'id': '31020',
'age': '30', 'products': ['215120', '245101', '128410'], 'date': '2019-01-06'}
```

代码⑧和代码⑨通过 for 循环，调用 orders.find 方法读出所有结果并打印输出。find 后面可以接索引，用来表示只获取特定索引下的结果条或切片。结果如下。

```
{'_id': ObjectId('5c6a4e4f8b0b3f3bb0f34438'), 'user': 'tony', 'id': '31020',
'age': '30', 'products': ['215120', '245101', '128410'], 'date': '2019-01-06'}
{'_id': ObjectId('5c6a4e4f8b0b3f3bb0f34439'), 'user': 'lucy', 'id': '32210',
'age': '29', 'products': ['541001', '340740', '450111'], 'date': '2019-01-06'}
```

代码⑩关闭数据库连接。

在企业实际应用中，非关系型数据库往往基于"大数据"的场景产生，伴随着海量、实时、多类型等特征而来。这些数据库舍弃了关系型数据库的某些特征和约束，然后在特定方面增强，才能满足特定应用需求。非关系型数据库由于约束性、规范性、一致性和数据准确性低于关系型数据库，常用于实时海量数据读写、非结构化和半结构化信息读写、海量集群扩展、特殊场景应用等。所以，在金融、保险、财务、银行等领域应用较少；而互联网、移动应用等新兴产业和行业领域则应用较多。

3.4 数据对象持久化

数据在读取之后是放在计算机的内存中的。计算机出现异常情况，如断电、内存错误等，会导致内存中的信息丢失。因此，需要将数据保存下来，防止数据丢失。数据持久化就是将数据对象从内存中读取并存储到硬盘的过程。

从广泛意义上，所有从内存中读取的信息保存到硬盘都算是持久化的操作。如使用 JSON 写入 json 文件，使用 Pandas 的数据框的 to.csv 方法将数据保存为 csv 文件，使用 PyMySQL 将数据写入数据库等。因此，持久化操作可以通过多种方式实现。本节将使用 pickle 和 sklearn 库实现对象持久化，这 2 类库在日常数据分析和开发中经常用到。

3.4.1　使用 pickle 读写持久化对象

pickle 通过 load 和 dump 2 种方式来实现持久化对象的读写，示例如下。

```
import pickle                                                      # ①
# 读取持久化对象
data = pickle.load(open('pickle.pkl','rb'))                        # ②
print(data)                                                        # ③
# 对象持久化/序列化
pickle.dump(data,open('pickle_output.pkl','wb'))                   # ④
```

代码①导入 pickle 库。

代码②调用 pickle 的 load 方法加载一个文件对象，文件对象是使用 open 方法以二进制方式读取 pickle.pkl 文件的对象。

代码③使用 print 方法打印读取的数据，结果如下。

```
  col1  col2  col3  col4
0   a     1    33     5
1   b     2    67     9
```

代码④调用 pickle 的 dump 方法将数据对象保存为一个对象，该对象通过 open 方法以二进制方式写入一个文件 pickle_output.pkl。该对象的扩展名是可选的。

在 Python 中，任何对象都能保存。例如，已经 fit 过的模型对象可以直接保存为二进制文件，后续在使用训练过的模型实现预测应用时直接读取该对象，并应用 predict 方法即可。这种模式是离线计算、分离训练和预测过程的关键操作，在实际业务的周期性预测中非常有效，尤其是离线模型训练和在线生产应用环境隔离时。

3.4.2　使用 sklearn 读写持久化对象

除了 pickle 方法，sklearn 的 externals. Joblib 模块同样提供了读写持久化数据对象的方法。示例如下。

```
from sklearn.externals import joblib                              # ①
# 读取数据对象
sklearn_data = joblib.load('sklearn_pickle.gz')                   # ②
print(sklearn_data)                                               # ③
# 对象持久化
joblib.dump(sklearn_data, 'sklearn_pickle_output.gz', compress=3, protocol=4)
                                                                  # ④
```

代码①导入 sklearn.externals 模块。

代码②调用 joblib.load 方法读取 sklearn_pickle.gz 的文件。

代码③打印 sklearn_data。

代码④调用 joblib.dump 方法将 sklearn_data 保存为 sklearn_pickle_output.gz 文件,同时设置压缩率为 3,protocol 为 4。

（1）compress 设置文件的压缩级别,可设置为[0,9]的整数值、布尔型或二元数组:当设置为布尔型且值为 True 时,默认压缩级别为 3;设置为二元数组时,第 1 个值必须是支持压缩的格式,如 zlib、gzip、bz2、lzma 等,第 2 个值是压缩级别,压缩级别越高,压缩率越高,同时需要执行的时间越长。

（2）protocol 是 pickle.dump 中的参数,这里与 pickle.coad 设置的参数是相同的调用方法,可设置为[0,4]的任意值,默认为 3。该值越高,读取生成的 pickle 所需的 Python 版本就越新。

在实际应用时,sklearn.externals 相对于 pickle 在大数据量下拥有更好的性能。NumPy 数据（sklearn 的默认数据格式）要优于 pickle 原生的持久化方法,尤其是其支持多种压缩级别和格式的设置,这将大大提高持久化的可操作空间。

3.5　新手常见误区

3.5.1　不注意工作路径导致无法找到文件

当数据文件与程序工作执行目录不在同一文件夹下时,很可能出现无法找到文件的问题报错,如 `FileNotFoundError: [Errno 2] No such file or directory: 'data.csv'`。

此时,用户一般会选择使用绝对路径,而不是相对路径指定数据所在位置。当程序切换执行目录时,相对路径会发生改变,绝对路径则不会。

类似问题:程序文件与执行程序的目录不是同一目录,也可能导致无法找到文件的问题。例如,在服务器根目录,通过系统终端命令执行特定目录下的 Python 程序时,执行目录在服务器根目录,而不是 Python 程序所在的目录,此时可以通过 os.chdir()切换工作目录或指定绝对路径。

3.5.2　忽视不同操作系统下代码的写法问题

在日常使用中,常见的操作系统是 Windows 和*UNIX（如 MAC OS、CENT OS）,这 2 种操作系统下代码的写法有区别。在本节开始我们介绍了 Windows 下的 3 种代码写法,在某些情况下,如果要实现目录合并或组合,那么代码在 Windows 和*UNIX 操作系统下的写法不一致主要集中在是使用斜杠还是反斜杠的问题。

例如,要进行跨系统的迁移,如在 Windows 上开发,在 UNIX 或 Linux 上执行,程序就会报错。此时解决方法有以下 2 种。

（1）分别判断当前系统环境,然后同时写在 Windows 和*UNIX 操作系统下的 2 种合并方法。

（2）使用 os.path.join,自动识别系统并用正确的斜杠或反斜杠。

一般情况下,推荐使用第 2 种方法,简便且容易维护。

类似问题:合并路径和文件,得到文件的绝对路径,也可以使用上述介绍的解决方法。

3.5.3 文件对象未正常关闭导致数据或程序异常

如果不使用 with 方法对文件对象进行上下文管理,那么在读取文件结束后,必须使用 close 方法关闭文件对象,否则,可能会导致各种问题,具体如下。

(1)数据丢失。仅用 open 方法创建一个可写入的文件并调用 write 方法写入而未保存,此时打开该文件会发现文件为空,如果直接终止程序数据会丢失。

(2)其他程序无法正常操作文件。当通过其他程序(Python 或其他系统)对该文件进行操作时,如移动、删除等,会发现该文件被程序占用。

(3)占用系统资源过多导致系统问题。如果要写入的数据很大,并且写入的文件较多时,在多次写入后,即使未保存这些数据,也会占用系统内存。此时运行更多程序会导致可用资源不足。

类似问题:所有需要通过 close 方法关闭对象占用或连接的对象都可以通过 with 方法进行上下文管理,如文件读写、数据库读写等。

3.5.4 pickle 读写对象无法执行 read 和 write 方法

使用 Python 自带的 pickle 库读写持久化对象时,要求持久化对象支持特定的方法,否则会报错。例如,读取 pickle 对象时,报错信息为 TypeError: file must have 'read' and 'readline' attributes。

具体为:使用 pickle.load 方法时,file 对象必须支持 read()或 readlines()方法;使用 pickle.dump 方法时,file 对象必须支持 write 方法。

因此,使用 open('PKL_FILE_NAME',mode)来打开文件对象,该对象根据不同的模式(读或写)支持 read()、readlines()或 write()方法。

优化应用:在 sklearn 的 externals. Joblib 方法中,可直接写入文件名称,这点已经非常方便且易用了。

3.5.5 默认读取的多段落数据末尾有\n 而不处理

当使用 Python 原生的 read、readline 和 readlines 方法读取文件内容时,如果内容中存在多个段(行),默认的段(行)末尾的'\n'也会读取进来。通过 print 方法打印时,数据可以正常显示,而不打印\n,原因是在 print 里将\n 认为是转义字符,代表换行的意思。因此,如果要对数据进行后续处理,一般需要手动去掉这些分隔符,即使用字符串的 replace 方法替换掉\n 即可。

类似问题:\n 只是转义字符的一种,更多转义字符如表 3-4 所示。

表 3-4   常用的转义字符

转义字符	描述
\ (在行尾时)	续行符
\\	反斜杠符号
\'	单引号
\"	双引号

续表

转义字符	描述
\a	响铃
\b	退格（Backspace）
\e	转义
\000	空
\n	换行
\v	纵向制表符
\t	横向制表符
\r	回车符
\f	换页符
\oyy	八进制数，yy 代表特定的字符，例如，\o12 代表换行
\xyy	十六进制数，yy 代表特定的字符，例如，\x0a 代表换行

3.5.6　文件 write 写入的对象不是字符串

通常情况下，Python 的 write 写入的对象与 open 对象打开文件时的模式有关，当 open 对象的模式是 w/a 等这类需要写入模式时，需要写入的对象是字符串。否则，如果调用 write 方法写入文件时，就会报类型错误，如 TypeError: write() argument must be str, not list。

类似问题：如果 open 打开文件对象时的模式是二进制方式，如 wb，那么写入的对象需要是二进制对象。

实训：多条件数据库读写操作

1. 基本背景

数据库操作是获取数据源以及输出数据结果的主要方式之一，掌握该技能对于提高工作效率和工作成果至关重要。

2. 训练要点

（1）掌握 Python 调用 MySQL 数据库的基本流程和方法。

（2）掌握常用的 SQL SELECT 语句，包括 DISTINCT、JOIN、IN、NOT IN、LIKE、BETWEEN、WHERE、HAVING、GROUP BY、ORDER BY 等关键字的用法。

（3）掌握常用的 SQL INSERT 语句，实现将数据单条或批量插入数据库。

3. 实训要求

将本章附件中的 "order.xlsx" 表读出并写入数据库，数据示例如表 3-5 所示。

表 3-5　　　　　　　　　　　　　数据示例

order_date	status	user_id	total_amount
2010-03-01	PENDING_ORDER_CONFIRM	1038166	59.0000000
2010-03-01	PROCESSING	1048373	3998.0000000

order_date	status	user_id	total_amount
2010-03-01	REMOVED	1025107	169.0000000
2010-03-01	PROCESSING	1029422	205.0000000
2010-03-01	REMOVED	1061252	59.9000000
2010-03-01	PROCESSING	1039434	449.0000000

数据写入数据库之后，依次实现如下需求。

（1）查询 status 为 PROCESSING、PENDING_ORDER_CONFIRM、NO_PENDING_ACTION 的订单数据。

（2）查询 status 不为 PROCESSING、PENDING_ORDER_CONFIRM、NO_PENDING_ACTION、PENDING_TECHNICIAN_NOTIFICATION 的订单数据。

（3）查询 total_amount>200 的订单数据。

（4）查询 total_amount 为 200～500 的订单数据。

（5）以 user_id 为维度，查询每个用户的 total_amount 总金额并排序。

（6）以 user_id 为维度，查询 total_amount 总订单量在 3 以下的用户 ID 列表。

4. 实现思路

（1）使用 pandas 的 read_excel 方法读取数据。

（2）使用 INSERT 语句配合 for 循环将数据插入数据库。

（3）在查询中，使用 SELECT 语句配合 IN、NOT IN、WHERE、BETWEEN、GROUP BY、ORDER BY、HAVING 实现查询需求。

思考与练习

1．获取当前程序执行目录，一般使用哪种方法？

2．你能想到哪些读取 csv 文件数据的方法？

3．pickle 库的持久化方法 dump，只能保存数据对象吗？

4．Python 能读取专业统计分析工具或语言的数据文件吗？如 R、SPSS、SAS 等。

5．Python 操作 MySQL，除了能查询表数据外，还能实现创建表、插入数据等操作吗？

6．在日常工作中，会遇到哪些类型的数据源或数据类型？

7．本章提供的数据源文件都在 chapter3 中，请手写代码实现所有文件的数据读取。

数据清洗和预处理是在开展数据分析、挖掘、建模工作之前的准备工作的统称，包括数据审核、缺失值处理、异常值处理、重复值处理、数据抽样、数据格式与值变换、数据标准化和归一化、离散化和二元化、分类特征处理、特征选择、分词、文本转向量等操作。本章就来介绍这些准备工作。

4.1 数据审核

数据审核是指对数据总体的分布状态、值域组成、离散趋势、集中趋势等的评估。在接下来的章节中，除分词和文本转向量外，其他内容都是基于 data.csv 的数据实现不同的处理目标。

4.1.1 查看数据状态

查看数据状态用于判断数据读取是否准确，尤其是汉字、特殊编码格式、数据分隔和列拆分等是否准确。示例如下。

```
import pandas as pd                    # ①
data = pd.read_csv('data.csv')         # ②
print(data.head(3))                    # ③
```

代码①导入 Pandas 库，后续所有 Pandas 功能都基于该操作。代码②使用 Pandas 的 read_csv 方法读取数据文件，默认分隔符为逗号。代码③通过 head 方法打印输出前 3 条结果。由结果可知，输出结果与文件中的数据一致。

```
   user_id   age  level   sex    orders  values  recent_date
0      662  24.0  High    Male      197  172146  2016/7/23 12:24:28
1      833  17.0  High    Male      227  198124  2016/7/23 12:24:28
2     2289  30.0  High    Female    302  190385  2016/7/23 12:24:28
```

4.1.2 审核数据类型

审核数据类型用于分析不同字段的读取类型。判断数据类型涉及后续字段的处理和转换，尤其是对日期格式、字符串型的判断至关重要。判断数据类型通过数据框的 **dtypes** 方法实现，如 `print(data.dtypes)`，返回结果如下。

```
user_id          int64      # 数值型列，但该列是用户唯一标识，因此不能作为特征
age              float64     # 数值型列，可作为数值型处理
level            object      # 字符串型列，可作为分类型转数值索引或 OneHotEncode
sex              object      # 字符串型列，可作为分类型转数值索引或 OneHotEncode
orders           int64       # 数值型列，可作为数值型处理
values           int64       # 数值型列，可作为数值型处理
recent_date      object      # 字符串型列，但为时间戳格式，后期需要解析日期
dtype: object
```

dtypes 是数据框方法，对于 Series（数据框的一列）则使用 dtype 方法，如 data['age'].dtype。

4.1.3 分析数据分布趋势

数据分布趋势通常包括集中性趋势和离散性趋势 2 类。集中性趋势是指数据向哪个区间或值靠拢，离散性趋势是指数据差异程度或分离程度有多大。数据分布趋势可使用数据框的 **describe** 方法查看。例如，通过 `print(data.describe(include='all').round(2))` 查看数据所有列的情况，示例如下。

```
          user_id       age   level   sex   orders      values          recent_date
count     2849.00   2848.00    2845  2848  2849.00     2849.00                 2849
unique        NaN       NaN       4     2      NaN         NaN                  286
top           NaN       NaN    High  Male      NaN         NaN  2018/10/12 12:24:28
freq          NaN       NaN    2443  1864      NaN         NaN                   19
mean      5067.12     38.78     NaN   NaN   491.38   192289.28                  NaN
std       2884.01     25.47     NaN   NaN   483.49   106252.24                  NaN
min          6.00     17.00     NaN   NaN    25.00    19395.00                  NaN
25%       2566.00     28.00     NaN   NaN   207.00   120068.00                  NaN
50%       5166.00     37.00     NaN   NaN   328.00   180052.00                  NaN
75%       7496.00     47.00     NaN   NaN   587.00   239439.00                  NaN
max       9999.00   1200.00     NaN   NaN  4286.00  1184622.00                  NaN
```

在结果中，数值型列和字符串型列的可用字段不同，因此二者在某些列下有 NA 值，意思是不可用。age 列最大值为 1 200，明显不符合正常分布，需要处理极大值；level 和 sex 由有限值域组成，unique 值分别有 4 个和 2 个，这些字符串都需要处理；orders 和 values 的值域范围差异很大，且通过 std 判断各自离散性趋势比较大，因此会涉及标准化或归一化的操作。日期则被识别为字符串，后续需要转换为日期型数据。另外，count 方法是对所有非 NA 值记录的统计，从该指标可以看出，小于 2 849 的列存在缺失值，包括 age、level、sex，后续需要处理缺失值。

数据框的 describe 方法针对 3 类数据做描述性统计：第 1 类是数值型的列；第 2 类是字符串型的列；第 3 类是日期时间型的列。可指定 include='all'设置分析所有列，默认只分析数值型的列。

4.2　缺失值处理

缺失值是指没有值的情况，一般表示为 NA 或 Null。缺失值处理是数据预处理和后续分析工作的基础，因此通常需要在其他预处理工作之前完成。

4.2.1　查看缺失值记录

除了可以使用 describe 方法查看 count 记录数外，用户还可以通过 isnull 方法判断每个值是否为缺失值，结合 any 方法可判断是行记录缺失还是列缺失。

```
na_records = data.isnull().any(axis=1)    # axis=1 获取每行是否包含 NA 的判断结果
print(na_records.sum())                   # NA 记录的总数
print(na_records[na_records]==True)       # 仅过滤含有 NA 记录的行号
```

上述代码执行后，获得的缺失值结果及分析如下。

```
6                   # 一共有 6 个含有缺失值的记录
13       True       # 序号为 13 的记录含有缺失值，表现为结果为 True
16       True       # 序号为 16 的记录含有缺失值，表现为结果为 True
1476     True       # 序号为 1476 的记录含有缺失值，表现为结果为 True
1761     True       # 序号为 1761 的记录含有缺失值，表现为结果为 True
2140     True       # 序号为 2140 的记录含有缺失值，表现为结果为 True
2836     True       # 序号为 2836 的记录含有缺失值，表现为结果为 True
dtype:   bool
```

4.2.2　查看缺失值列

查看含有缺失值的列的方法与行类似，只要将 any 方法的 axis 参数设置为 0 即可。示例如下。

```
na_cols = data.isnull().any(axis=0)     # axis=0 获取每列是否包含 NA 的判断结果
print(na_cols.sum())                    # NA 列的总数量
print(na_cols[na_cols]==True)           # 仅过滤含有 NA 记录的列名
```

上述代码执行后，获得的缺失值结果如下。

```
3                   # 一共有 3 列含有 NA 记录
age      True       # age 列含有缺失值
level    True       # level 列含有缺失值
sex      True       # sex 列含有缺失值
dtype:   bool
```

4.2.3　NA 值处理

NA 值处理有不同的策略，如填充、丢弃等。

1. 填充 NA 值

由于分类型字段和数值型字段的填充思路不同，因此这里分开处理。其中分类型数据是指按照现象的某种属性对其进行分类或分组而得到的反映事物类型的数据。例如，按照性别将人口分为男、女 2 类等。

（1）分类型字段的填充。由于分类型字段中的值都属于分类标识，因此可填充一个标识来标记缺失值，示例如下。

```
data[['level','sex']] = data[['level','sex']].fillna('others')
```

在该策略中，调用数据框的 fillna 方法填充缺失值。用"others"（其他）标识这是一个缺失值的列。这种方法常用于将缺失值表示为一种规律，而非随机因素。

（2）数值型字段的填充。数值型字段可选择用不同的数值填充缺失值，示例如下。

```
data['age'] = data['age'].fillna(0)                          # 用 0 填充
data['age'] = data['age'].fillna(data['age'].mean())         # 用均值填充
data['age'] = data['age'].fillna(method='pad')               # 用前一个数据填充
data['age'] = data['age'].fillna(method='bfill')             # 用后一个数据填充
data['age'] = data['age'].interpolate(method='linear')
# 用差值法填充，可指定不同的方法
```

不同数值型的列有不同的填充方式，具体如下。

① 用固定值填充：用一个固定值填充，一般选择 0。

② 用均值填充：是更多场景下选择的方法，这样填充可以降低自定义值的错误对整体数据的影响。

③ 用前/后一个数字填充：选择缺失值的前项或后项作为 NA 值的填充方法。

④ 插值法：可指定不同的差值模型，默认为 linear，还可设置为 polynomial、from_derivatives、akima 等多种模式。该方法需要研究数值的分布规律，然后找到对应的方法。

　　如果是日期型字段，通常应该删除记录，因为日期无法"准确"填充。如果是布尔型字段，应该用分类型字段填充，即先将数据转换为分类型，再填充为"others"。

2. 丢弃 NA 值

丢弃缺失值是直接将含有 NA 值的记录丢弃，这适用于 NA 值的记录较少，且整体样本量较大的情况。丢弃缺失值直接使用 dropna 方法，示例如下。

```
data_dropna = data.dropna()
```

4.3　异常值处理

异常值是明显不符合正常分布规律的数据，这些数据往往会影响整体数据分布。判断异常值可基于经验值、均值和标准差、分位数等多种方法。

4.3.1　基于经验值的判断和选择

该方法在对数据的分布比较熟悉的情况下使用。例如，数据中的 age，人的年龄一般为 0～100，因此可基于该方法直接选择该区间内的数据，从而去除异常数据。代码为：

```
data_sets = data[(data['age']>0)&(data['age']<=100)]
```

4.3.2 基于均值和标准差的判断和选择

该方法基于不同字段的均值和标准差求出异常数据的分布范围，然后处理异常范围内的数据，如填充为均值。示例如下。

```
import numpy as np                                                   # ①
def process_outlier(sub_data,each_col):                             # ②
    _mean = sub_data[each_col].mean()                              # ③
    _std = sub_data[each_col].std()                                # ④
    scope_min,scope_max = _mean-2*_std,_mean+2*_std                # ⑤
    is_outlier = (sub_data[each_col] <scope_min)|(sub_data[each_col] >scope_max)  # ⑥
    sub_data[is_outlier] = _mean                                   # ⑦
    print(np.sum(is_outlier))                                      # ⑧
    return sub_data                                                # ⑨
```

上述代码①先导入 NumPy 库，用于数值计算。然后代码②定义一个名为 process_outlier 功能函数，该函数用来判断每列（Series 格式）是否异常，并将异常列填充为均值。代码③和代码④求出该列的均值和标准差，加前缀_是为了避免与数学计算库中的默认函数冲突。代码⑤通过均值±2 个标准差来计算正常数据分布的最小值和最大值，具体范围读者可自行指定，如±3 个标准差也是可以的。代码⑥为判断是否异常的条件，当该列内的数据小于正常分布最小值或大于最大值时，即标记为 True，否则为 False。代码⑦将异常的数据填充为均值。代码⑧打印异常记录的数量。代码⑨返回处理后的数据。

```
data['orders'] = process_outlier(data[['orders']], 'orders')
```

上述代码基于 orders 列对应的数据和列名，调用代码 process_outlier 执行异常值替换操作，输出 135 表示有 135 个异常值记录被替换为均值。

　　基于均值和标准差判断异常值的方法没有限制均值±标准差的区间，2～3 个标准差一般都是可以的。但在正态分布下，不同的标准差区间意味着数据分布规律的差异不尽相同，有兴趣的读者可以了解正态分布下的数据分布。

4.3.3 基于分位数的判断和选择

基于分位数的方法与基于均值和标准差方法类似，仅在定义逻辑上略有差异：基于分位数通过四分之一和四分之三分位数与 1.5 倍的极差确定边界；基于均值和标准差通过均值与标准差确定边界。示例如下。

```
def process_outlier(sub_data,each_col):                             # ①
    desc = sub_data.describe().T                                   # ②
    per_25 = desc['25%'].values[0]                                # ③
    per_75 = desc['75%'].values[0]                                # ④
    spacing = per_75-per_25                                        # ⑤
    scope_min,scope_max = per_25-1.5 * spacing,per_75+1.5 * spacing  # ⑥
    is_outlier = (sub_data[each_col] <scope_min) | (sub_data[each_col] >scope_max)  # ⑦
    sub_data[is_outlier] = desc['mean'].values[0]                  # ⑧
    print(np.sum(is_outlier))                                      # ⑨
    return sub_data                                                # ⑩
```

在上述代码中，与基于均值和标准差方法的核心差异在于代码②～代码⑧。代码②先将 sub_data 的描述性统计结果保存到对象并做转置，目的是基于转置的结果直接获取对应列的值，列中包含 25%、75%、std 等。代码③和代码④分别获取 25% 和 75% 的分位数结果。代码⑤获取分位数的间距。代码⑥获取基于分位数的正常数据分布范围，定义为 25% 的值减 1.5 个间距，75% 的值加 1.5 个间距。代码⑦获取在这个范围之外的判断结果，由 True 和 False 组成。代码⑧使用均值填充异常值。

调用 data['values'] = process_outlier(data[['values']], 'values') 处理 values 列，结果显示有 92 个值被替换。

注意　　如果要删除异常值，则要将异常值所在的记录整条删除。

4.4　重复值处理

重复值是指在数据中值相同的记录，重复的记录大多意味着数据采集重复或存储有问题。

4.4.1　判断重复值

判断重复值可使用数据框的 **duplicated** 方法。例如，print(data[data.duplicated()])，得到的结果如下。

```
       user_id    age    level    sex    orders    values    recent_date
2847     6249    17.0    High    Male    308.0    132755.0    2019/4/18 12:24:28
```

结果直接将重复值展示出来，重复记录后续可直接删除。

4.4.2　去除重复值

大多数情况下重复值是需要去除的，使用数据框的 **drop_duplicates** 方法即可实现。如 data_dropduplicates = data.drop_duplicates()。

4.5　数据抽样

抽样是降低数据量、提高数据分析效率的必要途径。

4.5.1　随机抽样

随机抽样即随机地抽取样本，可使用数据框的 **sample** 方法实现，并可通过参数 *n* 指定抽样数量，或通过 frac 指定抽样比例。

```
data_sample1 = data.sample(n=1000)        # 指定抽样数量为1000
data_sample2 = data.sample(frac=0.8)      # 指定抽样比例为80%
```

4.5.2　分层抽样

分层抽样是根据不同的目标（一般是分类型字段），等比例抽样每个类别内的样本，保持抽样后样本的目标分布相对于整体分布是等比例的。

```
def sub_sample(data,group_name):                                    # ①
    return data[data['level']==group_name].sample(frac=0.8)         # ②
names = data['level'].unique()                                      # ③
all_samples = [sub_sample(data,group_name) for group_name in names] # ④
samples_pd = pd.concat(all_samples,axis=0)                          # ⑤
```

代码①和代码②定义了一个函数，用于从不同的子集随机抽样 80% 的样本，这里指定目标（即分层）字段为 level，因此可在不同的 level 值下选择子集作为抽样整体。代码③通过 Series 的 unique 方法获取唯一值列表。代码④通过列表推导式获取所有抽样后的结果列表，列表中的每个元素都是一个抽样后的数据框。代码⑤将列表内的数据框组合起来。

为了验证分层抽样效果，通过以下方法对比结果。

```
print(data.groupby(['level'],as_index=False)['user_id'].count().T)
print(samples_pd.groupby(['level'],as_index=False)['user_id'].count().T)
```

上述 2 段代码分别是抽样前和抽样后的样本。基于 level 字段统计样本的分布，示例如下。

```
          0      1      2       3       4
level    High   Low   Normal  Other   others
user_id  2443   284    87      31      4
          0      1      2       3       4
level    High   Low   Normal  Other   others
user_id  1954   227    70      25      3
```

对比结果发现，抽样后的样本在不同 level 下的分布规律相对于原始结果的分布规律是相等的（或近似相等的，可能有四舍五入的影响）。

在抽样前，子集中的数据需要先填充 NA 值。

4.6 数据格式与值变换

不同的数据类型之间可能需要转换。第 2 章介绍的 Pandas 的 astype 方法可转换数据类型。

4.6.1 字符串转日期

这里将 recent_date 列转换为日期类型。字符串和日期的转换，可通过 time 或 datetime 库的 strptime 和 strftime 方法实现。

```
print(data['recent_date'].dtype)    # ①
data['recent_date'] = [pd.datetime.strptime(i,'%Y/%m/%d %H:%M:%S') for i in
data['recent_date']]                 # ②
print(data['recent_date'].dtype)    # ③
```

代码①打印转换前的 recent_date 类型。代码②通过列表推导式，调用 pd.datetime.strptime 方法将每个字符串转换为日期类型，其中 i 为每个 recent_date 的值，'%Y/%m/%d %H:%M:%S' 表示数据的日期类型。代码③打印转换后的 recent_date 类型，结果分别为 object 和 datetime64[ns]。关于日期类型字符串的具体细节，请参见 2.2.4 小节中字符串 str 与日期类型的相互转换。

4.6.2 提取日期和时间

先获取一个日期时间对象，然后提取该对象的日期和时间，方法如下。

```
single_dt = data['recent_date'].iloc[0]      # 获取 recent_date 列第一个值
print(single_dt)                             # 打印该值
print(single_dt.date())                      # 打印该值的日期
print(single_dt.time())                      # 打印该值的时间
```

上述代码的打印输出结果如下。

```
2016-07-23 12:24:28      # 原始日期时间
2016-07-23               # 日期
12:24:28                 # 时间
```

得到日期和时间之后，便可以对该列的值进行操作，如排序。

4.6.3 提取时间元素

从日期和时间中可以获得很多日期和时间元素，示例如下。

```
dt_elements =\                               # ①
['day',                                      # 当月第几天
 'dayofweek',                                # 当周第几天
 'daysinmonth',                              # 是否为当月第一天
 'is_leap_year',                             # 是否为闰年
 'is_month_end',                             # 是否为当月最后一天
 'is_month_start',                           # 是否为当月第一天
 'is_quarter_end',                           # 是否为季度最后一天
 'is_quarter_start',                         # 是否为季度第一天
 'is_year_end',                              # 是否为当年最后一天
 'is_year_start',                            # 是否为当年第一天
 'month',                                    # 月
 'quarter',                                  # 季度
 'week',                                     # 周
 'weekday',                                  # 周几
 'weekofyear',                               # 一年的第几周
 'year',                                     # 年
 'hour',                                     # 小时
 'minute',                                   # 分钟
 'second'                                    # 秒
]
for i in dt_elements:                        # ②
    try:                                     # ③
        print(i,eval('single_dt.'+i+'()'))   # ④
    except Exception as e:                   # ⑤
        print(i,eval('single_dt.'+i))        # ⑥
```

代码①中的 'dt_elements' 定义了常用的提取时间元素的列表，具体含义在注释中。

代码②通过 for 循环取出每个元素的字符串。代码③和代码④使用 **try** 方法执行代码打印输出功能，'print' 内部先打印 *i*，即元素名称，然后使用 'eval' 方法将字符串转义为可执行的 **Python** 功能并开始执行，得到每个 'single_dt' 函数结果的时间元素的值。代码⑤和代码⑥表示当代码④的执行出现错误时，执行该代码。代码⑥的逻辑与代码④类似，仅在 'single_dt' 函数中通过属性的方式获取结果。

有了这些不同的时间要素，读者在做数据分析时，既可以基于不同的时间粒度做统计汇总和分析，也可以将其作为特征放到后续的数据挖掘和建模中。

4.7　标准化和归一化

标准化和归一化是常用的去除量纲的方法。标准化通过将数据按比例缩放，使之落入一个小的特定区间；归一化相对于标准化而言，不仅能缩放数据，而且能将数据控制在[0,1]，归一化因此而得名。

4.7.1　Z-SCORE 标准化

Z-SCORE（**Zero-Mean Normalization**）标准化，也叫零-均值规范化，它是基于原始数据的均值和标准差进行数据的标准化，因此其结果只受原始数据中的均值和标准差的影响。它是最常用的标准化方法之一，将数据缩放到以 0 为均值对称，标准差为 1 的区间内，因此数据范围包含负数。其转化函数为 $x* = (x - \mu) / \sigma$，其中 $x*$ 为转换后的值，x 为每个要转换的原始值，μ 为所有数据的均值，σ 为所有数据的标准差。

```
from sklearn.preprocessing import StandardScaler,MinMaxScaler    # ①
ss_model = StandardScaler()                                       # ②
data['age']=ss_model.fit_transform(data[['age']])                 # ③
print(data[['age']].describe().T.round(2))                        # ④
```

代码①从 'sklearn.preprocessing' 中导入需要的库。代码②先初始化标准化模型对象为实例。代码③调用实例的 'fit_transform' 方法直接处理 **data** 中的 **age** 列。代码④打印输出该列的描述性统计结果，并保留两位小数，结果如下。

```
        count  mean  std   min   25%    50%    75%   max
age    2849.0  -0.0  1.0  -1.52 -0.42  -0.07  0.32  45.58
```

 　　Z-SCORE 数据结果包含负数这点很重要，某些数据处理功能或模型要求数据非负数时，不能使用该方法，如非负矩阵分解。

4.7.2　MaxMin 数据归一化

MaxMin 方法根据原始数据的最大值和最小值处理数据，它将数据缩放在特定范围[0,1]内。其转换函数是 $x* = (x - min) / (max - min)$，其中 $x*$ 为转换后的值，x 为每个要转换的原始值，min 为所有数据的最小值，max 为所有数据的最大值。

```
mm_model = MinMaxScaler((0,1))                                   # ①
data['orders']=mm_model.fit_transform(data[['orders']])         # ②
```

```
print(data[['orders']].describe().T.round(2))                    # ③
```

代码①先初始化 MinMax 模型对象为实例，指定范围为[0,1]，也可设置为其他值。代码②调用该实例的 fit_transform 方法直接处理 data 中的 orders 列。代码③打印输出该列的描述性统计结果，并保留两位小数，示例如下。

```
        Count    mean    std   min    25%    50%    75%    max
orders  2849.0   0.11    0.11  0.0    0.04   0.07   0.13   1.0
```

4.8 离散化和二元化

离散化是将连续的数据分布转化为离散的数据分布。二元化是离散化的一种特殊形式。

4.8.1 基于自定义区间的离散化

该方法可自定义需要离散化区间的具体边界，适用于对数据的分布有特定需求的场景。示例如下。

```
bins = [0, 2000, 100000, 200000, 500000,1000000,100000000]    # ①
data['values_cut'] = pd.cut(data['values'],bins)              # ②
print(data['values_cut'].head(3))                             # ③
```

代码①设置分区的自定义区间。注意区间两侧的值必须能涵盖现有数据的最小值和最大值。代码②调用 Pandas 的 cut 方法，对 values 列按照代码①指定的区间离散化数据，建立一列名为 values_cut 的值。代码③查看新建列的前 3 条结果，结果如下。

```
0    (100000, 200000]
1    (100000, 200000]
2    (100000, 200000]
Name: values_cut, dtype: category
Categories (6, interval[int64]): [(0, 2000) < (2000, 100000) < (100000, 200000)
< (200000, 500000) < (500000, 1000000) < (1000000, 100000000))
```

从结果可以看到，数据由连续性的数字被划分为不同的区间，而区间是在代码①中自定义的。同时，该列的类型为 Categories，而非字符串列或数字列。

4.8.2 基于分位数法离散化

基于分位数法离散化，可直接指定不同的分位数方法，让系统自动计算离散化的区间边界，也是一种基于数据相对分布的离散方法。例如，同样取中间的数，[1, 2, 3]与[3, 4, 5]分别对应 2 和 4，这就是相对分布，而不是绝对分布。

```
data['values_cut2'] = pd.cut(data['values'],4,labels=['bad', 'medium', 'good',
'awesome'])                                    # ①
print(data['values_cut2'].head(3))            # ②
```

代码①对 values 列做 4 分位划分，指定标签为 bad、medium、good、awesome 以便于识别。代码②打印输出前 3 条结果，结果如下。

```
0     medium
1     medium
2     medium
Name: values_cut2, dtype: category
Categories (4, object): [bad < medium < good < awesome]
```

4.8.3　基于指定条件的二元化

该方法基于指定的条件来实现二元化。条件可以是固定值，也可以是根据特定逻辑得到的结果。被比较的值大于条件时为 1，否则为 0。

```
from sklearn.preprocessing import Binarizer                    # ①
bin_model = Binarizer(threshold=data['age'].mean())           # ②
data['age_bin'] = bin_model.fit_transform(data[['age']])      # ③
print(data['age_bin'].head(4))                                # ④
```

代码①从 **sklearn.preprocessing** 导入 Binarizer 库，用于二元化处理。代码②初始化该方法为实例，同时指定阈值为目标列的均值。代码③调用实例的 **fit_transform** 方法对其做转换，并新建名称为 **age_bin** 的列。代码④打印输出前 4 条结果，结果如下。

```
0     0.0
1     0.0
2     0.0
3     1.0
Name: age_bin, dtype: float64
```

4.9　分类特征处理

在做数据建模或挖掘时，很多算法对于分类特征是无法直接处理的。例如，Python 主要的机器学习库 sklearn 的核心模块是基于 NumPy 的，而 NumPy 默认是处理数值型字段的矩阵库。此时需要对分类字段进行处理，包括转数值索引和 OneHotEncode 编码处理。

4.9.1　分类特征转数值索引

分类特征转数值索引是将分类特征值转换为对应的数字索引值。如 A、B、C 转换后的索引是 0、1、2，用 0、1、2 代替原来的 A、B、C 参与到后续的计算中。示例如下。

```
from sklearn.preprocessing import LabelEncoder                  # ①
model_le = LabelEncoder()                                       # ②
data['level']=model_le.fit_transform(data['level'])            # ③
print(data['level'].head(3))                                    # ④
```

代码①从 **sklearn.preprocessing** 中导入 LabelEncoder 库。代码②初始化 LabelEncoder 对象为实例。代码③调用实例对象的 **fit_transform** 方法，将 data 的 level 列，也就是目标列转换为数值型字段。代码④打印输出前 3 条结果，如果如下。

```
0     0
1     0
2     0
Name: level, dtype: int32
```

4.9.2　OneHotEncode 转换

OneHotEncode 名为独热编码转换，或哑编码转换，它可以将分类值转换为以 0 和 1 表示的矩阵。OneHotEncode 转换示例如图 4-1 所示。

Pandas 和 sklearn 都提供了 OneHotEncode 工作机制。在数据分析中，Pandas 的使用更加灵活，而 sklearn 的库更适合机器学习或数据挖掘，同时适合训练和预测这 2 种工作逻辑的场景。

转换前			转换后		
ID	性别		ID	性别_男	性别_女
1	男		1	1	0
2	女		2	0	1

图 4-1　OneHotEncode 转换示例

```
object_data = data[['sex']]                # ①
convert_data=pd.get_dummies(object_data)   # ②
print(convert_data.head(3))                # ③
```

代码①先过滤出 sex 列数据。代码②调用 Pandas 的 get_dummies 方法做 OneHotEncode 转换。代码③打印输出前 3 条结果，如果如下。

```
   sex_Female  sex_Male  sex_others
0           0         1           0
1           0         1           0
2           1         0           0
```

4.10　特征选择

用户在大数据场景下可能会面临很多分析维度，特征选择是降低数据维度的一种方式。特征选择是通过特定方法从现有特征中选择部分特征。特征选择可基于专家经验，即根据业务经验选择重要性高的特征，也可以基于方差选择高于特定阈值的特征。使用方差方法选择特征的示例如下。

```
data_merge = pd.concat((data[['age','orders']],convert_data,data[['age_bin']]),
axis=1)                                                                    # ①
data_merge.head(3)                                                         # ②
```

代码①调用 Pandas 的 concat 方法，将 3 个数据框组合起来，分别是在之前做过标准化和归一化处理的 age 和 orders 数据，做了 OneHotEncode 处理的 sex 数据、做了二元离散化的 age 数据。代码②打印输出前 3 条结果，如图 4-2 所示。

	age	orders	sex_Female	sex_Male	sex_others	age_bin
0	-0.579592	0.120364	0	1	0	0.0
1	-0.854377	0.141358	0	1	0	0.0
2	-0.344063	0.193842	1	0	0	0.0

图 4-2　合并后的新数据

sklearn 提供了做方差选择的库，具体应用如下。

```
from sklearn.feature_selection import VarianceThreshold       # ①
model_vart = VarianceThreshold(threshold=0.1)                 # ②
feature = model_vart.fit_transform(data_merge)                # ③
print(np.round(model_vart.variances_,2))                      # ④
print(feature.shape)                                          # ⑤
```

代码①从 sklearn.feature_selection 中导入 VarianceThreshold 库。代码②实例化对象，并指定方差阈值为 0.1，当然也可以指定其他值，只要是对业务有意义的方差值都可以。代码③调用 fit_transform 方法做方差选择处理，所有低于阈值的特征都会被丢弃。代码④打印输出每个特征的方差值。为了更容易阅读，这里使用 np.round 方法保留方差值为 2 位小数。代码⑤输出基于方差选择的特征形状，即包括多少条记录、多少列特征。

```
[1.   0.04 0.23 0.23 0.   0.25] # 显示每列的特征方差值
(2849, 4) # 显示方差选择后的数据仅包含 4 列，第 2 列和第 5 列由于小于 0.1 而被放弃
```

4.11　分词

分词是将一段文本或段落分为不同的、更小的语言单位，并以词的形式标识。例如，"我爱 Python"分词后的结果是"我、爱、Python"。英文分词以空格拆分，方法简单；但在中文语境中，需要根据词义而非空格来分词。中文分词使用最多的库是结巴分词，具体方法如下。

```
import jieba                                          # ①
with open('text.txt',encoding='utf8') as f:          # ②
    text_data = f.readlines()                         # ③
print(text_data[0])                                   # ④
```

代码①导入结巴分词库。代码②和代码③实现了对文本数据的读取，使用 with 方法管理上下文，这样后面就不用单独做 close 操作。读取数据时，文件名为 text.txt，指定编码格式为 utf-8。代码③使用文件对象的 readlines 方法读取文件中的每个段落，其返回值是一个列表，列表内的每个元素都是一个段落。代码④打印输出文本的第一个对象，结果如下。

Python 作为数据工作领域的关键武器之一，具有开源、多场景应用、快速上手、完善的生态和服务体系等特征，使其在数据分析的任何场景中都能游刃有余；即使是在为数不多的短板上，Python 仍然可以基于其"胶水"特征，引入对应的第三方工具/库/程序等来实现全场景、全应用的覆盖。在海量数据背景下，Python 对超大数据规模的支持性能、数据分析处理能力和建模的专业程度，以及开发便捷性的综合能力都远远高于其他工具。因此，Python 几乎是数据分析的不二之选。

　　含有中文字符串的文件，一般的编码格式是 utf-8、GBK 或 GB 2312，读者需要根据实际文件的格式来指定不同的编码值。

接下来，需要用 jieba 做分词操作。

```
def jieba_cut(string):                                      # ⑤
    return list(jieba.cut(string))  # 精确模式分词            # ⑥
cut_words = [jieba_cut(i) for i in text_data]               # ⑦
print(cut_words[0][:5])                                     # ⑧
```

代码⑤和代码⑥定义了一个分词函数，该函数的输入是一个字段串，输出是分词后的列表，列表由分词组成。代码⑦通过列表推导式将原始文本中的每个段落读取出来，调用分词函数做解析并得到由每个段落的分词组成的列表。代码⑧打印输出第一个段落的前 5 个分词，结果如下。

```
['Python', '作为', '数据', '工作', '领域']
```

4.12 文本转向量

4.11 节中的分词结果仅仅是一个由词组成的列表，而要做文本类数据的挖掘和计算则通常需要将词转换为向量，然后才能基于向量计算。这个过程就是文本转向量的过程。文本转向量的基本思路是，基于某种规则统计每个词出现的频率或权重，然后由这些词和频率来代替原有的文本段落或文档，并生成矩阵。矩阵的"列名"就是词，值就是每个词的频率或权重。而计算词的频率或权重时，通常使用 TF-IDF 方法，具体应用如下。

```
from sklearn.feature_extraction.text import TfidfVectorizer as TV   # ①
stop_words = [', ',' 。 ','\n', '/','' " ', '" ' ', '、 ', '; ']      # ②
vectorizer = TV(stop_words=stop_words,tokenizer=jieba_cut)          # ③
X = vectorizer.fit_transform(text_data)                             # ④
print(vectorizer.get_feature_names()[:10])                          # ⑤
print(X.shape)                                                      # ⑥
```

代码①从 sklearn.feature_extraction.text 中导入 TfidfVectorizer 库。代码②定义了一个停用词列表，该列表用于从分词结果中去除列表中指定的这些词，一般是一些无意义的词或符号。代码③实例化分词对象，并指定分词列表为代码②定义的 stop_words、分词器为上节中定义的结巴分词函数，默认情况下指定使用 TF-IDF 方法。代码④调用实例的 fit_transform 方法做转换。代码⑤输出向量矩阵名称的前 10 个结果。代码⑥输出矩阵的形状。如果读者有兴趣可通过 print(X.toarray()[0]) 查看该矩阵的第一条记录。

```
['python', '一笔带过', '上', '下', '不', '不二', '不仅', '与', '专业', '中']
(3, 152) # 矩阵的 3 代表原始文档有 3 个段落，152 代表有 152 个词被选出来代替这 3 个段落
```

4.13 新手常见误区

4.13.1 没有先做 NA 值处理导致后续清洗工作频繁报错

在几乎所有的数据工作中，凡是涉及矩阵的数据计算，一般都要求数据不包含 NA 值，

如果包含 NA 值，则无法计算均值、最大值、方差等。因此 NA 值的处理应该放在所有数据清洗和预处理工作的首位。

类似问题：与 NA 值类似的还有 2 个值：正无穷和负无穷。在某些处理逻辑下，可能会产生这 2 类值。在 Python 中，float('inf') 表示正无穷，-float('inf') 或 float('-inf') 表示负无穷。凡是涉及数据计算，这 2 类值与 NA 值一样，其所在列都无法计算，因此都需要做转换处理。

4.13.2　直接抛弃异常值

异常数据通常被认定是一种"噪声"。产生数据"噪声"的原因很多，如业务运营操作、数据采集问题、数据同步问题等。处理异常数据前，需要先辨别出到底哪些是真正的数据异常。当数据的"异常"是由于业务特定运营动作产生时，它其实是正常反映业务状态，而不是数据本身的异常规律。因此，在这个状态下，必须保留看似异常的结果，否则业务的真实状态无法反映到数据中。

类似问题：另外还有一类必须保持原有异常值的场景是后续数据应用的场景是异常检测，如果把异常数据剔除，会直接导致异常检测结果失效。

4.13.3　用数值索引代替分类字符串参与模型计算

本章在分类特征的处理中，提到了 2 种处理逻辑只有经过数字化后的特征，才能进入后续的建模。在实际应用中需要注意的是，即使做了数值索引的转换，索引本身也不能代表其索引值的状态和程度。例如，用 1 表示男，0 表示女，其他为 2，那么男、女、其他的程度其实并不是 1、0 和 2，因此才需要做 One Hot Encode 转换。

类似问题：在数据中，除了用分类字符串区分类型外，还有一些是直接在数据中用数值索引的形式表达分类含义。例如，本章中的 level 代表开发人员的等级，很多企业经常以 1、2、3、4 来表示等级，这些等级之间也是一种分类状态，而不是距离状态，因此也会面临分类型字符串的问题。

4.13.4　使用分位数法离散化并做不同周期的数据对比

使用分位数法做离散化的好处是简单易用。其本质是找到一个边界值，并实现相对于整体的离散化划分，具体落到哪个区间取决于在整体中的相对度量值，而非绝对度量值。例如，表 4-1 所示的两组数据。

表 4-1　　　　　　　　　　　　　　两组数据对比

用户 ID	周期 1	周期 2
A	10	1
B	20	2
C	30	3

表 4-1 为 3 个用户在 2 个周期内的数据。假设只有这 3 个用户，那么 A、B、C 在周期 1 和周期 2 内的相对位置是不变的，这意味着，如果 A、B、C 同时等比例地增长或下跌，在使用分位数法做离散化时，它们的离散化区间是不变的。但是从周期 1 到周期 2，这些用户

的绝对贡献值已经发生了质的下降。如果做离散化结果的对比，则无法发现该问题。因此，才会有基于自定义区间的离散化方法。假设离散化的区间是固定的，那么不管在哪个周期内，只要发生变化，就能得到用户离散化后的区间结果，同时能正确反映出不同周期的变动情况和趋势。

类似问题：所有相对于整体的离散化划分都需要在固定区间进行，否则对比没有意义。例如，基于分位数的 RFM 模型的结果，如果基于特定分位数（而非固定区间）得到 RFM 结果值，那么对于不同的个体在不同周期内没有直接比较的意义。

4.13.5 把抽样当作一个必备的工作环节

抽样工作其实不是必需的。抽样在数据获取量较少或难以处理海量数据的时代是非常流行的，主要有以下几个方面的背景。

（1）数据计算资源不足，不抽样往往无法计算海量数据。

（2）数据采集限制。例如，做社会调查必须采用抽样方法，因为无法针对所有人群做调研分析。

（3）时效性要求以极小的数据计算量来实现对整体数据的统计分析，在时效性方面大大增强。

如果存在上述条件限制或有类似强制性的要求，那么抽样工作仍然必不可少。即使在数据计算资源充足、数据采集端可以采集更多的数据并且可以通过多种方式满足时效性要求的前提下，抽样工作在很多时候也是必要的。

类似问题：本章介绍了很多数据预处理工作，那么是不是每次做数据分析都要做一遍呢？其实不是，数据预处理是为后续的分析和建模服务的，如果后续的分析和建模不依赖于特定的数据问题，那么特定的预处理工作可以不做。例如：

（1）CART（分类回归树）对异常值不敏感，因此无须处理异常值；

（2）DBSCAN（基于密度的带有噪声的空间聚类）模型使用的是基于密度的方法而非距离相似度的方法，因此不需做数据的标准化和归一化。

因此，所有的预处理工作都基于用户对整个数据工作流程的理解，尤其是理解模型、算法对于特定问题的依赖和受影响程度。

实训：综合性数据预处理

1．基本背景

本章的内容在实际工作中都是相辅相成的，因此，需要了解基于特定的预处理结果，如何一步步完成所有的预处理工作。

2．训练要点

掌握数据审核、丢弃缺失值、填充异常值、去除重复值、基于日期的格式转换与元素提取、数据标准化和归一化、离散化和二元化以及分类特征处理的方法。

3．实训要求

给定一份数据集（见附件 demo.xlsx），各字段的数据现状和考察要求如表 4-2 所示。

表 4-2   数据集概况

字段	含义	数据现状	考察要求
level	用户等级	字符串型分类变量，其中有 2 个记录的值为 0，属于异常值	①字符串表示分类值，考察字符串转数值索引。②将其中的 0 替换为其他（others）
type	用户类型	数值索引型分类变量，用数字索引代替字符串类型的分类值	使用 OneHot Encode 处理
total_visits	总会话数	数值型列，无缺失值和任何异常值	数据归一化处理
orders	订单量	数值型列，但大部分都是缺失值	由于该列大多数数据都为空，因此去掉该列
action_amount	互动次数	数值型列，但小部分是缺失值	用均值填充缺失值
log_in_time	最近登录时间	日期时间型，包括日期和时间	解析出周几、是否月初、日期和时间 4 列

4．实现思路

（1）level 字段，通过 sklearn.preprocessing.LabelEncoder 方法将字符串索引转换为数值索引；使用数据框的 replace 方法将 0 替换为 others。

（2）type 字段，通过 pd.get_dummies 方法做 OneHotEncode 处理。

（3）total_visits 字段，通过 sklearn.preprocessing.MinMaxScaler 方法做归一化处理。

（4）orders 字段，通过数据框的 drop 方法直接丢弃该列。

（5）action_amount 字段，通过数据框的 fillna 方法并结合该列的 mean 方法填充均值。

（6）log_in_time 字段，通过每个日期时间字符串的 dayofweek、is_month_start、date 和 time 方法获取对应的值，可使用列表推导式、map 等方式实现计算过程。

思考与练习

1．当某列数据存在较多的缺失值时，应该如何处理该列？

2．数据抽样有什么好处？

3．数据标准化或归一化有哪些方法？

4．如何去除重复值？

5．离散化的方式有哪些，各有什么利弊？

6．在日常工作中，经常用到哪些处理方法，有哪些是可以省略的步骤？

7．将本章的知识点应用到日常工作和学习中，并基于实际需求联系各个知识点。

第

5
章 数据可视化

数据可视化是发掘数据规律、展示数据结果的必要方式之一。在可视化过程中，除了基本的表格展示外，最重要的方式就是图形，"一图胜千言"反映了一张好的可视化图形的价值。本章按照使用场景，将可视化分为简单数据信息的可视化和复杂数据信息的可视化 2 种。下面介绍如何根据场景选择可视化图形以及具体应用方法。

5.1 数据可视化应用概述

数据可视化是利用可视化的方式（如图形、表格等），将数据形象地展示出来，以更好地帮助用户掌握数据信息。数据可视化经常用于数据探索、数据结果展示、数据报告等方面，好的可视化方式会帮助数据分析师更好地输出数据信息。数据可视化是数据分析师的必备技能。

5.1.1 常用的数据可视化库

在 Python 领域有众多的数据可视化库。本章的数据可视化主要基于 Matplotlib 之上的数据框或 seaborn，另外也会介绍如何使用 Pyecharts 做数据可视化图形。

1．Matplotlib

Matplotlib 是 Python 领域的第一个可视化库，后续其他库大多在此基础上做高级封装和改进。该库功能强大且应用成熟，但问题在于应用程序接口（Application Programming Interface，API）过于繁杂且缺少交互性。

2．Pandas 中的可视化方法

Pandas 中的数据框可直接调用 plot 方法展示常用图形，某些特殊函数也封装了其各自应用的图形，如自相关图、偏相关图等，因此在数据可视化时使用较方便。也正因为它的高度封装，所以缺少对细节的定义和控制不够灵活。

3．Seaborn

Seaborn 是基于 Matplotlib 的高级可视化库，它隐藏了很多 Matplotlib 细节设置，通过简单的方法即可产生美观、易用的可视化效果。但如果要对细节做更进一步设置，用户就需要配合 Matplotlib 的其他方法实现。

4．Pyecharts

Pyecharts 是基于百度 Echarts 的可视化库，囊括 30 多种常见图表且支持多种展示和应用环境。除了灵活、强大的图形和配置项外，还支持与 Flask、Django 等主流 Python 框架集成。

5.1.2　如何选择恰当的数据可视化方式

数据可视化图形的表达需要配合展示用户的意图和目标，即要表达什么思想就应该选择对应的数据可视化展示方式。数据可视化要展示的信息内容按主题可分为 4 种：趋势、对比、结构、关系。

1．趋势

趋势是指事物的发展趋势，如走势的高低、状态好坏的变化等趋势，通常用于按时间发展的眼光来评估事物的场景。例如，按日的用户数量趋势、按周的订单量趋势、按月的转化率趋势等。

趋势常用的数据可视化图形是折线图，在时间项较少的情况下，也可以使用柱形图展示。

2．对比

对比是指不同事物之间或同一事物在不同时间下的对照，可直接反映事物的差异性。例如，新用户与老用户的客单价对比、不同广告来源渠道的订单量和利润率对比等。

对比常用的数据可视化图形有柱形图、条形图、雷达图等。

3．结构

结构也可以称为成分、构成或内容组成，是指一个整体由哪些元素组成，以及各个元素的影响因素或程度的大小。例如，不同品类的利润占比、不同类型客户的销售额占比等。

结构常用的数据可视化图形一般使用饼图或与饼图类型相似的图形，如玫瑰图、扇形图、环形图等；如果要查看多个周期或分布下的结构，可使用面积图。

4．关系

关系是指不同事物之间的相互联系，这种联系可以是多种类型和结构。例如，微博转发路径属于一种扩散关系；用户频繁一起购买的商品属于频繁发生的交叉销售关系；用户在网页上先后浏览的页面属于基于时间序列的关联关系等。

关系常用的数据可视化图形，会根据不同的数据可视化目标选择不同的图形，如关系图、树形图、漏斗图、散点图等。

5.2　简单数据信息的可视化

本节将介绍简单数据信息的可视化图形，由于 5.3 节中导入的库和使用的源数据与本节都相同，因此，这里统一介绍，后续涉及本节相关内容时，不再赘述。

1．导入库

导入库是程序的第一步，后续用到的所有 Python 内置功能之外的其他功能，一般都需要通过导入的方式才能使用。本节用到了 Matplotlib 库作为图形展示的基础库，Pandas、NumPy

用于数据处理。

```
import matplotlib.pyplot as plt                    # ①
plt.rc("font",family="SimHei",size="14")          # ②
plt.rcParams['axes.unicode_minus'] =False         # ③
import pandas as pd                                # ④
import numpy as np                                 # ⑤
%matplotlib inline                                # ⑥
%config InlineBackend.figure_format='retina'      # ⑦
```

在上述导入库的设置中，代码①导入 Matplotlib 库，后续的设置基于该库实现。代码②设置图形的字体为 SimHei，大小为 14，目的是避免中文显示乱码。代码③用来设置当图形中出现负号时可正常显示。代码④和代码⑤分别导入 Pandas、NumPy 库用于数据读取和基本处理。代码⑥设置图形可直接在 Jupyter 窗口中嵌入显示，不需要额外调用 matplotlib.pyplot 的 show 方法。代码⑦用来设置图形可适用于 retina 屏幕，这样可视化图形在高清屏幕上会显示得更加清楚。

2. 读取源数据

读取源数据是指通过代码的方式从源文件中读取信息，用于后续的展示、处理等。

```
raw_data = pd.read_excel('demo.xlsx')    # ⑧
raw_data.head()                          # ⑨
```

代码⑧从名为 demo 的 Excel 文件中读取数据，默认读取第一个 Sheet 中的源数据。代码⑨打印前 5 条数据，结果如下。

	DATETIME	PROVINCE	CITY	CATE	AMOUNT	MONEY	VISITS	PAGEVIEWS	STORE1_AMOUNT	STORE2_AMOUNT	IS_PRO
0	2019-08-08	22	231	1	448	947.557048	1140	2701	154	294	0
1	2019-04-20	22	263	3	565	210.680886	2190	5815	226	339	0
2	2019-04-19	23	444	2	383	995.907990	1295	4181	130	253	0
3	2019-05-25	23	37	1	624	121.172089	2415	9270	241	383	0
4	2019-02-02	11	5	4	585	190.429100	2047	5192	258	327	1

本节后续图形展示主要使用 DataFrame.plot 方法，应用该方法的代码如下。

```
DataFrame.plot(x=None,y=None,kind='line',ax=None,subplots=False,sharex=None,
sharey=False,layout=None,figsize=None,use_index=True,title=None,grid=None,legend=
True,style=None,logx=False,logy=False,loglog=False,xticks=None,yticks=None, xlim=None,
ylim=None,rot=None,fontsize=None,colormap=None,table=False,yerr=None,xerr=None,
secondary_y=False,sort_columns=False,**kwds)
```

其中常用参数如下。

（1）x：x 轴（横轴）数据列，一般用列标题或位置表示。

（2）y：y 轴（纵轴）数据列，一般用列标题、位置表示单列或由其组成的列表表示多列。

（3）kind：展示图形的类型，可选值包括 line（折线图，默认图形）、bar（柱形图）、barh（条形图）、hist（直方图）、box（箱型图）、kde（核密度估计图）、density（与 kde 功能相同）、area（面积图）、pie（饼图）、scatter（散点图）、hexbin（蜂窝图）。

（4）subplots：布尔型，是否将数据列的不同信息作为不同的子图展示，默认值为 False。

（5）layout：元组，展示不同子图的布局。例如，(1,4)表示子图的布局为 1 行 4 列。

（6）figsize：元组，表示整个图形的大小，以英寸为单位。

（7）use_index：布尔型，使用 index 索引表示 x 轴，而无须手动指定具体列。

（8）title：字符串，图形的标题文字。

（9）logx/logy：布尔型，使用 log 方法对 x 轴和 y 轴做量纲处理，处理后的值在(0,1)区间内。

（10）xticks/yticks：列表，x 轴和 y 轴显示的值。

（11）fontsize：数值，x 轴和 y 轴显示的值的字号。

（12）**kwds：严格讲，**kwds 并不是某个参数，而是可通过 key=value 的方式传入参数和参数值的键值对，任何在 Matplotlib 中的可用参数，都可以通过这种方式传参。

5.2.1　使用条形图和柱形图表达数据差异

1．柱形图

柱形图是利用宽度相同的长方形表示信息的一种统计图表，它能够利用柱形的高度，比较清晰地反映数据的差异，一般情况下用来反映分类项目之间的比较，也可以用来反映时间趋势。当反映分类项目时，建议使用不同颜色的柱形图区分；时间趋势则使用相同的颜色表示连贯性。注意，当柱形图的分类较多，如超过 8 时，会导致信息过多而影响信息的展示。示例代码如下。

```
province_data = raw_data.groupby(['PROVINCE'],as_index=False).sum()      # ①
province_bar = province_data.sort_values(['AMOUNT'],ascending=False)     # ②
province_bar.plot(kind='bar', x='PROVINCE',y=['AMOUNT','MONEY'], figsize=(10,
4),title='各省份商品销售对比',fontsize=12)                                    # ③
```

代码①对 raw_data 的 PROVINCE 做分类汇总，汇总计算指标是所有列，汇总计算方式是 sum 求和，得到 province_data。代码②对 province_data 排序，按照 AMOUNT 列倒序排序。代码③直接调用 province_bar 的 plot 方法展示柱形图，其中：

（1）kind：设置展示图形的类型，可选值为 bar，表示柱形图，其他设置方式会在后续内容中介绍。

（2）x：横轴展示 PROVINCE 列数据。

（3）y：纵轴展示 AMOUNT 和 MONEY 列数据。

（4）figsize：图形的大小，这里设置为 10×4（单位：英寸）的图形。

（5）title：该图形的标题。

（6）fontsize：设置 x 轴和 y 轴显示文字的字号为 12。

上述代码执行后，得到图 5-1 所示的图形。

代码②中排序的目的是按照一定的逻辑（从大到小）展示不同的信息类别。这样做的好处在于符合人们分析事物的逻辑，那些指标最高或最低的对象可以很方便地在图形的开始或结尾处找到，而无须查看每个类别。

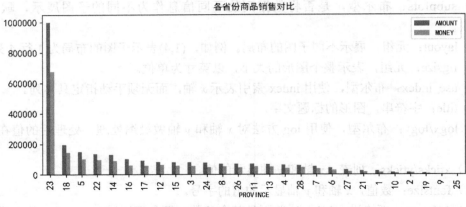

图 5-1　柱形图展示结果

2．条形图

条形图是用宽度相同的条形以高度或长短的不同来表示数据多少的统计图形。它与柱形图类似，也能用来反映分类项目之间的比较，适用于多个项目或类别数据的比较。示例代码如下。

```python
province_barh = province_data.sort_values(['AMOUNT'],ascending=True)   # ①
province_barh.plot(kind='barh', x='PROVINCE',y=['AMOUNT','MONEY'],
    figsize=(10, 4), logx=True,title='各省份商品销售对比',fontsize=10)   # ②
```

代码①对数据做二次排序，这次按 AMOUNT 列正序排序。代码②调用 plot 方法展示条形图，参数设置与柱形图类似，区别有以下 2 处。

（1）kind=barh：设置图形为条形图。

（2）logx=True：设置对横轴（也就是指标轴）做对数处理，这样可以去掉不同量级的差异，更明显地对比除了极大值（省份号码为 23）外，其他省份的差异性。

上述代码执行后的结果如图 5-2 所示，各个省份间的差距被缩小了，因此可以看到除了极大值（省份代码为 23）外的其他省份的销售差异。条形图便于评估对比结果，尤其是差异量级较小的省份。

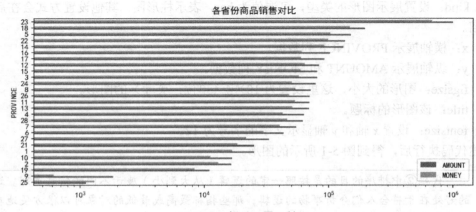

图 5-2　条形图展示结果

条形图相对于柱形图，表面看只是将横轴和纵轴交换了位置（也称为转置）而已。但实际上，条形图有特殊的适用场景。例如，当要展示的类别文字较长且类别过多时，柱形图由于横轴空间有限，通常无法完全展示出全部文字；而条形图由于每个分类值都是一条记录结果，因此可以完全展示文字信息，而不会发生截断或省略的问题。

5.2.2 使用折线图和柱形图展示趋势

1. 折线图

折线图是用折线显示信息的一种统计图表。一般用来反映随时间变化的趋势，用于描述事物随时间维度的变化。示例代码如下。

```
datetime_data = raw_data.groupby(['DATETIME'],as_index=False).sum()      # ①
datetime_data.plot(kind='line', x='DATETIME',y=['AMOUNT','MONEY'],
figsize=(10, 4),title='按日销售走势')                                       # ②
```

代码①对 raw_data 按 DATETIME 列做分类汇总，汇总计算指标是所有列，汇总计算方式是 sum 求和，得到 datetime_data。代码②调用 datetime_data 的 plot 方法展示折线图，整个参数配合与柱形图相同，仅有以下 2 处设置有区别。

（1）kind=line：line 代表折线图，也是默认状态下的图形形式。

（2）x=DATETIME：设置 x 轴（横轴）是日期列。

上述代码执行后的结果如图 5-3 所示，从图 5-23 中可以看到 AMOUNT 和 MONEY 2 个指标在不同时间下的趋势呈现巨大的波动状态，没有明显的上升或下降趋势。AMOUNT 和 MONEY 的波动方向基本一致，二者的相关性较高。

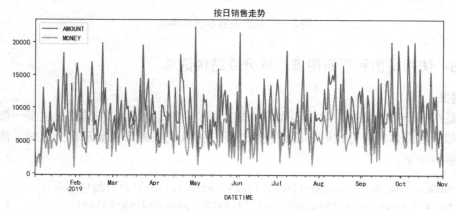

图 5-3　折线图展示结果

2. 柱形图

柱形图展示时间趋势，只要将横轴设置为时间即可。示例如下。

```
raw_data['MONTH'] = raw_data['DATETIME'].map(lambda i: i.month)          # ①
datemonth_data = raw_data.groupby(['MONTH'],as_index=False).sum()        # ②
datemonth_data.plot(kind='bar', x='MONTH',y=['AMOUNT','MONEY'], figsize=(10,
4),title='按月份销售走势')                                                 # ③
```

代码①从 raw_data 的 DATETIME 列中解析出月份信息，使用 map 配合 lambda 实现。在 lambda 定义中，直接使用每个元素的 month 属性得到月份数据。代码②raw_data 基于 MONTH 做分类汇总，汇总计算指标是全部，汇总计算方式是 sum 求和，得到 datemonth_data。代码③调用 plot 方法展示柱形图，具体参数我们在 5.2.1 节中已经介绍。结果如图 5-4 所示。从图 5-4 中可以看出，每月的销售呈现明显的淡旺季分布，1 月、4~7 月为淡季，其他季节为旺季。

> 柱形图展示时间序列的趋势时，明显区别于折线图的地方是数据周期或粒度较粗。例如，折线图中展示的时间粒度是日，而柱形图展示的时间粒度是月或季度等，否则在横轴内无法完全展示所有值的信息，影响结果呈现。

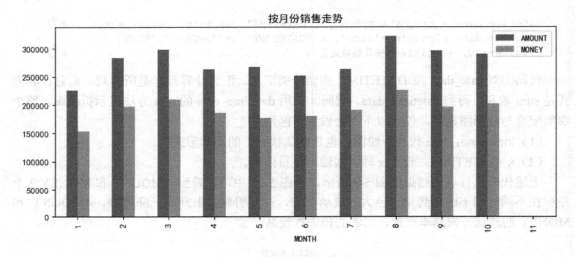

图 5-4　柱形图展示时间序列

5.2.3　使用饼图和面积图展示成分或结构信息

1. 饼图

饼图是在一个圆形图中，显示不同事物分布的一种统计图形。在需要描述某一部分或某几个关键部分占总体的百分比时，适合使用饼图，尤其是在图形上显示百分比时，能更清晰地表达。示例如下。

```
cate_data = raw_data.groupby(['CATE'],as_index=False)['VISITS'].sum()     # ①
cate_data = cate_data.sort_values(['VISITS'],ascending=False)             # ②
labels = cate_data['CATE']                                               # ③
cate_data.plot(kind='pie', y='VISITS', figsize=(6, 6),title='VISIT 在各个 CATE 中
的分布', labeldistance=1.1, autopct="%1.1f%%", shadow=False, startangle=90,
pctdistance=0.6,labels=labels,legend=False)                             # ④
```

代码①将 raw_data 按 CATE 列做分类汇总，汇总指标为 VISITS，汇总计算方式为 sum 求和，得到 cate_data。代码②cate_data 按汇总后的 VISITS 列倒序排序，目的也是便于按照逻辑顺序展示分布结果。代码③从 cate_data 中的 CATE 列获得 labels 数据，用于展示不同饼

图中的标签。代码④调用 cate_data.plot 展示饼图,主要参数设置如下。

（1）kind =pie：设置图形为饼图。

（2）y：展示的数据列,由于饼图只有一个维度,因此只需设置 y 即可,x 留空。

（3）figsize：这里设置的元素是一个 6×6（单位为英寸）的正方形图形,原因是饼图本身是圆形的。

（4）labeldistance：设置标签文本距圆心位置,1.1 表示 1.1 倍半径。

（5）autopct：设置圆中标签文本的字符串格式,与 Python 字符串格式化表示方式类似,这里的%1.1f%%表示以百分比的形式展示,同时保留 1 位小数点。

（6）shadow：是否展示饼图的阴影。

（7）startangle：饼图第一个（开始）扇区的角度,这里可设置任意角度。设置为 90,图形更美观。默认从 0 开始逆时针旋转。

（8）pctdistance：设置圆内标签文本距圆心的距离。

（9）labels：设置圆内的标签文字。

在上述的参数中,通过 cate_data.plot? 查看函数帮助信息,会发现很多参数都没有呈现出来。这些参数本身是 Matplotlib 在展示饼图时可设置的参数。本章最开始也提到了,数据框的图形展示方法是基于 Matplotlib 的封装,因此可以直接放到数据框的 plot 方法中设置并生效。

上述代码执行后的结果如图 5-5 所示,从图 5-5 中可以看出 CATE 的 VISIT 贡献按逆时针方向排列,CATE 的值依次是 5、2、1、3、4,而具体的比例在饼图中也可以直接看到。

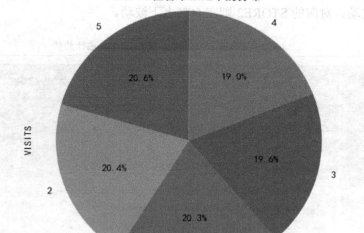

图 5-5　饼图信息展示

饼图在展示不同类别或内部元素的构成时，不太适合展示元素过多（如超过 5 个）的情况。例如，5.2.1 节示例数据中，省份的唯一值有 28 个，CITY 有 499 个，如果要将这些分类值同时展示在饼图中，则会导致图形的信息过大，而无法有效表达信息。此时可以将数据做更高级别的汇总，或者使用其他方式展示。如为饼图增加子饼图。

2. 面积图

面积图是折线图的衍生，如果有 2 个或以上折线图，在各自折线的下方填充不同颜色的阴影来构成堆积面积图，通过面积图可了解不同折线对应事物的相对占比。示例如下。

```
area_data = raw_data.groupby(['MONTH'],as_index=False).sum()          # ①
area_data['S1_PEC'] = area_data['STORE1_AMOUNT']/area_data['AMOUNT']   # ②
area_data['S2_PEC'] = area_data['STORE2_AMOUNT']/area_data['AMOUNT']   # ③
area_data.plot(kind='area', x='MONTH',y=['S1_PEC','S2_PEC'], figsize=(10,
4),alpha=0.5,title="'STORE1_AMOUNT','STORE2_AMOUNT'销售占比趋势")       # ④
```

代码①将 raw_data 基于按 MONTH 列做分类汇总，汇总指标为所有列，汇总计算方式为 sum 求和，得到 area_data。代码②和代码③分别基于 STORE1_AMOUNT 和 STORE2_AMOUNT 除以 AMOUNT 的值求出二者的数据占比。代码④调用面积图展示图形，参数设置在之前的图形介绍过，这里介绍几个差异化的配置项。

（1）kind=area：设置图形为面积图。

（2）alpha=0.5：设置图形的透明度为 50%。

（3）title：title 中的字符串本身带有引号，只需要保证内部引号和外部引号不相同即可。

上述代码执行后的结果如图 5-6 所示，从图 5-6 中可以看出 STORE1 店铺的销售占比一直在 40%上下波动，对应的 STORE2 则在 60%上下波动。

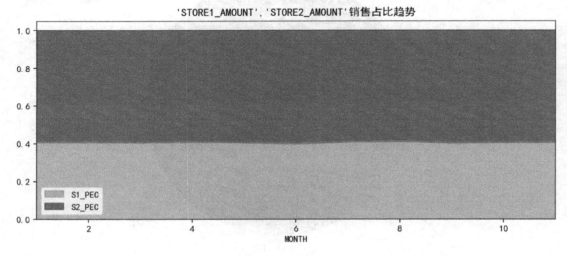

图 5-6　面积图展示

面积图相对于饼图，可以增加另外一个维度来评估不同维度值下的分布，如按时间、按不同的销售类型、按品类等。

5.2.4 使用散点图或蜂窝图展示数据间的关系

1. 散点图

散点图常用来展示 2 个维度间的关系，尤其做相关性分析或回归分析时，经常用来分析回归的拟合模型的评估，如线性回归、指数型回归、二项式回归等。示例如下。

```
raw_data.plot(kind='scatter',x='AMOUNT', y='VISITS', figsize=(10, 4),title=
'AMOUNT 和 MONEY 关系')
```

在代码中，通过 kind =scatter 指定 kind 展示散点图，然后分别设置散点图的横轴和纵轴为 AMOUNT、VISITS，得到图 5-7 所示的图形。从图 5-7 中可以看到，AMOUNT 和 VISITS 基本上呈现线性相关的关系，即当 VISITS 越大时，AMOUNT 也越大；反之亦然。因此后续可以考虑对线性模型做拟合。

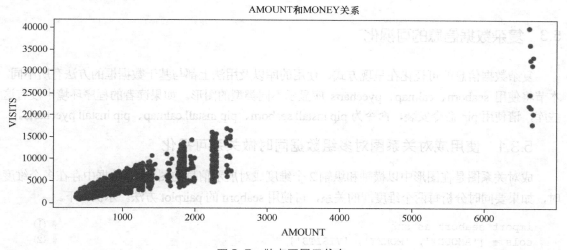

图 5-7　散点图展示信息

2. 蜂窝图

蜂窝图也叫六边形图，它与散点图相同的是都能展示 2 个维度间的关系，区别在于蜂窝图内部展示的最小元素不再是每个数据点本身，而是被"聚集"到蜂窝范围内形成的集合，因此其粒度更粗。示例如下。

```
raw_data.plot(kind='hexbin', x='AMOUNT',y='MONEY', gridsize=10, figsize=(8,
6),title='销售关系分析')
```

在代码中，通过 kind=hexbin 指定展示蜂窝图；x 和 y 与散点图的设置相同；gridsize 是指 x 轴方向上蜂窝的数量，蜂窝数量越小，被聚集到单个蜂窝内的点越多，每个蜂窝也就越大；其他参数设置与之前的图形相同。展示结果如图 5-8 所示，整体趋势相比较散点图是一致的，在图形的显示上，蜂窝内的数据点越多，颜色越深，反之颜色越浅。

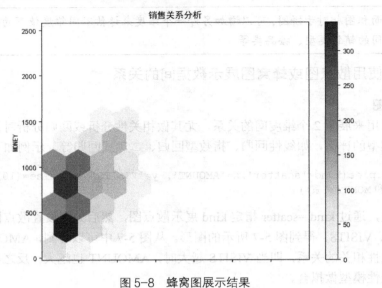

图 5-8　蜂窝图展示结果

5.3　复杂数据信息的可视化

复杂数据信息的可视化在呈现方式、使用的库以及用法上都与基于数据框的方法有所不同。本节将使用 seaborn、calmap、pyecharts 库显示不同类型的图形。如果读者的程序环境中没有这些库，请使用 pip 命令安装，命令为 pip install seaborn、pip install calmap、pip install pyecharts。

5.3.1　使用成对关系图对多组数据同时做关系可视化

成对关系图是在图形中以横轴和纵轴 2 个维度成对展示信息的图形。当数据中存在多个维度时，如果要同时分析每两个维度间的关系，可使用 seaborn 的 pairplot 方法。示例如下。

```
import seaborn as sns                                                    # ①
cols = ['AMOUNT', 'MONEY', 'VISITS']                                     # ②
sns.pairplot(raw_data[cols],kind='scatter',height=2,plot_kws=dict(s=80,
edgecolor= "white", linewidth=0.5))                                      # ③
```

代码①导入 seaborn 库。代码②和代码③定义了使用的数据列，然后调用 seaborn 的 pairplot 方法展示信息，参数设置如下。

（1）raw_data[cols]：要展示的数据。

（2）kind：字符串，每个子图形的类型，可设置为 scatter（散点图）或 reg（回归）。

（3）height：数值型，每个子图形的高度。

（4）plot_kws：字典，展示图形所用的参数和值的键值对，其中 *s* 表示散点的大小，edgecolor 表示点边缘的颜色，linewidth 表示点边缘的粗细。注意，该信息需要与前面的 kind 方法配合使用，即当 kind 设置为 scatter 或 reg 时，plot_kws 的参数和值设置也不相同。

上述代码执行后，展示图形如图 5-9 所示。其中，图 5-9（a）、图 5-9（e）、图 5-9（i）为每个维度的统计直方图，其他图形为 VISITS/MONEY/AMOUNT 中每 2 个字段组合得到的散点图，这些图可用于分析不同维度间的关系。例如，图 5-9（b）是 AMOUNT 和 MONEY

的关系图，图 5-9（f）是 MONEY 和 VISITS 的关系图。

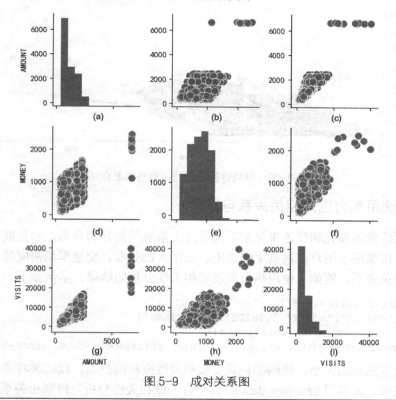

图 5-9　成对关系图

 图形沿着直方图对角线对称分布，因此只需分析对角线一侧的图形即可。

5.3.2　使用带回归拟合线的散点图做回归拟合的可视化

5.2.4 节介绍了散点图，当散点图用于回归分析时，可将拟合线加入图形展示结果。示例如下。

```
plt.figure(figsize=(10,4))                                          # ①
ksw = dict(s=60, linewidths=.9, edgecolors='black')                 # ②
sns.regplot(x='MONEY', y='VISITS', data=raw_data,fit_reg=True,scatter_kws= ksw) # ③
```

代码①调用 **plt** 的 **figure** 方法设置图形的大小，通过 figsize 指定图形大小为 10×4（单位为英寸）。代码②和代码③定义了一个样式字典，然后调用 seaborn 的 regplot 方法展示图形，参数设置如下。

（1）x/y：字符串、series 或数组，指定 x 轴和 y 轴分别展示 MONEY 和 VISITS 列数据。

（2）data：数据框，要使用的数据。

（3）fit_reg：布尔型，是否设置拟合回归曲线。

（4）scatter_kws：设置散点图的具体细节，s 表示散点的大小，edgecolor 表示点边缘的颜色，linewidth 表示点边缘的粗细。

上述代码执行后，得到图 5-10 所示的图形。

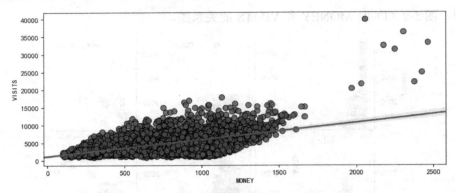

图 5-10　带线性回归最佳拟合线的散点图

5.3.3　使用热力图做相关关系可视化

热力图用特殊的高亮和颜色来显示不同图片上信息的差异和分布，它是展示数据分布的基本方法，可用来展示用户在网页上的点击、地区人群分布、交通车辆密度等，也可以展示不同变量的相关关系。例如，使用热力图展示相关性分析的结果。示例如下。

```python
plt.figure(figsize=(6,5))                                                      # ①
cols = ['AMOUNT','MONEY','VISITS','PAGEVIEWS']                                  # ②
heatmap_data = raw_data[cols].corr()                                           # ③
sns.heatmap(heatmap_data, xticklabels=cols, yticklabels=cols, annot=True)      # ④
```

代码①设置图形的大小。代码②设置要做相关性分析的列名。代码③将要做相关性分析的数据拆分出来，并调用 heatmap_data 的 corr 方法做相关性分析，得到相关系数结果。代码④使用 seaborn 的 heatmap 方法展示热力图，参数设置如下。

（1）heatmap_data：数组或矩阵，要展示热力图的数据。

（2）xticklabels/ yticklabels：列表，设置 x 轴和 y 轴的名称，等同于列名。

（3）annot：布尔型，是否在热力图网格内显示数值。

上述代码执行后，得到图 5-11 所示的图形。从图 5-11 中可以看出，颜色越深表示值越小。

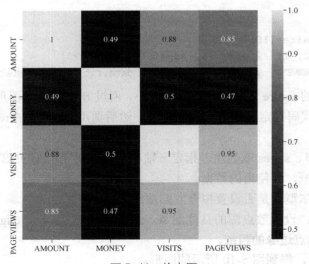

图 5-11　热力图

5.3.4 使用日历图展示不同时间下的销售分布

日历图是以日历的方式，展示日历中每天特定指标的分布情况，常用于展示长期数据信息，然后发现所有日期中表现较好或较差的特定日期。示例如下。

```
import calmap                                                                    # ①
raw_data.index=raw_data['DATETIME']                                             # ②
calmap.calendarplot(raw_data['AMOUNT'], fig_kws={'figsize': (16,10)},
yearlabel_kws={'color':'black'}, subplot_kws={'title':'一年内商品销售量分布'})        # ③
```

代码①导入 calmap 库，这是一个专门用于展示日历信息的库。代码②设置 raw_data 的索引为 DATETIME 列的值，原因是在日历图中，默认必须使用日期或时间类型的 index 索引作为日期轴。代码③调用 calmap 的 calendarplot 展示日历图，参数设置如下。

（1）raw_data['AMOUNT']：要展示的数据列，必须是 Series 格式。

（2）fig_kws：控制图形的关键字键值对，这里设置图形大小，与 Matplotlib 相同。

（3）yearlabel_kws：设置年份标签的显示规则，颜色为黑色。

（4）subplot_kws：设置图形的标题。

上述代码执行后，得到图 5-12 所示的图形。在图 5-12 中可以以月+星期的方式定位到每天的数据分布情况。默认数据会对索引做求和 sum 操作形成聚合。图 5-12 中模块的颜色越深表示数据越大。

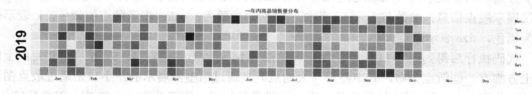

图 5-12 日历图

5.3.5 使用箱型图和散点图查看数据分布规律

箱型图也称为盒须图、盒式图，主要用于反映原始数据分布的特征，还可以比较多组数据的分布特征。在箱型图中有几个概念，结合图 5-13 介绍。

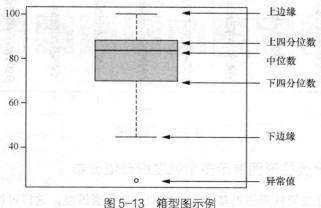

图 5-13 箱型图示例

在图 5-13 中有一个可看到如阴影部分的"箱子",箱子的上边、中间粗线和下边,分别表示数据的上四分位数、中位数和下四分位数。"箱子"的上下边缘,分别是数据分布的上边缘和下边缘。这里涉及几个概念。

(1)中位数:表示按顺序排列的一组数据中居于中间位置的数,例如,1、2、3、4、5的中位数是 3。

(2)下四分位数和上四分位数:表示所有数值由小到大排列后,第 25%和第 75%位置的数字,也称为 Q1(第 1 四分位数)和 Q3(第 3 四分位数)。

(3)四分位距(Inter Quartile Range, IQR):是指下四分位数和上四分位数之间的距离。

(4)上限值:即上边缘所在的位置,是 Q3+1.5IQR 计算的结果。

(5)下限值:即下边缘所在的位置,是 Q1-1.5IQR 计算的结果。

(6)异常区间:上限值和下限值之间的区域被定义为正常区间,在这个区间之外便是异常区间。异常区间内的值就是异常值。

下面以箱型图结合散点图来介绍数据的分布和异常存在的情况。示例如下。

```
plt.figure(figsize=(10,4))                                              # ①
sns.boxplot(x='MONTH', y='MONEY', data=raw_data)                       # ②
sns.stripplot(x='MONTH', y='MONEY', data=raw_data, color='k', size=2)  # ③
```

代码①设置图形大小。代码②调用 seaborn 的 boxplot 展示箱型图,其参数设置简单,x和 y 分别表示要展示的列,data 表示要展示的数据为 raw_data。代码③调用 seaborn 的 stripplot方法展示散点信息,参数与 boxplot 类似,区别的参数为:color 表示散点的颜色,k 表示位置为黑色,size 表示散点大小。

代码执行后得到图 5-14 所示的图形。从图 5-14 可以看到,在 4、5、6、7、9 月的上限值上方都有一些散点分布,其中菱形(大的点)是通过箱型图展示的;小点是通过散点图展示的。从图 5-14 可以看到这些月份存在一些异常值记录,表现为高于上限值,但数量较少。

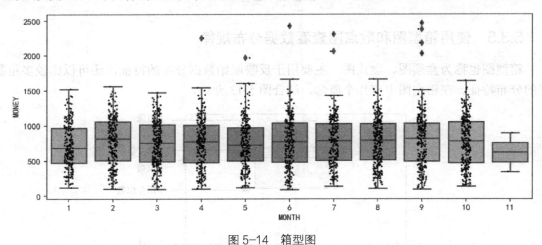

图 5-14　箱型图

5.3.6　使用分类柱形图展示多个维度细分值分布

分类柱形图是在普通柱形图的基础上,增加一个分类维度,这样可以同时展示不同类别下的柱形图结果。在展示不同的群组信息时，很多时候需要在不同的维度上做对比展示，此时会出现 2 个维度和 1 个指标的组合展示情况，这时可选择分类柱形图。示例如下。

```
sns.catplot("IS_PRO", col="MONTH", col_wrap=6, data=raw_data, kind="count",
height=2, aspect=.9)
```

在代码中调用 seaborn 的 **catplot** 方法展示分类柱形图，参数设置如下。

（1）"IS_PRO"：指定每个子柱形图中分类的次级维度。

（2）col：字符串，设置拆分柱形图的主要维度。

（3）col_wrap：整数型，表示每行展示的 col 列值的数量。例如，MONTH 的月份值为 1～11，col_wrap 设置为 6，意思是第 1 行显示 MONTH1～MONTH6，第 2 行显示其余的月份。

（4）data：显示的源数据。

（5）kind：字符串，设置每个子图展示的样式，可设置 3 类样式，第 1 类为分类散点图，值为 strip 或 swarm；第 2 类是分类分布图，可选值为 box、violin 和 boxen；第 3 类是分类评估图，可选值为 point、bar 和 count。

（6）height：数值型，以英寸为单位，设置每个子图的高度。

（7）aspect：浮点型，设置每个子图的宽高比。

上述代码执行后，得到图 5-15 所示的结果。从图 5-15 可以看到，整体图形以 MONTH 列拆分，每个月份内部又以 IS_PRO 属性拆分，这样可以对比不同月份在 IS_PRO 不同值上的差异。

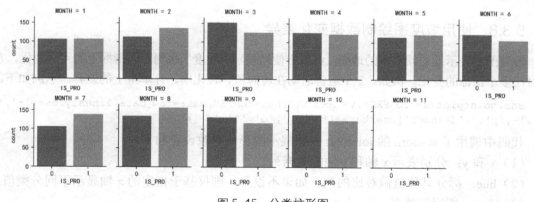

图 5-15　分类柱形图

5.3.7　使用等高线图绘制核密度分布

等高线图用于展示不同的数据沿着特定"边缘"的分布状态，在地理上是指高度分布和变化，在数据中可展示多种指标。示例如下。

```
sns.jointplot(x="PAGEVIEWS", y="MONEY", data=raw_data, kind="kde")
```

用户在代码中调用 seaborn 的 **jointplot** 方法展示图形，参数设置如下。

（1）x 和 y：分别表示 x 轴和 y 轴的数据列。

（2）data：表示所用的数据源。

（3）kind：表示图形的展示方法，设置为 kde 表示使用核密度图方法。

上述代码执行后，得到图 5-16 所示的结果。从图 5-16 可以看出上面和右侧是核密度分布曲线，显示了 PAGEVIEWS 和 MONEY 数据的分布状态；中间是等高线图，每个等高线边缘表示不同的数据值界限，界限内的数据越多，颜色越深。

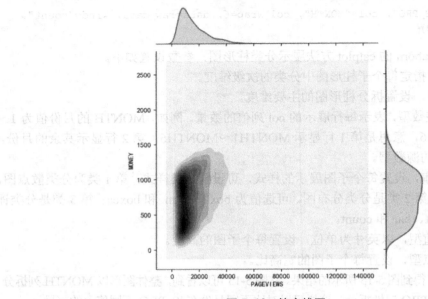

图 5-16 等高线图

5.3.8 使用坡度图绘制数据变化差异

坡度图是表示地面倾斜率的地图，可以方便地显示"坡度"两侧不同指标上的差异变化，方便对比多个指标的变化。例如，2 个运营活动在访问量、转化率、订单量上的差异。示例如下。

```
sns.pointplot(x="IS_PRO",y="AMOUNT",hue="CATE",data=raw_data,linestyles=['-','--','-.',':','dashdot'],markers=['.',',','o','^','<'])
```

代码中调用了 seaborn 的 jointplot 方法展示图形，参数设置如下。

（1）x 和 y：分别表示 x 轴和 y 轴的数据列。

（2）hue：拆分具体值做对比的列。如果不设置，则仅基于指定的 x 轴显示不同分类值。

（3）data：所用源数据。

（4）linestyles：用于描述不同的线条的样式。代码中的样式规则为："-"为实线线条，如 CATE 中的 1 的线条；"--"为虚线线条，如 CATE 中的 2 的线条；"-"为由虚线和点组成的线条，如 CATE 中的 3 的线条；":"为点状线条，如 CATE 中的 4 的线条；"dashdot"与"-."相同，都是由虚线和点组合的线条，使用字符串的值来表示方式。

（5）markers：用于表示标记点的形状。代码中的样式规则为："."表示点状，如 CATE 中的 1 的图例；","表示圆形，如 CATE 中的 3 的图例；"^"表示上三角形，即三角形的主要差异角的角度朝上，如 CATE 中的 4 的图例；"<"表示左三角形，即三角度的主要差异角的角度朝左边，如 CATE 中的 5 的图例。

代码执行后，得到图 5-17 所示的结果。从图 5-17 可以看出，在 IS_PRO（是否促销）上，当 IS_PRO 发生时，除了 CATE 为 3 外，其他值都是持平或上升，可以看出促销对其他品类的促进作用。

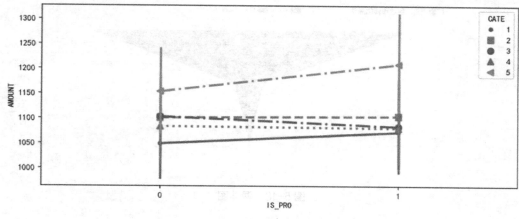

图 5-17　坡度图

5.3.9　使用漏斗图展示不同转化环节的完成情况

漏斗图就是数据的下一步是从上一步"漏"下来的，形成类似于漏斗的形状。常用来展示不同转化环节的完成情况。例如，新用户注册完整流程需要经过注册、验证邮箱 2 个步骤。从注册到验证邮箱这一步并不是所有人都会完成，总有一些用户会"流失"，这就形成一个漏斗。

从漏斗图开始，接下来的图形展示会用到 pyecharts 库。示例如下。

```
# 导入库
from pyecharts import options as opts          # ①
from pyecharts.charts import Funnel             # ②
import pandas as pd                             # ③
```

代码中分别导入 pyecharts 用到的 options 配置库和 Funnel 库，分别用于配置图形设置信息，以及展示漏斗图信息；Pandas 用于读取数据和预处理。

```
# 读取并处理数据
raw_data2 = pd.read_excel('demo.xlsx',sheet_name =1)              # ④
data = raw_data2.drop(['DATE','IMPRESSIONS'],axis=1).sum(axis=0)  # ⑤
funnel_data = [[i,j] for i,j in zip(data.index, data.to_list())]  # ⑥
```

代码④指定读取 demo 文件中第 2 个 Sheet 的数据。代码⑤丢弃名为 DATE 和 IMPRESSIONS 的列，并按列求和，得到 data。代码⑥使用列表推导式，读取 data 中的 index 和数据，并依次以子列表的形式添加到 funnel_data 中。

```
# 展示漏斗图
funnel=Funnel()                                                       # ⑦
funnel.add("流量转化漏斗", funnel_data)                                # ⑧
funnel.set_global_opts(title_opts=opts.TitleOpts(title="广告单击、到达和转化漏斗"))
                                                                      # ⑨
funnel.render_notebook()                                              # ⑩
```

代码⑦初始化 Funnel 对象为 funnel。代码⑧调用 add 方法添加每层漏斗的数据。代码⑨调用 set_global_opts 方法设置图形标题。代码⑩调用 render_notebook()方法将数据显示在 Jupyter Notebook 中。代码执行后，得到图 5-18 所示的结果。从图 5-18 可以看出，从点击到下一步访问网站的用户流失数量非常大。

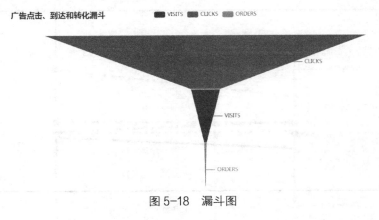

图 5-18 漏斗图

5.3.10 使用关系图展示不同元素间的关联关系

当多个对象之间发生关系时，普通图形大多只能同时显示 2 个数据对象间的关系。而关系图则可以同时显示每个对象与其他对象的关系，尤其适合于展示关联分析结果。例如，用户每次都一起购买哪些商品。示例如下。

```
from pyecharts.charts import Graph                                    # ①
raw_data3 = pd.read_excel('demo.xlsx',sheet_name =2)                  # ②
node_data = raw_data3['前项商品'].append(raw_data3['后项商品'])       # ③
value_count = node_data.value_counts()                               # ④
nodes = [opts.GraphNode(name=node, symbol_size=int(np.log(value)*10)) for
node,value in zip(value_count.index,value_count.values)]             # ⑤
links = [opts.GraphLink(source=i, target=j) for i,j in raw_data3[['前项商品',
'后项商品']].values]                                                  # ⑥
graph = Graph()                                                      # ⑦
graph.add("", nodes, links, repulsion=4000)                         # ⑧
graph.set_global_opts(title_opts=opts.TitleOpts(title="商品关系"))   # ⑨
graph.render_notebook()                                             # ⑩
```

代码①导入关系图所用的 Graph 库。代码②从 demo 文件中读取第 3 个 Sheet。代码③将"后项商品"数据列添加到"前项商品"数据列，形成前、后项目数据列的总列表（Series）。代码④调用 value_counts 方法统计合并后的项目中每个项目出现的次数。代码⑤使用列表推导式分别读取 value_count 的 index 和值，并以 node 节点的方法添加到 nodes 对象中，每个 node 设置通过 opts.GraphNode 方法实现。具体参数为：name，字符串，表示节点文字信息；symbol_size 为数值型，表示节点大小，这是先通过 np.log 降低不同值的量纲差异，然后统一乘 10 并转换为整数型。代码⑥使用列表推导式，将 raw_data3 中的"前项商品"和"后项商品"读出，并调用 GraphLink 方法分别作为边的起点和终点添加到 links 中。代码⑦初始化 Graph 对象为 graph，后续的设置与漏斗图类似，在此略过具体细节。其中差异点在于用 add 方法添加时，参数分别为：数据系列名称（这里设置为空）、节点列表（Nodes）、边列表（Links）和节点之间的斥力因子（repulsion 值越大，互斥性越高，节点越散）。执行上述代码后，得到图 5-19

图 5-19 关系图

所示的结果。可以发现 fish、softdrink、freshmeat 的权重很大，表现在节点面积大，说明了其他很多节点都与之发生关系，因此更重要。

5.3.11 使用雷达图展示多个元素在不同属性上的差异

雷达图是以从同一点开始的轴上表示的 3 个或更多个变量的二维图表的形式显示多变量数据的图形方法。雷达图也称为网络图、蜘蛛图、星图、极坐标图等。它相当于平行坐标图，轴径向排列。当要对比的元素多，且对比指标也有多个时，雷达图是展示差异非常好的方法。例如，对比高、中、低价值客户在访问量、浏览量、停留时间、订单金额、回购率上的差异。示例如下。

```
# 读取数据及预处理
from pyecharts.charts import Radar                                    # ①
radar_gb = raw_data.groupby('CATE',as_index=False).mean()            # ②
names = ['AMOUNT', 'MONEY', 'VISITS', 'PAGEVIEWS','STORE1_AMOUNT','STORE2_
AMOUNT']                                                             # ③
radar_data = radar_gb[names]                                          # ④
max_value,min_value = radar_data.max(axis=0),radar_data.min(axis=0)   # ⑤
cates = [f'CATE_{i}' for i in radar_gb['CATE'].values]               # ⑥
```

代码①导入库 Radar。代码②基于本章开始读取到的 raw_data，基于 CATE 列做分类汇总，汇总计算指标为所有列，计算方式为求均值。代码③指定要保留的字段名称。代码④基于指定的名称保留雷达图所用数据。代码⑤计算各列的最大值和最小值。代码⑥使用列表推导式，从分类汇总的 CATE 列中读取每个值，并生成 cates 列表名。

```
# 展示雷达图
rader = Radar()                                                      # ①
schema = [opts.RadarIndicatorItem(name=i, max_=j*1.05, min_=k*0.95) for i,j,k in
zip(names,max_value,min_value)]                                      # ②
rader.add_schema(schema=schema,shape='circle',splitline_Opt=Opts.SplitLine
Opts(is_show=True,linestyle_opts=opts.LineStyleOptslopacity=o.23)))   # ③
colors = ["#0000","#061464","#2d3774","#565f93","#8691b5"]           # ④
symbols=['circle','rect','arrow', 'triangle', 'diamond']             # ⑤
forind,valueinenumerate(cates):                                      # ⑥
    data = [radar_data.iloc[ind].round(0).tolist()]                  # ⑦
    rader.add(value, data,color=colors[ind],symbol=symbols[ind],
linestybe_Opts=opts.LineStyleOpts(width=ind+1))                      # ⑧
rader.set_series_opts(label_opts=opts.LabelOpts(is_show=False))       # ⑨
rader.set_global_opts(title_opts=opts.TitleOpts(title='雷达图对比'))   # ⑩
rader.render_notebook()                                              # ⑪
```

代码①实例化 Radar 对象为 rader。代码②使用列表推导式，依次读取分类汇总后目标列的列名、最大值和最小值，并调用 RadarIndicatorItem 方法设置雷达结构信息。其中，name 为每个轴的名称，max_为雷达图每个轴的最大值，min_为雷达图每个轴的最小值。为了让图形的最大值和最小值的显示不与极值重合，对最大值和最小值分别设置 0.05 的调整阈值。代码③将在代码②中定义的数据结构填加到雷达图中，同时通过 shape='circle' 设置成一个圆形的雷达图，并通过 splitline_opt 设置雷达图坐标轴的颜色透明度为 0.23。代码④定义一个颜色列表，用来显示不同 CATE 值的线条。代码⑤定义一个标记点样式符合，用来标志不同的分类值的标记样式，其中 circle 表示圆形，如 CATE 值 1 的图例；rect 表示矩形，如 CATE 值 2 的图例；arrow 表示箭头，如 CATE 值 3 的图例；triangle 表示三角形，如 CATE 值 4 的图例；diamond 表示菱形，如 CATE 值 5 的图例。代码⑥、代码⑦和代码⑧使用 for 循环，将不同的 cates 名称、数据、颜色和标记点形状以及线条的样式加入雷达图，并在设置线条颜色时调用了 opts.LineStyleOpts 的函数，其中在函数内部的 width 参数用于设置线条的粗细。代码⑨通过 is_show 参数设置不显示每个雷达图上点的数值。代码⑩和代码⑪设置标题并展示图形，如图 5-20 所示。从图 5-20 可以看到不同的 cates 在不同指标上的差异，以及各个值在特定指标上的倾向度和强弱。

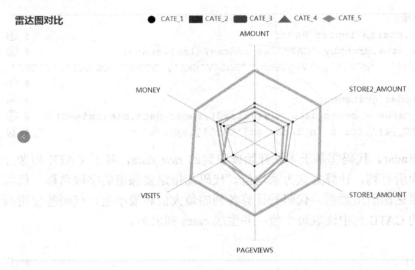

图 5-20 雷达图

5.3.12 用词云展示关键字分布

词云是展示关键字分布的常用方式，通常用来展示用户的评论关键字、搜索关键字、文章标签等容易聚合的关键字。示例如下。

```python
from pyecharts.charts import WordCloud                                     # ①
raw_data4 = pd.read_excel('demo.xlsx',sheet_name=3)                        # ②
wordcloud_data = raw_data4.to_records(index=False).tolist()               # ③
wc = WordCloud()                                                          # ④
wc.add("", wordcloud_data, word_size_range=[15, 300])                     # ⑤
wc.set_global_opts(title_opts=opts.TitleOpts(title="词云关键字展示"))      # ⑥
wc.render_notebook()                                                      # ⑦
```

代码①导入 WordCloud 库。代码②从 demo 文件中读取第 4 个 Sheet。代码③将数据转换为列表类型的记录格式。代码④实例化 WordCloud 对象为 wc。代码⑤调用 add 方法添加数据到词云图，其中参数分别为系列名称（这里设置为空）、数据（wordcloud_data）、word_size_range（单词字体大小范围，仅显示值在这个范围内的词）。代码⑥和代码⑦设置标题并展示结果。代码执行后，得到图 5-21 所示的结果。从词云可以看出，某些词的重要度（热度）高，如单元格、安装、文件、程序、使用、IPython 等。

图 5-21　词云展示

5.4　新手常见误区

5.4.1　没有明确数据可视化的目标

数据可视化的目标是展示信息，使信息更容易理解。如果用户没有目的，仅仅是"看一看"，那么数据可视化是没有价值的。

类似问题：没有任何目标的图形可视化，与直接陈列数据表格是一样的，这种做法都没有体现数据分析师的"价值主张"和分析结果。除了取数的需求外，数据分析师输出的应该是经过思考、推理、验证并给出的数据结论，分析，甚至建议。

5.4.2　通过特殊图形设置误导受众

数据可视化可使数据的形态、分布、对比甚至规律发生根本性变化。例如，5.2.1 节中的柱形图和条形图在展示时，因为只设置了 logx=True，所以传递信息的差异巨大。做数据处理之前，商品销售排名第 1 的省份比排名第 2 的省份销售量高出 4 倍，而处理之后，二者的图形显示差异却不到一倍。

类似问题：不仅仅是柱形图，其他所有涉及对比的场景，如趋势图、雷达图等经过数据量纲的处理，都会导致数据的差异变小。这种处理在特定场景下是合理的，但不能滥用。

5.4.3　选择过于"花哨"的图形却忽略了可视化的本质

在大多数场景下，简单的数据信息可视化方法基本能满足数据呈现需求，并且简单易用，只是在展示效果和交互上有些简陋。更加美观的图形确实可以增加美观度，但可视化的本质并不是"让图形好看"，而是以合理的方式传达信息。除非你是视觉设计师，否则"好看"不是开发人员做图形可视化的第一目标。

类似问题：图形可视化是展示信息的一种方式。此外，数据表格、分析报告、数据邮件等都有类似的作用。不同介质展示的格式有差异，但本质都是信息传达，切勿在内容和信息本身匮乏的前提下，过度追求"图形好看"。

5.4.4 缺乏根据信息表达目标选择"最佳"图形的意识

不同的图形具有不同的数据表达信息的倾向和属性,但很多初学者往往不重视这个问题。例如，在展示不同时间下的数据指标时，选择饼图；用雷达图展示 5 个分类在 1 个指标上的差异。这些都是对目标图形最佳适用场景的忽视，而可能导致的问题是信息没有被正确传达和理解。

类似问题：即使使用了正确的图形，也需要在不同场景下区别应用。例如，折线图适合展示不同日期下的指标的变化。但如果时间的粒度很粗，如基于月，则用柱形图更加合理。但即使粒度很粗，如果有几十个粒度值（如 120 个月、10 年的数据），则仍然选择折线图。

5.4.5 信息过载

每种图形能承受的信息量是有限的,因此需要根据不同的图形适当地选择要展示的内容，而不是全部展示出来，否则会导致要展示的重点信息被埋没在杂乱无章的内容中，重点不突出。好的可视化需要做到重点突出、信息翔实且容易理解（当然前提是容易发现）。

类似问题：很多初学者在设置可视化图形时，可能会尽量多地使用图形设置，如不同的颜色、不同的样式，甚至不同标记等，目的是提醒受众更好地区分信息。这种做法同样走向另一个极端，它表面上看是将所有的信息都标记出来，但其效果与什么都不标记是一样的，受众仍然无法分辨到底哪些信息是关键信息。

实训：综合性数据可视化

1．基本背景
本章的可视化内容以简单应用为主，核心是帮助读者建立正确的可视化理念。这种理念需要通过实际训练加深理解。

2．训练要点
掌握在不同的数据信息表达目标下，选择不同的可视化图形。

3．实训要求
给定一些数据可视化的图形,分别判断不同的可视化图形可以应用的展示目的以及优势，并至少举 2 个示例说明。

4．实现思路
给出可视化图形，如图 5-22 所示。根据反馈，各图形常用的表达场景如下。

（1）多个维度在单个指标上的对比、少量维度在少量指标上的对比、单个维度在多个指标上的对比，以及用较粗的时间粒度以时间序列的方式呈现发展趋势。

（2）呈现 2 个维度的相互关系，最常用于相关性分析和回归分析。

（3）较细粒度按时间序列的单个或多个指标的趋势呈现或对比，发现趋势或走势特性。

（4）不同内部元素的分布占比，找到关键因素或最弱因素。

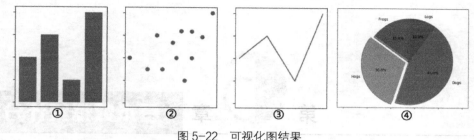

图 5-22 可视化图结果

思考与练习

1．不同图形在表现信息时有哪些差异特性？

2．在图形可视化中，数据展示越多越好吗？

3．如何看待通过数据特殊处理可能导致的数据信息误解？

4．在复杂数据信息的可视化方法中，哪些方法能应用到哪些工作场景？

5．词云是否适合较少词（如 5 个以内）的展示？

6．尝试演练本章各节的图形可视化方法，尤其是 5.2 节的内容。

第6章 基本数据统计分析

由于数据分析方法众多，本章将介绍一些常用且简单易实施的方法来帮助初学者入门。这些基本数据统计分析方法包括描述性统计分析、交叉对比和趋势分析、结构与贡献分析、分组与聚合分析、相关性分析、主成分分析与因子分析，以及漏斗、路径与归因分析等。

6.1 描述性统计分析

描述性统计分析是指对数据的基本规律、状态、分布和特性的描述，它仅从数据层面通过不同的指标汇总数据的信息。示例如下。

```
import pandas as pd                              # ①
import numpy as np                               # ②
raw_data = pd.read_excel('demo.xlsx')            # ③
print(raw_data.head(3))                          # ④
```

代码①和代码②导入用到的 Pandas 和 NumPy 库，用来做数据读取和预处理工作。代码③读取 demo 数据文件，默认读取第 1 个 Sheet。代码④打印输出数据的前 3 条结果，结果如下。

```
        DATETIME    PROVINCE    CATE     AMOUNT    VISITS    IS_PRO
0     2019-04-29    28          南方大区   585.0     2485      False
1     2019-02-02    28          北方大区   936.0     4647      True
2     2019-09-23    28          北方大区   682.0     6402      False
```

从结果可以看出，数据包括 5 列，其中 DATETIME 为日期型；PROVINCE 为省份，但用数值索引表示省份 ID；CATE 表示销售数据属于哪个大区，用字符串表示；AMOUNT 表示销售量，数值型特征；VISITS 表示访问量，数值型特征；IS_PRO 表示该销售记录是否由促销产生，布尔型特征。

字段中的 PROVINCE 列本身是分类含义，因此将其转换为字符串类型。这里使用 `raw_data['PROVINCE'] = raw_data['PROVINCE'].astype(str)` 实现。

在 Pandas 中可通过数据框的 describe 方法获得描述性信息，同时自定义多种指标，示例如下。

```
desc_data = raw_data.describe(include='all').T                       # ①
desc_data['polar_distance'] = desc_data['max']- desc_data['min']     # ②
desc_data['QD'] = (desc_data['75%']-desc_data['25%'])/2              # ③
desc_data['days_int'] = desc_data['last']-desc_data['first']         # ④
desc_data['dtype'] = raw_data.dtypes                                 # ⑤
desc_data['all_count'] = raw_data.shape[0]                           # ⑥
print(desc_data.columns)                                             # ⑦
```

代码①调用 raw_data 的 describe 方法，同时指定 include='all'，目的是获得所有字段的描述信息，而不仅包含数值型特征。T 表示将结果转置，方便后续通过不同的描述性指标获取数据。代码②使用 max 列与 min 列相减，得到极差（或极距）值。代码③计算四分位差。代码④基于 last 和 first 差值计算日期间隔。代码⑤获取所有列的字段类型。代码⑥获取所有列的总记录数量。代码⑦打印输出当前可用的描述性统计指标的列名，包括 Index(['count', 'unique', 'top', 'freq', 'first', 'last', 'mean', 'std','min','25%','50%','75%','max','polar_distance','QD','days_int', 'dtype','all_count'],dtype='object')。后续会解释每一列指标的具体含义。

6.1.1　通用描述信息

通用描述信息是指对所有数据字段的概要描述，示例如下。

```
print(desc_data[['all_count','count','dtype']])
```

其中 all_count 表示所有列中记录的总数量，count 表示所有列中非 NaN 记录的数量，dtype 表示指标列的类型。结果如下。

```
          all_count count   dtype
DATETIME   2136    2136    datetime64[ns]
PROVINCE   2136    2136    object
CATE       2136    2136    object
AMOUNT     2136    2136    float64
VISITS     2136    2136    int64
IS_PRO     2136    2136    bool
```

从结果可以看出，所有字段中，all_count 和 count 的结果相同，说明数据中没有缺失值。而数据的类型与通过 head 输出得到的结论一致（注意：PROVINCE 已经做了类型转换）。

6.1.2　集中性趋势

集中性趋势是指数据向某个方向聚集和靠拢的趋势，不同类型的字段在描述集中性趋势时使用不同的指标项。

1．数值型字段的均值、中位数和四分位数

数值型字段的集中性趋势的常用描述指标包括均值、中位数和四分位数（注意：四分位数不是指一个数）。通过 print(desc_data.loc[['AMOUNT','VISITS'],['25%', '50%','75%','mean']])获得，结果如下。

```
             25%       50%       75%       mean
AMOUNT    800.35   1243.55   1993.42   1608.35
VISITS   1717.75      2893    4963.5   3881.16
```

其中，50%是中位数，mean 是均值，25%和 75%分别是四分之一分位数和四分之三分位数。

> 中位数和均值在很多情况下不相同。均值容易受极值（包括极大值和极小值）的影响，会向极值方向偏移，而中位数不会受到这种影响。例如，1、100、101 的中位数是 100，均值则为 67.3。因此，如果数据中有异常值，选择中位数更合理，否则均值更常用。

2．非数值型字段的唯一值、众数和频数

在 Python 基本数据类型中，非数值型包括布尔型、字符串型和日期型 3 类，开发人员经常使用唯一值、众数和频数描述集中性趋势。由于我们已经描述了所有的字段统计信息，因此可直接通过 print(desc_data.loc[['DATETIME','PROVINCE','CATE','IS_PRO'],['unique','top','freq']])获取目标字段，得到结果如下。

```
              unique                   top       freq
DATETIME         302   2019-05-01 00:00:00         26
PROVINCE          23                    23        502
CATE               5                北方大区        463
IS_PRO             2                  True       1102
```

从结果可以看到，DATETIME、PROVINCE、CATE、IS_PRO 可以计算 unique（唯一值数量）、top（众数，出现频数最多的值）和 freq（频数，出现次数计数）值。这样，我们对整个数据的分布情况就有了比较清晰的了解。

> （1）从严格意义上讲，IS_PRO（布尔型）是一类特殊的列，它既可以作为数值型（即 True 作为 1，False 作为 0）与其他数值运算，又可以作为分类型变量，做分类使用。
> （2）众数、频数的计算，仅在分类值有较为明显的集中趋势时才有意义。例如，一列数据包括 A、A、B、C、A，那么众数是 A，频数是 3；而如果数据是 A、B、C、D、E，那么计算众数是无意义的。

6.1.3 离散性趋势

1．数值型字段的标准差、最小值、最大值、极差、四分位差

数值型字段的离散趋势经常用标准差、最小值、最大值、极差、四分位差表示，对应的示例如下。

```
print(desc_data.loc[['AMOUNT','VISITS'],['std','min','max', 'polar_distance','QD']])
```

得到结果如下。

```
             std    min      max    polar_distance        IQR
AMOUNT   1239.32    357   14017.5          13660.5    596.538
VISITS    3301.2    557    35374            34817    1622.88
```

从数据中可以直观地看到 AMOUNT 行的数据分散情况比 VISITS 的更加严重。

提示　极差相对于四分位差虽然定义类似，极差用 max 值减去 min 值，而四分位差为 (Q3-Q1)/2，但四分位数差不受两端各 25%数值的影响，可以衡量"中间"数据代表性的高低。

2．日期型字段的开始日期、结束日期和日期间隔

日期型字段有自己的开始日期项，并可以基于日期项做一定程度的数值计算，示例代码如下。

```
print(desc_data.loc[['DATETIME'],['first','last','days_int']])
```

得到结果如下。

```
                       first               last days_int
DATETIME  2019-01-02 00:00:00  2019-11-01 00:00:00 303 days
```

由结果可以看到，DATETIME 可以获取日期的 first（开始日期）和 last（结束日期）值，这类似于数值型字段的 min（最小值）和 max（最大值）信息。此外，还能计算日期间隔，类似于数值型字段计算极差和四分位差。

6.2　交叉对比和趋势分析

对比和趋势是分析事物对象，并得到结论的基本且重要的方法，有比较才能产生差异，也才有好坏优劣之分。

对比和趋势分别从横向和纵向 2 个维度分析特定事物。例如，分析不同省份在销售额上的差异可以找到哪些省份销售额高（或低），而基于不同时间周期的比较则可以更全面地了解那些销售额高的省份是否在所有或大部分时间周期下销售情况都比较好，还是仅仅在偶然或少数时间良好。

除了基于汇总的对比和趋势分析外，用户还可以加入其他的维度做交叉分析。交叉分析最常用的方法是使用数据透视表。本节主要使用数据框的 **pivot_table** 方法做交叉分析。

6.2.1　交叉对比分析

对比通常用于特定维度下不同元素之间的比较。例如，所有广告营销渠道中，哪些渠道的营销效果最好；全部商品销售中，哪些品类卖得最多，哪些类型的会员活跃度最高等，都可以通过对比得到答案。

在极少数情况下，用户可以通过单一指标对事物做定量分析和判定结论。例如，品类 A 比品类 B 在总利润贡献上更多，因此可以说品类 A 比品类 B 表现更好或更有价值。但这也仅仅是从利润贡献的角度来评估。

在更多情况下，用户在评估事物好坏时会使用多个指标从多个角度定量描述。例如，如何评估不同的广告营销渠道的质量？用户可以选择平均停留时间、访问深度、目标转化率、订单转化率、复购率、新会员引入量、老会员激活量等指标评估，其中涵盖了基本行为指标、目标转化指标、复购指标、会员指标等不同类型的评估指标。

在示例数据 raw_data 的基础上，要分析不同的大区在促销上是否有差异，同时评估指标包括访问量和订单数量，可以使用以下代码。

```
raw_data.pivot_table(values=['AMOUNT','VISITS'],index=['CATE'],columns='IS_
PRO',aggfunc=np.mean)。
```

代码中使用了数据框的 **pivot_table** 方法来建立数据透视表，参数含义如下。

（1）values：分类汇总的计算指标列。

（2）index：分类汇总的维度列。

（3）columns：基于特定的列名，对指标做汇总计算。如果列名中有多个值，即需要汇总多列，则可传入一个由列名构成的列表。

（4）aggfunc：分类汇总计算方法，可传入任意有效计算函数或对象。

上述代码执行后，得到的结果如下。

	AMOUNT		VISITS	
IS_PRO	False	True	False	True
CATE				
中部大区	1605.869626	1557.756132	3968.887850	3633.867925
北方大区	1509.768837	1489.045968	3931.069767	3756.782258
南方大区	1526.574510	1651.133921	3590.279412	3977.691630
海外区	1676.751707	1831.289163	4175.390244	4126.527094
西部大区	1707.751020	1562.301415	3759.954082	3903.882075

由结果可知，西部大区在 **AMOUNT**（订单数量）方面表现较好，海外区则在 **VISITS**（访问量）方面表现得更加好。同时可以看到，是否有促销活动对各区的影响差异极大，有的大区有积极促销作用，有的则没有。由此可以知道，促销活动只对特定大区的销售有促进作用。

提示　在不同的指标选择下，后续指标可以受其他指标影响。例如，在一般情况下，**VISITS** 越大，**AMOUNT** 越大，原因是流量越大，可能产生的订单量越多，二者是高度相关的关系。因此，这时需要增加一个 **AMOUNT/VISITS** 的"转化率"指标，来客观地评估转化率的问题。

6.2.2　交叉趋势分析

通过 6.2.1 节的交叉对比分析，我们发现"海外区"的访问量数据表现较好。下面使用趋势分析法分析它在不同时间周期的表现。

```
raw_data['MONTH'] = raw_data['DATETIME'].map(lambda i: i.month)       # ①
overseas_north = raw_data[raw_data['CATE']=='海外区']                   # ②
print(overseas_north.pivot_table(values=['AMOUNT','VISITS'],index=['MONTH'],
columns='IS_PRO',aggfunc=np.mean))                                    # ③
```

代码①先基于 DATETIME 列抽取出月份数据，使用数据框配合 lambda，从每个日期中获得 month 属性得到月份结果。代码②从 raw_data 中过滤出仅包含海外区的数据。代码③基于海外区数据，建立数据透视表，方法与交叉对比分析相同。得到结果如下。

	AMOUNT		VISITS	
IS_PRO	False	True	False	True
MONTH				
1	1246.211765	1156.542857	4541.823529	1864.857143
2	1398.080952	1396.200000	3163.000000	4777.500000

3	1566.375000	1553.296552	3727.458333	3422.965517
4	1453.741176	2210.053846	3189.823529	4219.384615
5	1519.332000	2303.238462	5133.960000	5357.923077
6	1854.215789	1333.627273	4311.578947	5564.000000
7	1748.630000	1732.244444	4420.550000	3905.296296
8	2009.478947	1722.708333	3924.263158	4499.333333
9	2719.622222	2913.995000	5552.666667	5043.850000
10	1422.516000	1757.809524	3817.840000	3402.428571

通过这份数据，我们得到如下结论。

（1）海外区的 VISITS 数据表现相对稳定且良好，仅在 2、3、4 月较差。

（2）海外区的 AMOUNT 数据表现极不稳定，仅在 4、5、9 月表现好，其他月份都低于海外区的整体均值，而最高的几个月拉高了整体的均值。

（3）在 IS_PRO 的作用上，VISITS 和 AMOUNT 都显示出比较强的随机性，规律不具有完整且一致性，表现为不同月份的贡献表现不一，且变化幅度差异较大。

　　如果在多重指标的评估下，不同指标间的结论有互斥性，该如何分析呢？例如，渠道 A 和渠道 B 对比，渠道 A 比渠道 B 的订单量更高，渠道 B 比渠道 A 的复购率更高。单纯从某一指标无法得到结论。此时可以对 2 个指标做加权汇总，这样就能对比具有差异性结果的不同对象。但需要注意的是，在加权汇总之前，必须先对各自的指标做标准化处理。

6.3　结构与贡献分析

　　结构与贡献分析是分析一组数据中不同元素的构成、比例、贡献等方面。它可以快速获得整体数据中最主要的构成要素的信息。如全站的会员主要来自哪些渠道？公司销售的商品主要集中在什么品类上，次要品类是哪些？通常可使用占比分析、二八法则分析、ABC 分析和长尾分析这 4 种方法进行分析。

6.3.1　占比分析

　　占比分析通过不同元素的占比来评估其贡献度，它是很多深入分析方法的基础。在绘制饼图时，可以通过排序后的占比来了解不同对象对整体的贡献度。示例如下。

```
com_data = raw_data.groupby(['PROVINCE'],as_index=False).sum()     # ①
com_sort = com_data.sort_values(['VISITS'],ascending=False)        # ②
amount_sum = com_sort['AMOUNT'].sum()                              # ③
visits_sum = com_sort['VISITS'].sum()                             # ④
com_sort['AMOUNT_PER'] = com_sort['AMOUNT']/amount_sum            # ⑤
com_sort['VISITS_PER'] = com_sort['VISITS']/visits_sum            # ⑥
print(com_sort.drop(['IS_PRO','MONTH'],axis=1).head())            # ⑦
```

　　代码①基于 PROVINCE 做分类汇总。代码②基于 VISITS 列倒序排序。代码③和代码④分别计算得到 AMOUNT 列和 VISITS 列的总和。代码⑤和代码⑥计算每个记录中的数据相对于整体的占比。代码⑦丢弃 IS_PRO 列和 MONTH 列，打印输出前 5 条结果，如果如下。

```
PROVINCE    AMOUNT   VISITS AMOUNT_PER VISITS_PER
```

```
10        23   1196926.5   1504144      0.348407    0.181437
18         5    361144.8    865083      0.105124    0.104351
 5        14    314212.8    619030      0.091463    0.074671
13        26     70599.0    606770      0.020550    0.073192
11        24     78604.0    521749      0.022880    0.062936
```

由数据看出，PROVINCE 为 23 的整个记录在各个指标上表现都很好，占比很高，说明该省份每项指标的贡献都很大。

6.3.2 二八法则分析

当要分析的数据对象较多时，通常需要抓住"主要矛盾"，原因是每个企业和个人的精力都是有限的，无法同时管理所有对象，因此只能把问题和注意力放在主要对象上。

在经济学、管理学领域有个经典的"二八法则"，也称为 80/20 定律、帕累托法则。它的基本含义是在任何一组事物中，最重要的只占其中一小部分（比例大概 20%），其余 80%尽管是多数，却是次要的，因此又称二八定律。这个规律在企业经营中也经常出现。例如，企业 80%的利润都是 20%的客户贡献，20%的客户贡献了 80%的订单等。

接下来我们针对 AMOUNT_PER 做处理和分析。

```
amount_data = com_sort.sort_values(['AMOUNT_PER'],ascending=False)          # ①
amount_data['CUM_AMOUNT_PER'] = amount_data['AMOUNT_PER'].cumsum()          # ②
print(amount_data[['PROVINCE','AMOUNT_PER','CUM_AMOUNT_PER']].round(2).head())  # ③
```

代码①先将 AMOUNT_PER 倒序排序，得到 amount_data。代码②对 amount_data 的 AMOUNT_PER 列使用 cumsum()函数累计汇总，这样每个后续的 AMOUNT_PER 记录的值都是之前 AMOUNT_PER 的汇总。代码③展示数据的前 5 条记录，如下。

```
    PROVINCE   AMOUNT_PER   CUM_AMOUNT_PER
10        23        0.35            0.35
 7        18        0.12            0.47
18         5        0.11            0.58
 5        14        0.09            0.67
 9        22        0.08            0.75
```

根据二八法则做数据分类，可判断 CUM_AMOUNT_PER 的值实现。当值<=0.8 时归为top20%，否则归为剩下的 80%。实现方法如下。

```
amount_data['20_80']=pd.cut(amount_data['CUM_AMOUNT_PER'],bins=[0,0.8,1],
labels=['top20%','others80%'])                    # ①
print(amount_data[['PROVINCE','AMOUNT_PER','CUM_AMOUNT_PER','20_80']].round(2)
.head(10))                                         # ②
```

代码①调用 Pandas 的 cut 方法，对 CUM_AMOUNT_PER 做切分，切分的数据边界为 0、0.8 和 1，切分后的数据分别标记为 top20%和 others80%。代码②展示前 10 条结果，结果如下。

```
    PROVINCE   AMOUNT_PER   CUM_AMOUNT_PER    20_80
10        23        0.35            0.35      top20%
 7        18        0.12            0.47      top20%
18         5        0.11            0.58      top20%
 5        14        0.09            0.67      top20%
```

9	22	0.08	0.75	top20%
3	12	0.02	0.78	top20%
16	3	0.02	0.80	top20%
11	24	0.02	0.82	others80%
21	8	0.02	0.84	others80%
13	26	0.02	0.86	others80%

上述结果得到不同省份数据所属的分类，后续可针对不同的分类做针对性的优化和分析。

在数学上，二八法则分布大体上属于幂律分布模式。将本示例的结果展示出来，其大体形状如图 6-1 所示，其中区域①覆盖的是 20% 的省份，但是订单量占比已经达到或接近 80%。

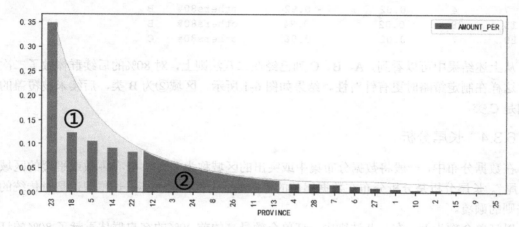

图 6-1　二八法则分布

二八法则阐述的是一个分布的"大体"比例，而非绝对的 20% 和 80%，在很多情况下，这个比例可能是 21% 和 79%，甚至是 25% 和 75%。

6.3.3　ABC 分析

ABC 分析是指按照不同的贡献度，将数据依次分为 A、B、C 3 组，从而确定主要影响因素、次要影响因素和一般影响因素。在使用二八法则分析时，后续 80% 的群体内部可能仍然需要细分，原因是在资源分配上并不总是使用"一刀切"的方法，而是可以对后续 80% 的对象再做一次切分，以实施更精细化的运营策略。实现 ABC 分析法的示例代码如下。

```
amount_data['ABC'] = pd.cut(amount_data['CUM_AMOUNT_PER'],bins=[0,0.8,0.95,1],
labels=list('ABC'))          # ①
print(amount_data[['PROVINCE','AMOUNT_PER','CUM_AMOUNT_PER','20_80','ABC']]
.round(2).head(15))          # ②
```

代码①在自定义边界 bins 中增加了 0.95 的边界值，labels 标签改为 A、B、C 3 类。代码②展示结果前 15 条如下。

	PROVINCE	AMOUNT_PER	CUM_AMOUNT_PER	20_80	ABC
10	23	0.35	0.35	top20%	A
7	18	0.12	0.47	top20%	A
18	5	0.11	0.58	top20%	A
5	14	0.09	0.67	top20%	A
9	22	0.08	0.75	top20%	A
3	12	0.02	0.78	top20%	A
16	3	0.02	0.80	top20%	A
11	24	0.02	0.82	others80%	B
21	8	0.02	0.84	others80%	B
13	26	0.02	0.86	others80%	B
2	11	0.02	0.88	others80%	B
4	13	0.02	0.90	others80%	B
17	4	0.02	0.92	others80%	B
15	28	0.02	0.94	others80%	B
20	7	0.02	0.96	others80%	C

从上述结果中可以看到，A、B、C 列已经在二八法则上，对 80%的后续群体做了二次拆分，这样在制定策略时更有针对性。结果如图 6-1 所示，区域②为 B 类，后续未被覆盖的区域则是 C 类。

6.3.4 长尾分析

在数据分布中，一般将数据分布集中或突出的区域称为"头"，分布零散或平缓的区域称为"尾"。长尾分析是分析分布在数据尾部的零散的、个性化的元素。长尾理论是对传统的二八法则的颠覆。

以订单金额为例，在二八法则中，订单金额最高的前 20%的客户群体贡献了 80%的订单金额。但在长尾理论上发现，订单金额最高的前 20%的客户群体可能只贡献了 30%甚至更少的订单金额，而剩下 80%的客户群体则贡献了 70%甚至更多的订单金额。

这种场景经常出现在唯一值非常多的场景下，如用户的搜索词分布、访问页面的分布、购买商品的分布等。这些场景的特点是每个分类值非常多，且用户的需求比较零散，缺少非常集中的特性。下面以 VISITS_PER 列为例演示长尾分析。

```python
visits_data = com_sort.sort_values(['VISITS_PER'],ascending=False)          # ①
visits_data['CUM_VISITS_PER'] = visits_data['VISITS_PER'].cumsum()          # ②
print(visits_data[['PROVINCE','VISITS_PER','CUM_VISITS_PER']].round(2).head())   # ③
```

代码①按照 VISITS_PER 列倒序排序。代码②对 VISITS_PER 列做累加汇总，得到新的 CUM_VISITS_PER 列。代码③展示前 5 条结果，结果如下。

	PROVINCE	VISITS_PER	CUM_VISITS_PER
10	23	0.18	0.18
18	5	0.10	0.29
5	14	0.07	0.36
13	26	0.07	0.43
11	24	0.06	0.50

从上述结果可以发现，虽然排名前 5 的省份占了 VISITS 很大的比例，但也仅占 50%的

比重，后续剩下的大量"长尾"省份也占了相当大的比例。图 6-2 所示为长尾分布的情况。

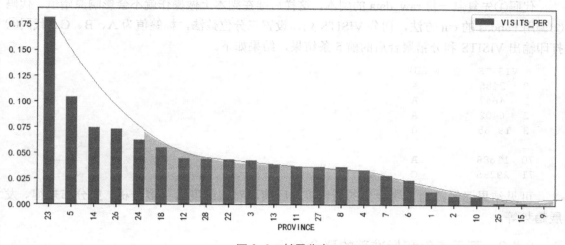

图 6-2　长尾分布

6.4　分组与聚合分析

当分析对象属于连续性特征，或虽然属于离散型特征，但是分类较为零散时，可以通过适当的方法将对象聚合起来，形成更粗粒度的分类。在本章和上一章中，基于日期形成不同的月份，然后再对月份分组便是这种分析思想。

在大多数情况下，分组与聚合在连续性数据中应用比较多，例如本章 raw_data 中的 AMOUNT、VISITS。针对此类数据，可使用分位数法或基于均值和标准差的方法做聚合分析。

6.4.1　使用分位数聚合分析

分位数法是用百分位数来说明数据分布的离散情况。此法可通过 Pandas 的 cut 方法实现，可对特定数据列按照指定的分箱数量或边界聚合。该方法在二八法则分析、ABC 分析当中也已经用到。基本用法为 pd.cut(x, bins, labels=None, retbins=False)，主要参数如下。

（1）x：要做分位数聚合的数据列，必须是一维对象，如 Series 或 List 等。

（2）bins：设置如何聚合，如果设置为整数值 N，那么按照该数值型用 N 分位数法划分；如果设置为由数值组成的列表，则表示按照列表内的边界划分。

（3）labels：分箱后显示的标签，默认以分箱的边界作为标签，也可以自定义标签。

（4）retbins：设置是否返回分箱结果，在将该分箱结果用于其他数据时常用，可保持分箱原则的一致性。

分位数聚合分析过程的示例如下。

```
agg_data = raw_data.copy()                                              # ①
agg_data['QUAN_CUT'] = pd.cut(agg_data['VISITS'],bins=3,labels=list('ABC'))   # ②
```

```
print(agg_data[['VISITS','QUAN_CUT']].head(72))                              # ③
```

代码①先复制一份 raw_data 的副本，这样后续在副本上做操作就不会影响原始值。代码
②调用 Pandas 的 cut 方法，切分 VISITS 列，设置三分位数法，标签值为 A、B、C。代码③
打印输出 VISITS 和分箱聚合后的前 5 条结果，结果如下。

```
    VISITS   QUAN_CUT
0    2485        A
1    4647        A
2    6402        A
3   19765        B
…
70  11688        A
71  29295        C
```

可见结果已经新增了聚合后的新维度，后续可对该维度做更多分析，如分布规律、发
展趋势等。

6.4.2   基于均值和标准差的聚合分析

除了使用分位数法，用户还可以自己指定分箱聚合的边界。在自定义边界时，有多种方法可
供选择，如二八法则分析、ABC 分析。下面介绍使用均值和标准差配合定义边界，示例代码如下。

```
visits_desc = agg_data['VISITS'].describe()                                  # ①
min_,mean_,std_,max_ = visits_desc['min'],visits_desc['mean'],visits_desc
['std'], visits_desc['max']                                                  # ②
bins = [min_-1,mean_-std_,mean_+std_,max_+1]                                 # ③
agg_data['CUST_CUT'] = pd.cut(agg_data['VISITS'],bins=bins,labels=list('ABC'))  # ④
print(agg_data[['VISITS','QUAN_CUT','CUST_CUT']].head())                     # ⑤
```

代码①获得 VISITS 列的描述性统计结果。代码②在描述性统计结果中，获取最小值、
均值、标准差和最大值。代码③基于代码②获得值，自定义一个边界，边界值分别为最小值
−1、均值−标准差、均值+标准差、最大值+1，这样可以保证所有数据都能划分到相应区间内。
代码④调用 Pandas 的 cut 方法，基于自定义的边界做分箱聚合。代码⑤展示聚合后的结果，
结果如下。

```
    VISITS QUAN_CUT CUST_CUT
0    2485       A        B
1    4647       A        B
2    6402       A        B
3   19765       B        C
4    2892       A        B
```

三分位数法和自定义区间方法得到的拆分聚合结果是不同的。这也意味着不同的边界定
义方法会直接影响聚合结果。

6.5   相关性分析

相关性分析是指对多个具备相关关系的变量进行分析，从而衡量变量间的相关程度

或密切程度。相关性可以应用到所有数据的分析过程中，任何事物之间都是存在一定联系的。相关性用 *R*（相关系数）表示，*R* 的取值范围是[−1,1]，不同的 *R* 值代表不同的相关关系。

（1）*R*>0：线性正相关。

（2）*R*<0：线性负相关。

（3）*R*=0：2 个变量之间不存在线性关系（并不代表 2 个变量之间不存在任何关系）。

衡量相关性高低的方式是看 *R* 的绝对值，即|*R*|的取值范围如下。

（1）低相关性：0≤|*R*|≤0.3。

（2）中相关性：0 < |*R*|≤0.8。

（3）高相关性：0.8 < |*R*|≤1。

在做相关性分析时，经常使用 Spearman、Pearson 和 Kendall 方法。

6.5.1　Pearson 相关性分析

皮尔森相关系数（Pearson Correlation Coefficient）是一种线性相关系数。皮尔森相关系数的应用非常广泛，主要用于连续性数据相关性分析。例如，本章的 AMOUNT 和 VISITS 就属于这种类型的数据。Pearson 相关性分析的应用示例如下。

```
cols = ['QUAN_CUT','CUST_CUT']                                         # ①
for i in cols:                                                        # ②
    agg_data[i] = agg_data[i].astype('category')                     # ③
    agg_data[i+'_IND'] = agg_data[i].cat.codes                       # ④
print(agg_data[['AMOUNT','VISITS']].corr(method='pearson').round(2)) # ⑤
```

代码①定义 Pearson 相关性分析用到的数据字段名。代码②开始用 for 循环遍历每个字段。代码③将每个字段转换为 category 类型。代码④新建一个字段，并带有_IND 后缀用于区分新建的字段，然后赋值为 category 类型的索引值，方便做相关性分析。代码⑤对 agg_data 的 AMOUNT、VISITS 做相关性分析，通过 method 指定为 Pearson 相关性分析，并打印结果，得到的结果如下。

```
        AMOUNT  VISITS
AMOUNT  1.00    0.27
VISITS  0.27    1.00
```

从 Pearson 相关性分析可看出，AMOUNT 和 VISITS 的相关性较弱。

提示

默认情况下，Pearson 相关性分析对数据的要求是线性相关、数据正态分布且数据是连续分布的。

6.5.2　Spearman 相关性分析

斯皮尔曼相关系数（Spearman Correlation Coefficient）是衡量 2 个变量依赖性的非参数指标。它在 Pearson 相关性分析的基础上，适用性更加广泛。从严格意义上说，不满足 Pearson 相关性分析条件的数据可以用 Spearman 相关性分析，尤其是用于定序数据（不同的分类数据有一定的前后顺序，如会员价值度的高、中、低）的相关性分析非常常见。Spearman 相关性分析的应用示例如下。

```
print(agg_data[['QUAN_CUT_IND','CUST_CUT_IND']].corr(method='spearman').round(2))
```

代码调用数据框的 corr 方法，分析 QUAN_CUT_IND 和 CUST_CUT_IND 的相关性，指定方法为 spearman，并打印输出结果如下。

```
             QUAN_CUT_IND  CUST_CUT_IND
QUAN_CUT_IND         1.00          0.47
CUST_CUT_IND         0.47          1.00
```

从分析结果可以看出，二者的相关性属于中度相关。

6.5.3　Kendall 相关性分析

肯德尔相关系数（Kendall Correlation Coefficient）是计算有序类别的相关系数，主要用于定序分类数据的相关性分析。其实现方法与 Spearman 相关性分析方法类似，示例如下。

```
print(agg_data[['QUAN_CUT_IND','CUST_CUT_IND']].corr(method='kendall').round(2))
```

该方法执行后，得到的结果如下。

```
             QUAN_CUT_IND  CUST_CUT_IND
QUAN_CUT_IND         1.00          0.47
CUST_CUT_IND         0.47          1.00
```

从分析结果可以看出，使用 Kendall 相关性分析与使用 Pearson 相关性分析的结果基本一致。

R（相关系数）值低就是不相关吗？其实不是。

首先，R 的取值可以为负，$R=-0.8$ 代表的相关性要高于 $R=0.5$，负相关只是意味着 2 个变量的增长趋势相反。因此需要根据 R 的绝对值来判断相关性的强弱。

其次，即使 R 的绝对值低，也不一定说明变量间的相关性低，原因是相关性衡量的仅仅是变量间的线性相关性，变量间除了线性关系外，还包括指数关系、多项式关系、幂关系等，这些"非线性"相关性不在 R（相关系数）值的衡量范围之内。

6.6　主成分分析与因子分析

在之前的方法中，我们都是对原始数据特征做简单的汇总、聚合预处理，得到的结果比较容易理解和应用。但这仅限于分析数据特征较少的情况。如果要分析的数据特征非常多，如超过 10 个，则很难单独分析每个特征，此时可以使用主成分分析或因子分析。

本节用到的示例库和数据如下。

```
from sklearn.decomposition import PCA                                    # ①
from sklearn.decomposition import FactorAnalysis as FA                   # ②
raw_data2 = pd.read_excel('demo.xlsx',sheet_name=1,index_col='USER_ID')  # ③
print(raw_data2.head(3))                                                 # ④
```

代码①和代码②分别从 sklearn 和 decomposition 库导入 PCA（主成分分析）和 FactorAnalysis（因子分析）这 2 个库，同时为 FactorAnalysis 库建立别名 FA，便于引用。代码③通过 Pandas 的 read_excel 方法读取第 2 个 Sheet 的数据，同时指定 USER_ID 为 index。代码④打印前 3 条结果，结果如下。

```
         LEVEL  CLICKS  VISITS  ORDERS  CON_RATE
USER_ID
1           70  876504   85018    7416  0.569385
2           65  425884   36821    3308  0.527024
3           23  537749   47354    4636  0.899514
```

6.6.1　主成分分析

主成分分析（Principal Component Analysis，PCA）是按照一定的数学变换方法，把给定的一组相关变量（维度）通过线性变转换成另一组不相关的变量。这些新的变量按照方差依次递减的顺序排列。在数学变换中保持变量的总方差不变，使第 1 变量具有最大的方差，称为第一主成分，第 1 变量的方差次大，并且与第一变量不相关，称为第二主成分。以此类推，i 个变量就有 i 个主成分。

假设原来有 A、B、C 3 个特征，在完成主成分分析之后，在不限制主成分数量的情况下，可以获得 3 个主成分，其结果如下。

```
-0.0001222 * A + 0.008099 * B + 0.31515 - 0.151
-0.01809 * A + 0.0124 * B + 0.00002565 * C -4.076
0.007453 * A + 0.1861 * B + 0.0001897 * C + 1.3661
```

上述结果就是通过主成分分析提取 3 个主成分。每个主成分都是原有特征经过线性变换后产生的新"特征"。Python 实现主成分分析的方法简单易用，示例如下。

```
pca = PCA(n_components=None)                    # ①
pca_data = pca.fit_transform(raw_data2)         # ②
print(pca_data[:3,:].round(2))                  # ③
```

代码①初始化 PCA 对象为 pca 实例。代码②调用 pca 的 fit_transform 方法实现数据的训练和转换。代码③展示数据的前 3 条结果，保留 2 位小数，结果如下。

```
[[ 3.904447e+05 -5.135850e+03 -3.018500e+02 -1.991000e+01 -3.000000e-02]
 [-6.270874e+04  1.942810e+03 -4.802000e+01 -1.307000e+01 -1.000000e-02]
 [ 4.965771e+04  1.579790e+03  3.189600e+02  2.706000e+01 -3.400000e-01]]
```

从结果可以看出，每条记录仍然由 5 列（5 个新特征）组成，这些特征本身已经不具备原有数据字段的业务含义。

在做 PCA 时，一般需要找到具有最大解释的主成分，或满足对整体数据解释特定阈值的几个主成分，使用 explained_variance_ratio 方法，即可实现这些需求。执行代码 pca.explained_variance_ratio_ 后，获得的结果如下。

```
array([9.99944522e-01, 5.49301430e-05, 5.31880710e-07, 1.57204434e-08, 1.47192045e-12])
```

从结果可以看出，第一主成分的方差解释比例已经达到 99.99%，换句话说，几乎所有的数据信息都已经可以通过第一主成分反映出来，我们可以直接使用第一主成分做后续分析和操作。

在实际操作中，如果不是为了展示所有的主成分，可以通过 n_components 参数在初始化 PCA 对象时就指定主成分的制定规则，方法如下。

（1）当 n_components == 'mle' 且 svd_solver == 'full' 时，使用默认方法获得最佳主成分结果。

（2）当 0<n_components<1 且 svd_solver == 'full' 时，在所有主成分中，按照方差解释比例从大到小排序，累计方差比例达到 n_components 设置的阈值时的成分数。

（3）当 n_components>=1 时，保留 n_components 个主成分。

（4）当 n_components 为 None（默认）时，保留与原始特征相同数量的主成分。

6.6.2　因子分析

因子分析（Factor Analysis，FA）是研究从变量群中提取共性因子的统计方法，这里的共性因子是不同变量之间内在的隐藏因子。例如，一个学生的英语、数学、语文成绩都很好，那么潜在的共性因子可能是智力水平高。因此，因子分析的过程其实是寻找共性因子和个性因子并得到最优解释的过程。

因子分析与主成分分析的原理有相同之处，也有差异性。在大多数情况下，很难感性地区分因子分析和主成分分析，原因是二者的降维结果都是对原有维度进行一定的处理，在处理的结果上都偏离了原有基于维度的认识；但只要清楚二者的逻辑一个是基于变量的线性组合，一个是基于因子的组合，便能很好地区分。

FA 与 PCA 的主要区别如下。

（1）原理不同。主成分分析在损失很少信息的前提下，把多个指标转化为几个不相关的主成分；而因子分析则从原始变量相关矩阵内部的依赖关系出发，把因子表达为能表示少数公共因子和仅对某一个变量有作用的特殊因子的线性组合。

（2）假设条件不同。主成分分析不需要假设条件，而因子分析需要假设各个共同因子之间、特殊因子（Specific Factor）之间，以及共同因子和特殊因子之间都不相关。

（3）求解方法不同。主成分分析的求解方法从协方差阵出发，而因子分析的求解方法包括主成分法、主轴因子法、极大似然法、最小二乘法、a 因子提取法等。

（4）降维后的"维度"数量不同，即因子数量和主成分的数量。主成分分析的数量最多等于维度数；而因子分析中的因子数需要分析者指定，指定的因子数不同，结果也不同。

综合来看，主成分分析由于不需要假设条件，并且可以最大限度地保持原有变量的大多数特征，因此适用范围更广泛，尤其是分析宏观的未知数据的稳定性更高。

因子分析的实现过程非常简单，示例如下。

```
fa = FA(n_components=None)            # ①
fa_data = fa.fit_transform(raw_data2) # ②
fa_data[:3,:].round(2)                # ③
```

代码①初始化因子分析实例。代码②调用 fit_transform 做转换。代码③输出前 3 条结果如下。

```
array([[ 1.66, -2.94, -1.76, -0.67,  0.  ],
       [-0.27,  1.11, -0.28, -0.44,  0.  ],
       [ 0.21,  0.9 ,  1.86,  0.92,  0.  ]])
```

从结果可以看到，因子分析的结果与主成分分析的结果不同。

6.7　漏斗、路径与归因分析

漏斗、路径与归因分析是互联网领域常用的分析方法。基于互联网数据采集的完整性、便利性和丰富性，可以通过多种方法分析用户行为。

6.7.1　漏斗分析

漏斗分析通过定义有序的过程环节和步骤，分析不同步骤之间的转化过程，而由于后续的转化一般都会比前面的转化数量更少，因此会形成类似于漏斗的形状。漏斗分析是网站分析的基本方法，很多强大的工具支持全站页面、事件、目标之间的混合漏斗分析，通过漏斗查看特定目标的完成和流失情况。根据漏斗的封闭性，可将漏斗分为封闭型漏斗和开放型漏斗。

封闭型漏斗是指从第一个环节开始到最后一个环节，数据都是从上一环节开始依次"漏"下来的，不存在其他进入途径。典型的封闭型漏斗是购物车流程。通常情况下，从加入购物车开始，用户依次进入结算和提交订单环节，由此形成加入购物车→结算→提交订单的完整闭环。

开放型漏斗是指各个环节都有可能存在其他数据入口，整个环节不封闭。典型的开放型漏斗是全站购物流程，通常是到达着陆页→查看产品页→加入购物车。在整个过程中，用户查看产品页和加入购物车可能从任何一个具备该功能的入口进入，而不一定是从着陆页开始。

漏斗分析的典型应用场景是分析站内流程，如注册流程、购物车流程等；除了可以分析多页面的流程外，还可以分析单页面的多个步骤，如表单分析、注册分析等。

6.7.2　路径分析

路径分析是根据用户在网站上留下的"痕迹"形成的路径，对用户的行为进行有序分析。相比于漏斗分析需要定义好特定漏斗环节，路径分析没有预置定义的环节，因此路径分析相对开放，它也是网站分析的基本方法。借助于网站数据的可跟踪和可监测特征，所有用户行为都处于可分析的状态。路径分析不仅可以基于页面产生，还可以基于目标路径、事件路径等数据主体产生。

页面路径常用于分析不同页面引流路径和前后页面跳转路径关系，如客户从活动页落地后如何分流、典型客户的路径特征、页面广告资源挖掘、站内多页面流程设计优化等。大多数网站分析系统只能提供基于流量（通常是页面浏览量）的单维度路径分析，有些强大的分析系统或插件能实现三维路径分析。这些分析可以为站内流程优化、流量引导和分配等提供决策建议。

6.7.3 归因分析

归因分析很多时候也叫订单转化归因或归因模型，主要用于评估多个参与转化的主体如何分配贡献大小。出现归因的基本条件是某些转化没有特定的归属，因此无法直接判断到底是由哪些因素产生的。

以订单转化为例，归因分析用来衡量在用户从第一次进入网站到最后一次进入网站提交订单时，所有来源渠道对订单的贡献作用。传统的网站分析工具把订单归因为最后一次来源渠道（在此不考虑渠道覆盖规则），但这种订单归因分析方法忽视了其他渠道对于该订单的"转化支持"作用。在实际运营业务中，品牌词流量、直接输入流量、网址导航直接进入网站的流量质量都非常高，原因是用户认知度、认可度和忠诚度比较高。如果因此只投放这些"收口"渠道而忽视其他渠道，这些"收口"渠道的效果是否还能持续呢？

除了传统的归因于最后进入的渠道的方法外，还有其他的归因方法：归因于最初进入的渠道、线性平均归因、随时间衰减归因、根据位置的综合归因等。

下面通过实例说明不同归因方法下，各个渠道的订单贡献情况。

案例说明：用户打算在某网站购买商品，第 1 天，从 Sina Banner 进入浏览了该网站某个活动；第 2 天，在微博上看到该活动的推广博文单击进入网站，并详细看了其中某个活动单品；第 3 天，该用户在搜索引擎中搜索了该单品，并单击进入该网站继续查看；第 4 天，用户在其他网站看到有该网站的合作推广单品，单击进入该网站但仍未成单；第 5 天，该用户最终搜索品牌关键字，单击品牌区进入网站完成订单。用户在整个订单周期的访问路径如图 6-3 所示。

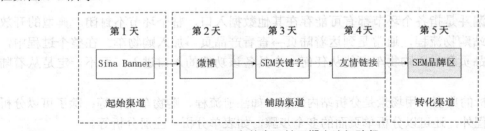

图 6-3　用户整个订单周期内访问路径

基于不同的订单归因模型，各个渠道贡献的计算方式如下。

1．归因于最后进入的渠道

归因于最后进入的渠道是指将 100%的转化价值归功于客户在购买或转化之前与之互动的最后一个渠道。在本案例中，SEM 品牌区订单贡献为 100%，其他渠道订单贡献为 0。**适用场景：**广告或推广活动的目的是在购买时吸引用户，或者企业业务主要参与的销售周期不涉及观望阶段。

2．归因于最初进入的渠道

归因于最初进入的渠道是指将 100%的转化价值归功于客户与之互动的第一个渠道。在本案例中，Sina Banner 订单贡献为 100%，其他渠道订单贡献为 0。**适用场景：**广告或推广活动旨在建立最初的品牌认知度，品牌并不为人熟知，企业前期的推广重点放在品牌曝光上，那么首次进行品牌展示的媒介是重点。

3. 线性平均归因

线性平均归因是指将功劳平均分配给转化路径中的每个渠道。在本案例中，每个渠道的订单贡献都是 25%。**适用场景**：如果广告或推广活动的目的是在整个销售周期内，保持与客户的联系并维持品牌的认知度，则适合使用此归因模型。在这种情况下，每个接触点在客户考虑的过程中都同等重要。

4. 随时间衰减归因

如果销售周期涉及的考虑阶段较短，那么更适合时间衰减归因模型，该归因模型向最接近转化发生时间的互动分配最多的贡献。在本案例中，不同渠道订单的贡献作用与其最后接触的时间相关，渠道位置离订单转化越近，订单贡献作用越大，因此各个渠道的订单贡献作用依次为：SEM 品牌区>友情链接>SEM 关键字>微博>Sina Banner。**适用场景**：如果投放短期的促销广告活动，可能希望将更多的功劳分配给促销期间产生互动的媒介，在这种情况下，与接近转化的接触点相比，一周之前发生的互动只有很少的价值。通常在企业进行大型促销的情况下，这种模型较为合适，时间衰减归因模型能够适当地将贡献分配给促成转化前一两天的接触点。

5. 根据位置的综合归因

根据位置的综合归因结合了以上全部模型因素，根据不同渠道在整个订单周期的位置分配权重。案例中不同渠道的订单贡献根据设置而定，Google Analytics（世界范围内流行的网站数据跟踪和分析工具，包括免费版和付费版两类）将权重划分为最终进入渠道、中间辅助渠道、最终转化渠道 3 类，Webtrekk（德国付费的、专业级别的网站数据跟踪和分析工具）将渠道归因细分到 5 种位置：第一进入渠道、第二渠道、中间渠道、倒数第二渠道、最终渠道。对位置的定义越详细，可以细分的维度和视角越多。

由此可见，在不同的归因模型下，不同渠道对订单贡献的评估结果是不同的。

6.8　新手常见误区

6.8.1　把数据陈述当作数据结论

数据陈述是指将数据直接"读"或"复述"出来，而没有任何的数据分析方法论证、指标评估和结论判断。将数据简单陈述出来的情况通常称为数据事实。数据结论需要将数据事实结合业务目标和实际情况定性为好、坏或优、劣等。如果单纯地"读数"，就无法体现数据分析师的价值和智慧。

类似问题：这种问题常见于日常报告，除此之外还有各种临时性报告、周报、月报等常规性报告，甚至是专题性报告中，这些报告没有深度分析和洞察的内容，是非常严重的问题。

6.8.2　通过单一指标得出数据结论

数据结论产生于单一指标是指当前结论的来源是某个指标，而非全面的数据指标。这是普遍存在于分析报告中的错误，原因是单一指标通常无法全面衡量某一业务的整体效果。例如，昨日全站订单量提高 20%并不意味着全站销售效果提高，还要根据客单价、实际妥投率等综合评估。

类似问题： 在每次数据分析中，不同场景下的业务目标可能不同。例如，第 1 次活动为了打知名度，更侧重产品曝光和品牌；第 2 次活动为了强占市场份额，用户数和覆盖面更重要；第 3 次为了增加利润，利润率、订单量更突出。即使在不同的指标组合情况下，也要根据不同的阶段和周期灵活调整，最根本的目标要与企业的阶段性目标吻合。

6.8.3 注重分析过程但没有分析结论

数据分析师的主要职责是通过数据衡量业务效果，并探究问题找到规律，最终指导业务方更有效地开展运营活动。但很多初学者往往过于强调过程，而忽略了数据的结论，导致业务方听完或看完报告之后，不知道整个报告要说明什么问题。

类似问题： 分析结论来源于分析过程，但只给数据分析结论在很多情况下是不够的，业务方还需要更进一步且有价值的落地建议，即在是什么、怎么样、为什么的基础上，尽量告诉业务方该怎么办。

6.8.4 忽视数据分析的落地性

无论数据分析的服务对象是具有决策权的领导层，还是具有执行权的业务层，数据的价值都只存在于辅助决策或者数据驱动中。但部分数据分析师的数据结果可能让业务方觉得没有价值。例如，分析过程明显不符合业务操作实际；结论明显是错的；建议方向性很对，但都是人人都知道的大道理，具体执行缺乏落地点；建议方向性很明确，也有具体执行建议，但是业务方不能执行。

所有这些因素都会导致分析结果无法落地，要落地数据分析结果必须满足 2 个条件：一是可理解，二是可应用。可理解意味着业务方可以理解数据分析师说的到底是什么；可应用是指业务方能将数据分析结果应用到实际场景中。

类似问题： 数据分析的落地困难不仅体现在业务应用过程中，还体现在需要其他数据相关部门的协调和配合。例如，需要产品部门支持产品研发、需要运维部门支持数据做任务调度、需要算法部门支持算法开发等。

实训：基本数据统计分析思维训练

1. 基本背景

基本数据统计分析的目标是通过简单的方法获得相对完整且基础的认知，为后续的分析得出初步结论。这些方法虽然简单，却能解决日常中基本结论定义、初步研究和探索的问题。

2. 训练要点

基本数据统计分析主要的难度不在于如何实现，因为方法都非常简单，几行代码就足以满足需求。训练重点在于在面对"没有数据需求"的前提下，数据分析师应该具备的数据分析意识和思路。

3. 实训要求

给定一份数据，判断可以从哪些方面分析，并获得哪些方向的结论。

4．实现思路

给定的数据在 demo 数据文件的 Sheet3 中，其中的字段包括以下内容。

（1）企业 ID：每个企业的唯一 ID。

（2）日常流量：每天企业有多少客流量。

（3）企业类型：企业所属的类型，用数值索引代替实际类型字符串。

（4）日均订单量：日均产生的订单数量。

（5）级别：企业的级别，A～F，越往后级别越高。

在本案例分析中，6.1～6.5 节介绍的方法都可以用到。需要注意的是，企业类型（属于一个字段）虽然是数值索引，但不是连续性数值。

思考与练习

1．描述时间集中性和离散性的指标都有哪些。

2．如何评价相关性的强和弱？

3．在生活场景中，有哪些属于二八法则分析和长尾分析适用的场景？

4．数据分组聚合有哪些方法？

5．为什么主成分分析后的结果无法直接理解？

6．尝试基于本章的附件代码，演练各章节的统计分析方法。

第 7 章　高级数据建模分析

高级数据建模分析是指使用一些算法或模型解决数据工作中的问题。在使用时，既需要理解算法的基础知识、流程、框架，又需要对应用场景的真实需求、目标、交付物和落地执行等有相对清晰的认知，否则价值落地无从谈起。

本章介绍常用的算法应用案例，包括使用 k 均值（k-means）聚类算法挖掘用户潜在特征、使用 CART 决策树预测用户是否产生转化、使用主成分分析+岭回归预测广告 UV 量、使用 Apriori 关联分析提高商品销量、使用 PrefixSpan 序列关联分析找到用户下一个最可能访问的页面、使用 auto ARIMA 时间序列预测线下门店销量、使用 Isolation Forest 异常检测找到异常广告流量。

可视化的内容在第 5 章已经介绍过，因此本章在展示结果部分将不会赘述实现过程。有兴趣的读者可查看第 5 章的相关内容。

7.1　使用 k 均值聚类算法挖掘用户潜在特征

7.1.1　算法引言

聚类是数据挖掘和计算的基本任务，它将大量数据集中具有"相似"特征的数据点或样本划分为一个类别。聚类分析的基本思想是"物以类聚、人以群分"，因此大量的数据集中必然存在相似的数据样本，基于这个假设就可以将数据区分出来，并发现不同的特征。

聚类常用于数据探索或挖掘前期，在没有先验经验的背景下做的探索性分析，也适用于样本量较大情况下的数据预处理工作。例如，针对企业整体的特征，在未得到相关用户信息或经验之前，先根据数据本身特点将用户分群，然后针对不同群体进一步分析。例如，对连续数据做离散化，便于后续做分类分析。

常用的聚类算法包括划分法、层次法、基于密度的方法、基于网格的方法、基于模型的方法。典型算法包括 k 均值聚类（经典的聚类算法）、DBSCAN、两步聚类、BIRCH、谱聚类等。

sklearn 中有专门的聚类库 cluster，在做聚类时只需导入这一个库，便可使用其中多种聚类算法，如 k 均值聚类、DBSCAN、谱聚类等。在众多算法中，k 均值聚类算法是最简单且应用广泛的聚类算法之一，在不同类型的数据中表现较为稳定，并且在 k 均值准确的情况下，分类准确率（与真实分类结果对比）非常高。下面通过案例说明如何使用 k 均值聚类算法挖掘用户潜在特征。

7.1.2　案例背景

某天，业务部门拿了一些关于用户的数据找到数据部门，苦于没有分析切入点，希望数据部门通过分析给业务部门一些启示或者提供后续分析或业务思考的建议。

基于上述场景和需求，提炼本次分析的需求如下。

（1）这是一次探索性数据分析的任务，且业务方没有任何先验经验给予数据部门。

（2）这次的分析结果用于做业务的知识启发或后续分析的深入应用。

（3）虽然业务方没有明说，但是直接做数据统计和基本展示类的探索性分析，业务方完全可以自己实现，因此数据部门再做类似的工作，输出的价值会大打折扣。业务方希望得到的是他们自己无法认知到的结论，而且是自身无法实现的数据分析。

经过基本分析后，我们了解到业务方已经做过基本的探索性分析，而我们目前也没有拿到明确的分析目标或需求。因此，需要通过更深入的探索方法给业务方以启发。因此，本案例将使用 sklearn 做聚类，示例数据位于附件 demo.xlsx 中的 Sheet1 中。

7.1.3　数据源概述

数据源从 CRM 数据获取，数据共 1 000 条记录、5 列字段，没有缺失值，具体如下。

（1）USER_ID：用户 ID 列，整数型。该列为用户唯一 ID 标志。

（2）AVG_ORDERS：平均用户订单数，浮点型。

（3）AVG_MONEY：平均订单价值，浮点型。

（4）IS_ACTIVE：是否活跃，以 0 和 1 表示结果，数值型。

（5）SEX：性别，以 0 和 1 标识性别男和女，数值型。

通过以上数据源的说明，我们发现做聚类时应该注意以下几个关键点。

（1）分割 ID 列，ID 列不能直接参与特征计算。

（2）IS_ACTIVE 和 SEX 代表的是一个分类型变量，但由于使用 0 和 1 来标记数据，因此可直接参与计算。如果使用 0、1、2，甚至更多分类数值索引，则需要单独处理。

（3）AVG_ORDERS 和 AVG_MONEY 具有明显的量纲差异，如果直接做相似度计算，那么结果会直接受到量纲的影响，因此需要做量纲归一化或标准化处理。

7.1.4　案例实现过程

1．导入库

```
import pandas as pd                                      # Panda 库
from sklearn.preprocessing import MinMaxScaler           # 标准化库
from sklearn.cluster import KMeans                        # 导入 sklearn 聚类模块
from sklearn.metrics import silhouette_score             # 效果评估模块
```

案例中用到了 Pandas 做文件读取和数据格式化，sklearn 做聚类模型应用以及效果评估。

2．读取数据

```
cluster_data = pd.read_excel('demo.xlsx',sheet_name=0,index_col='USER_ID')
```

```
print(cluster_data.head(3))
```

这里使用 Pandas 的 read_excel 方法读取文件，通过 sheet_name=0 指定读取第 1 个 Sheet 数据，指定索引列 USER_ID，打印输出前 3 条结果。结果如下。

```
        AVG_ORDERS  AVG_MONEY  IS_ACTIVE  SEX
USER_ID
1            3.58      40.43          1    1
2            4.71      41.16          0    1
3            3.80      39.49          0    0
```

3. 数据预处理

```
scaler = MinMaxScaler()
scaled_features = scaler.fit_transform(cluster_data)
print(scaled_features[:2,:])
```

7.1.3 节提到了 AVG_ORDERS 和 AVG_MONEY 有量纲差异，因此将二者都做了标准化处理。整个过程简单明了，先建立 MinMaxScaler 对象，然后使用 fit_transform 方法直接转换。转换后的前 2 条数据如下。

```
[[0.64200477 0.62591687 1.         1.        ]
 [0.91169451 0.80440098 0.         1.        ]]
```

4. 用户聚类

```
model_kmeans = KMeans(n_clusters=3, random_state=0)    # 建立聚类模型对象
model_kmeans.fit(scaled_features)                      # 训练聚类模型
```

在聚类实现中，先建立聚类模型对象，设置聚类数量为 3，设置 random_state 为 0 的目的是每次测试时的初始值一致，这样可避免初始值不同导致的聚类结果差异，然后通过 fit 方法训练模型。

 在受到随机初始化的算法中，设置 random_state 的值在测试效果和优化时非常必要，这样可以避免信息干扰。假如不设置相同的随机种子，在再次运行时可能会使用不同的随机种子，这样会导致 K 均值聚类算法由于随机初始值不同，导致聚类结果差异。

5. 模型评估

```
n_samples, n_features = cluster_data.shape                                      # ①
print('samples: %d \t features: %d' % (n_samples, n_features))                  # ②
silhouette = silhouette_score(scaled_features, model_kmeans.labels_, metric=
'euclidean')                                                                    # ③
print('silhouette score:',silhouette)                                          # ④
```

代码①通过数据框的 shape 方法获得形状。代码②打印输出形状的记录和特征数量。代码③使用轮廓系数（silhouette）检验聚类模型的质量结果。轮廓系数主要用于计算所有样本的平均轮廓系数，即使用平均群内距离和每个样本的平均最近簇距离来计算。轮廓系数是一种非监督式评估指标，其最优值为 1，最差值为−1，0 附近的值表示重叠的聚类，负值通常表示样本已被分配到错误的集群。代码④打印输出轮廓系数，结果如下。

```
samples: 1000    features: 4
silhouette score: 0.6195004474672415
```

上述结果表明聚类的效果还不错，轮廓系数>0.5 时说明聚类质量较优，优秀与否的基本

原则是不同类别间是否具有显著的区分效应。

6. 组合原始数据与标签

```
kmeans_labels = pd.DataFrame(model_kmeans.labels_,index=cluster_data.index,columns=
['labels'])                                            # ①
kmeans_data = pd.concat((cluster_data,kmeans_labels),axis=1)  # ②
print(kmeans_data.head(3))                              # ③
```

本部分的目标是将上面的聚类标签整合到原始数据中。代码①先将 labels 构造为 Pandas 数据框，指定索引为 cluster_data 的索引，列名为 labels。代码②使用 Pandas 的 concat 方法，将原始数据框和聚类结果数据框按列合并。代码③打印输出前 3 条结果，结果如下。

```
         AVG_ORDERS  AVG_MONEY  IS_ACTIVE  SEX  labels
USER_ID
1        3.58        40.43         1         1      0
2        4.71        41.16         0         1      0
3        3.80        39.49         0         0      1
```

7. 基于聚类群组汇总特征

```
radar_gb = kmeans_data.groupby('labels',as_index=False).mean()
print(radar_gb)
```

kmeans_data 中的 labels 标记了每个样本所属的群组。在此基础上，以 labels 为维度，对各个特征做均值统计，打印结果如下。

```
   labels  AVG_ORDERS  AVG_MONEY  IS_ACTIVE  SEX
0    0      2.055994   38.999703  0.519288   1.0
1    1      3.970120   40.006407  0.000000   0.0
2    2      3.971368   39.996869  1.000000   0.0
```

为了更好地显示不同聚类分组的效果，可通过柱形图对比，示例如下。

```
radar_gb.plot(kind='bar', x='labels',y=['AVG_ORDERS','AVG_MONEY','IS_ACTIVE','SEX'],
figsize=(10, 4),logy=True, title='不同聚类分组结果对比')
```

直接调用数据框的 plot 方法展示柱形图，结果如图 7-1 所示。

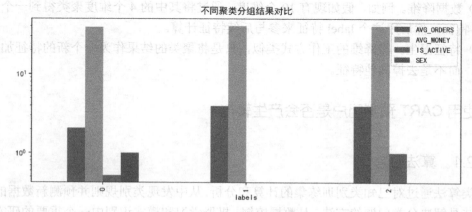

图 7-1　不同聚类分组结果对比

至此，我们已经拥有了每个群组的用户特征信息。

7.1.5　用户特征分析

打印出来数据和图表并对比不同用户群组的特征，可以分析各类别用户的情况。

（1）labels 值为 0（命名为 A 组）的群组特征是平均订单量和平均订单价值较低，活跃度一般的群体，主要是男性用户。

（2）labels 值为 1（命名为 B 组）的群组特征是平均订单量和平均订单价值较高，活跃度低（甚至是不活跃），主要是女性用户。

（3）labels 值为 2（命名为 C 组）的群组特征是平均订单量和平均订单价值比 B 组略低，活跃度很高，主要是女性用户。

这 3 类用户群组代表了整个公司的 3 类人群的行为特征，且各类人群差异度明显。更重要的是，不同人群的侧重价值点不同，A 组整个指标都表现一般，B 组侧重于订单贡献，C 组则在订单和行为上都表现更加均衡且积极。有兴趣的读者可以查看源代码（见附件），其中通过雷达图显示了不同群组的差异性，可以辅助数据分析。

7.1.6　拓展思考

聚类分析属于非监督式的应用，在大多数场景下属于探索式分析，即在没有明确需求下可以进行的尝试性分析。通过聚类分析得到的结果，可以为后续的分析找到切入点。例如，7.1.5 节的结论是找到 3 个不同类型属性的群组，那么接下来的问题是，不同的群组对应到其他行为有何差异？为什么 B 组中的用户订单贡献高，但是活跃度低，二者不是正相关关系？基于类似的问题，就有后续可以做分析的新问题或新发现，进而引出后续分析项目。

当然，聚类分析除了做"分析"用途外，还可以做更多应用。

（1）个性化推荐。例如，当一个用户刚到达网站时，我们对这个用户了解非常少，无法具体给出最合适的信息，此时可以基于聚类算法推测这个用户所属的类别，然后基于类别中的特征（其他用户喜欢的内容、经常浏览的帖子、TOP 购买商品等）来给该用户做推荐。

（2）数据降维。例如，假如现有 10 个维度，通过将其中的 4 个维度聚类得到一个新的聚类 label 特征，然后用这个 label 特征来参与后续特征计算。

（3）特征派生。与降维的工作方式类似，只是将聚类的结果作为一个新的特征加入原有特征中，而不是去掉其他特征。

7.2　使用 CART 预测用户是否会产生转化

7.2.1　算法引言

分类算法通过对已知类别训练集的计算和分析，从中发现类别规则并预测新数据的类别。分类算法是解决分类问题的方法，是数据挖掘、机器学习和模式识别中一个重要的研究领域。分类和回归是解决实际运营问题中非常重要的 2 种分析和挖掘方法。

分类的主要用途和场景是"预测"，基于已有的样本预测新样本的所属类别。例如，信用评级、风险等级、欺诈预测等；同时，它也是模式识别的重要组成部分，广泛应用于机器翻译、人脸识别、医学诊断、手写字符识别、语音识别、视频识别领域；另外，分类算法也可以用于知识抽取，通过模型找到潜在的规律，帮助业务得到可执行的规则。

常用的分类算法包括朴素贝叶斯、逻辑回归、决策树、随机森林、支持向量机、GBDT、XGboost 等。

sklearn 中没有专门的分类算法库，而是将不同的分类算法集成在不同的库中，如 ensemble、svm、tree 等，在使用时需要分别导入。在决策树类算法中，CART（分类回归树）是一个典型代表，CART（以及其他基于 CART 的集成树模型）能有效应对各种数据特征，包括数值型和分类型，对异常值不敏感，同时对不同类型数据的预处理要求不高，如无须关注特征间的相关影响，不需要做标准化、哑编码转换、共线性处理等，模型准确率高，对高维特征有非常好的适应性等，因此应用广泛。本案例使用 CART 分类算法预测用户是否会产生转化。

7.2.2　案例背景

业务方希望数据部门能分析转化用户，然后找到转化用户的典型特征，即哪些特征对于转化用户最重要，然后针对这些特征做特定的业务决策。同时，对一些新的用户做预测，得到其转化的可能性。

基于上述需求，我们分析此次数据工作的特点如下。

（1）特征提取的分析工作，目标交付物是特征重要性信息。

（2）预测得到用户的转化概率和转化标签 2 个信息。

因此，经过梳理后，发现使用决策树的分类算法来实现较为理想。

7.2.3　数据源概述

数据源从促销活动系统和 CRM 系统获取，数据共 725 条记录、12 个字段列，并含有缺失值，具体如下。

（1）USER_ID：用户 ID。

（2）LIMIT_INFOR：用户购买范围限制类型，分类型数值索引。

（3）CAMPAIGN_TYPE：用户对应的促销活动的类型，分类型数值索引。

（4）CAMPAIGN_LEVEL：用户对应的促销活动的等级，分类型数值索引。

（5）PRODUCT_LEVEL：活动对应的产品等级，分类型数值索引。

（6）RESOURCE_AMOUNT：商品资源对应的备货数量，以千为单位，数值型。

（7）EMAIL_RATE：用户历史上的 E-mail 打开率，浮点型。

（8）PRICE：商品对应的价格，数值型。

（9）DISCOUNT_RATE：商品对应的折扣率，浮点型。

（10）HOUR_RESOUCES：商品资源售卖的时间，以小时计，数值型。

（11）CAMPAIGN_FEE：商品对应的促销活动费用。

（12）ORDERS：是否会产生订单转化，转化为 1，否则为 0。

从数据信息可以发现，ORDERS 为目标字段；LIMIT_INFOR、CAMPAIGN_TYPE、CAMPAIGN_LEVEL、PRODUCT_LEVEL、RESOURCE_AMOUNT 为分类型变量，虽然是

数值索引，但并不是连续性的，后续处理时需要注意；其余字段为数值型字段。

7.2.4 案例实现过程

1. 导入库

```python
import pandas as pd
from sklearn.tree import DecisionTreeClassifier
from sklearn.model_selection import train_test_split
from sklearn.metrics import accuracy_score, f1_score, precision_score, recall_score
```

本案例使用了以下库：Pandas 用于读取数据和进行基本处理；sklearn.model_selection 的 train_test_split 将数据集切分为训练集和预测集，便于检验训练效果；sklearn.metrics 中导入的是回归算法效果评估所用的各项指标。

2. 读取原始数据

```python
tree_data = pd.read_excel('demo.xlsx',sheet_name=1,index_col='USER_ID')
x,y = tree_data.iloc[:,:-1],tree_data.iloc[:,-1]
print(tree_data.head(1))
```

这里使用 Pandas 的 read_excel 方法读取数据 demo.xlsx 文件，通过 sheet_name=1 指定读取第 2 个 Sheet 数据，指定索引为 USER_ID 列。然后使用 iloc 方法分割出最后一列和其他列，分别作为特征和目标数据集。最后打印输出第 1 条结果，结果如下。

```
LIMIT_INFOR  CAMPAIGN_TYPE  CAMPAIGN_LEVEL  PRODUCT_LEVEL  USER_ID
    1              0               6               0           1
RESOURCE_AMOUNT  EMAIL_RATE  PRICE  DISCOUNT_RATE  HOUR_RESOUCES  USER_ID
    1                1        0.08      140.0           0.83         93
CAMPAIGN_FEE  ORDERS  USER_ID
    1           888      1
```

3. 特征预处理

```python
null_val = x.isnull().any(axis=0)                                          # ①
print(null_val[null_val==True])                                           # ②
x = x.fillna(x.mean())                                                     # ③
x_train,x_test,y_train,y_test = train_test_split(x, y, test_size=.3,random_state=0)   # ④
```

虽然决策树以及基于树的集成算法对数据集的要求低，包括对 NA 值具有容忍性。但 Python 中的 sklearn 底层基于 NumPy 实现矩阵计算，要求后期建模中不能含有 NA 值，因此这里要做填充处理。

代码①使用 x 数据框的 isnull 方法获取缺失值，使用 any 方法配合 axis=0 按列查看每列是否包含缺失值。代码②过滤值为 True（包含缺失值）的列，并打印输出，结果如下。

```
PRICE   True
dtype: bool
```

由于 PRICE 是一个连续性数值特征，因此可采用均值填充。代码③对 x 调用 mean 方法填充均值。代码④使用 train_test_split 方法，将 x 和 y 按照训练集 70%、测试集 30%的比例拆分为训练集和测试。

4．训练模型

```
model_tree = DecisionTreeClassifier(max_depth=4,class_weight='balanced')    # ①
model_tree.fit(x_train, y_train)                                            # ②
pre_y = model_tree.predict(x_test)                                          # ③
```

代码①调用 DecisionTreeClassifier 建立决策树实例对象；通过 max_depth 指定树最大深度为 4；通过 class_weight='balanced'设置根据不同类别的样本量分布自动平衡权重，该方法常用于样本不均衡分布的场景。代码②调用实例对象的 fit 方法，将训练集的 x_train, y_train 放入模型中训练。代码③调用 predict 方法对测试集 x_test 做预测，得到的预测结果可以和真实的 y_test 对比，得到模型评估结果。

5．模型评估

```
metrics = [accuracy_score,precision_score,recall_score,f1_score]    # ①
scores = [i(y_test, pre_y) for i in metrics]                        # ②
columns = [i.__name__ for i in metrics]                             # ③
scores_pd = pd.DataFrame(scores,index=columns).T                    # ④
print(scores_pd)                                                    # ⑤
```

代码①建立一个基于评估函数的列表。代码②使用列表推导式，依次计算每个回归评估指标结果。代码③再次通过列表推导式，基于函数的 name 属性得到函数名。代码④基于指标结果和名称，建立数据框，并使用.T 方法转置为 1 行，.T 是 transform 方法的缩略表示方法。代码⑤打印输出，结果如下。

```
    accuracy_score  precision_score  recall_score  f1_score
0      0.779817         0.752066       0.834862    0.791304
```

上述分类指标的含义如下。

（1）accuracy_score：准确率（Accuracy），分类模型的预测结果中将正例预测为正例，将负例预测为负例的比例，取值范围为[0,1]，值越大说明分类结果越准确。

（2）precision_score：精确度（Precision），分类模型的预测结果中将正例预测为正例的比例，取值范围为[0,1]，值越大说明分类结果越准确。

（3）recall_score：召回率（Recall），分类模型的预测结果被正确预测为正例占总正例的比例，取值范围为[0,1]，值越大说明分类结果越准确。

（4）f1_score：F1 得分（F-score），准确度和召回率的调和均值，取值范围为[0,1]，值越大说明分类结果越准确。

从结果可以看出，模型的基本效果不错，各项指标都超过了 75%，这仅仅是在做了缺失值填充，而没有做任何数据预处理、模型调优等操作基础上达到的效果。

6．展示特征重要性

```
feature_pd = pd.Series(model_tree.feature_importances_,index=x.columns)
feature_pd.sort_values().plot(kind='barh',figsize=(10, 4), title='特征重要性评估')
```

通过模型对象的 feature_importances 方法可以获得模型用到的特征重要性信息。基于特征重要性信息，建立一个 Series 对象，指定索引为训练集的列名。然后，对其调用 sort_values 方法排序，使用 plot 方法展示，如图 7-2 所示。

从结果可以看出，EMAIL_RATE 是影响用户转化最大的因素，其次是 CAMPAIGN_FEE、DISCOUNT_RATE、HOUR_RESOURCES 等信息。

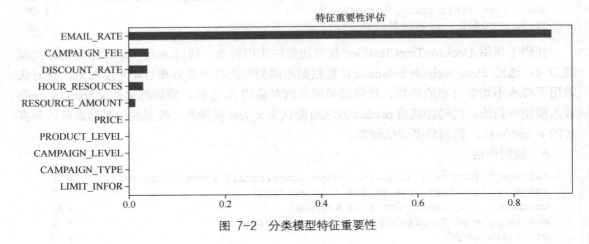

图 7-2　分类模型特征重要性

7．重新训练模型

```
new_data = pd.read_csv('tree.txt',index_col='USER_ID')                          # ①
model_tree.fit(x,y)                                                             # ②
print(model_tree.predict(new_data))                                            # ③
proba_data = pd.DataFrame(model_tree.predict_proba(new_data),columns=model_tree.
classes_)                                                                       # ④
print(proba_data)                                                              # ⑤
```

在模型效果确认相对较好的前提下，使用完整的数据集做训练，能够获得更完整的数据信息，因此这里重新训练模型再预测新数据。上述代码①先读取附件 csv，即要预测新的数据。代码②使用 fit 方法重新训练模型。代码③调用 predict 方法预测新数据的标签。代码④调用 predict_proba 方法预测用户的转化率，并建立数据框，指定列名为模型的 classes 信息，即类别。代码⑤打印输出预测概率，结果如下。

```
[0 0 0 0 0 0]
          0          1
0  0.607261  0.392739
1  0.607261  0.392739
2  0.710507  0.289493
3  0.607261  0.392739
4  0.710507  0.289493
5  0.710507  0.289493
```

7.2.5　分析用户的转化可能性

分析用户转化可选择 predict 和 predict_proba 2 种方法。其区别是：predict 用来分析用户的最终结果属于哪一类，如是属于第 1 类还是第 2 类；predict_proba 方法得到的结果是用户属于每一类的概率，有几个预测类别就有几个预测概率。

一般情况下，用户属于哪个类别基于 50% 的基准阈值做划分，在本案例中，当预测类别属于 0 这个类别的概率大于 50% 时，分类为 0，否则分类为 1。

这 2 种方法一般结合起来看，predict 得到的分类结合说明了用户的分类，predict_proba 则说明了用户在多大程度上属于这一类，90%的概率和 60%的概率虽然在 predict 会得到相同的预测结果，但是 90%的概率在程度上要远高于另一个，即显示出"非常确认"的可信度。

上述预测结果的第 1 行是附件 csv 文件中每个用户的转化预测结果，反映了这些用户都不会转换。后续的数据框包含 2 列结果，分别是类别为 0 和 1 的概率。由预测结果可以看出，每个用户在转化可能性上，都是"比较确信"用户不会转化，因为其为 0 的概率是 60%~70%，虽然比 50%基准值高，但也没有到 80%甚至以上的"非常确认"的程度。

7.2.6　拓展思考

本案例使用的是决策树算法，决策树相对于其他算法有一个很大的优势，就是提取转化规则。什么是转换规则或决策规则呢？

本案例的目标是找到用户的转化特征。假如我们拥有这样的信息：当用户的性别为男时，用户的转化概率是 55%；当用户性别为男且访问次数超过 10 时，用户的转化概率是 69%；当用户性别为男、访问次数超过 10 且访问过 A 产品时，用户的转化概率是 78%。这个就是规则，用图形展示如图 7-3 所示。

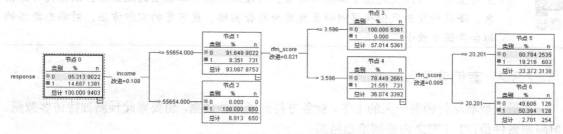

图 7-3　用户响应决策规则示例

当我们拥有决策规则之后，能做什么呢？我们可以基于规则，轻松地从数据库中写出取数 SQL 来获得可能转化的用户列表，然后通过 EDM 和短信平台进行精准营销。也可以基于不同规则对应的用户比例，预测需要什么样的规则才能实现销售目标（如销售额为 1 000 万元）。一般情况下，规则越少对应的用户基数越大，但与此同时转化概率越小；随着规则越来越多，用户的选择条件越来越细分，对应的用户规模会降低，但转化率会上升。因此，在选择决策规则时，需要根据目标平衡规则和用户规模找到平衡点。

7.3　使用主成分分析+岭回归预测广告 UV 量

7.3.1　算法引言

预测数值是日常数据分析中应用最频繁的场景之一。这属于监督式的一种应用——回归。

回归是研究自变量 x 对因变量 y 影响的一种数据分析方法。最简单的回归模型是一元线性回归（只包括一个自变量和一个因变量，且二者的关系可用一条直线近似表示），可以表示为 $Y=\beta_0+\beta_1x+\varepsilon$，其中 Y 为因变量，x 为自变量，β_1 为影响系数，β_0 为截距，ε 为随机误差。

回归分析是广泛应用的统计分析方法，可用于分析自变量和因变量的影响关系（通过自变量求因变量），也可以分析自变量对因变量的影响方向（是正向影响还是负向影响）。回归分析的主要应用场景是进行预测和控制，如计划制订、关键绩效指标（Key Performance Indicator，KPI）制订、目标制订等方面；也可以基于预测的数据与实际数据进行对比和分析，确定事件发展的程度并给未来行动提供方向性指导。

常用的回归算法包括线性回归、二项式回归、对数回归、指数回归、核 SVM、岭回归、Lasso 等。

sklearn 中没有统一的回归库，广义线性回归的相关库集成在 sklearn.linear_model 中，其他回归库则集成在各类算法中，如 SVR、CART 等。在大多数场景下，回归都存在不止一个数据特征，而且多个数据特征间很可能会有较强的共线性关系，同时数据中还可能存在较多的"噪声"，这些都会对回归算法的训练产生负面影响。

在众多解决方案中，主成分回归能有效应对共线性问题，还能以损失部分信息、降低精度为代价获得更可靠的回归系数，对异常数据的拟合会更好。sklearn 中虽然没有一个算法叫主成分回归，但可以通过主成分分析+岭回归的方式来实现类似思路。

岭回归（Ridge Regression）是一种专用于共线性数据分析的有偏估计回归方法，它实质上是一种改良的最小二乘估计法，通过放弃最小二乘法的无偏性，以损失部分信息、降低精度为代价获得回归系数更为符合实际、更可靠的回归方法，对病态数据的拟合要强于最小二乘法。

7.3.2　案例背景

在做大型活动促销前一天的上午，业务方得到了一些数据，想要据此预测独特访客数量。但限制条件是，1 小时之内必须给出结果。

基于上述场景和需求，我们发现此次数据工作的特点如下。

（1）这是一次回归任务，目标是预测数值。

（2）由于时间紧、任务重，因此无法通过非常深入的观察、探索性分析、深入的算法选择和参数调优等方式得到最优结果，因此必须在有限时间内得到尽量好的结果。

（3）此次工作不注重中间过程，只要求输出最后结果。

在具体实施时，我们的基本思路是，选择一些常见的、效果比较好的算法和模型，由于无法对数据集做更多深入的分析，因此在特征的预处理工作上不会投入很多精力。

7.3.3　数据源概述

数据源从网站分析和广告系统中获取，数据共 93 条记录、5 个字段列，无缺失值，具体如下。

（1）MONEY：广告费用，数值型。

（2）TYPE：广告类型，字符串型。

（3）SIZE：广告尺寸，字符串型。

（4）PROMOTION：促销卖点，字符串型。

（5）UV：独特访客数量，数值型。

从数据信息中可以发现，TYPE、SIZE 和 PROMOTION 字段的数据需要做 OneHotEncode

转换，以实现可以做距离计算的目的。MONEY 由于量纲（数据分布范围和量级）与其他的字段不同，所以需要做标准化处理。

7.3.4　案例实现过程

1．导入库

```
import pandas as pd
import numpy as np
from sklearn.linear_model import Ridge
from sklearn.decomposition import PCA
from sklearn.preprocessing import OrdinalEncoder,OneHotEncoder,MinMaxScaler
from sklearn.pipeline import Pipeline
from sklearn.model_selection import cross_val_score
from sklearn.metrics import make_scorer,mean_absolute_error, mean_squared_error,
median_absolute_error
```

本案例用到的库和方法较多。Pandas 和 NumPy 用来读取数据和预处理。Ridge 和 PCA 分别用来做岭回归和主成分分析。OrdinalEncoder、OneHotEncoder、MinMaxScaler 分别用来做字符串转数值型索引、哑编码转换和数据标准化。Pipeline 为构建管道所用的库，目标是将可以序列化和联合执行的对象整合为一个集合，方便管理和操作。cross_val_score 用来做数据交叉检验。mean_absolute_error、mean_squared_error、median_absolute_ error 分别对应回归评估指标中的平均绝对误差、均方误差和中位绝对误差，make_scorer 方法用来将评估指标方法构建为评分函数，以用于交叉检验。

2．读取数据

```
ad_data = pd.read_excel('demo.xlsx',sheet_name=2)
print(ad_data.head(3))
```

使用 Pandas 的 read_excel 方法读取 demo 文件的第 3 个 Sheet，前 3 条结果如下。

```
   MONEY   TYPE    SIZE  PROMOTION      UV
0  28192  banner  308*388      秒杀  68980
1  39275  banner  308*388      秒杀  78875
2  34512    不确定  600*90      打折  81400
```

3．数据预处理

```
cols = ['TYPE','SIZE','PROMOTION']                                    # ①
cate_model = Pipeline([('ode', OrdinalEncoder()), ('ohe', OneHotEncoder(categories=
'auto',sparse=False))])                                               # ②
cate_data = cate_model.fit_transform(ad_data[cols])                   # ③
num_model = MinMaxScaler()                                            # ④
num_data = num_model.fit_transform(ad_data[['MONEY']])               # ⑤
```

代码①建立一个包含字符串类型列名的列表。代码②构建一个 Pipeline 管道,使用 Pipeline 方法将字符串转数值索引和哑编码转换结合起来。在构造过程中，设置 OneHotEncoder 的 categories 参数值为 auto，目标是通过训练集自动找到每个类别的唯一值；sparse 为 False 目的是指定数据为普通数组而非稀疏矩阵类型，否则后续无法对稀疏矩阵和普通数组做合并操作。代码③基于 Pipeline 对象 cate_model 调用 fit_transform 方法，该方法会分别对 OrdinalEncoder() 和 OneHotEncoder()对象做 fit 和 transform 操作，然后输出 2 个模型使用 transform 方法后的综合结果，Pipeline 的工作过程等价于依次执行 4 个方法 OrdinalEncoder().fit、OrdinalEncoder().transform、OneHotEncoder().fit、OneHotEncoder().transform。代码④和代码⑤先建立数据标准化对象，然后对 MONEY 列做标准化处理。

4. 生成最终模型为 x 和 y

```
x = np.hstack((cate_data,num_data))      # ①
y = ad_data['UV']                         # ②
```

代码①使用 NumPy 的 hstack 方法，将类别型特征和数值型特征数据框合并起来。代码②为 ad_data 的 UV 列赋值 y，这样用于数据训练的特征和目标集就做好了。

5. 模型训练

```
pipe_model = Pipeline([('pca', PCA(n_components=0.85)), ('ridge', Ridge())])   # ①
pipe_model.fit(x,y)                                                             # ②
```

代码①构建的 Pipeline 基于 PCA 主成分分析和岭回归组件组合评估器，其中主成分分析通过 n_components=0.85 设置只选择方差解释比例超过 85%的主成分。代码②调用组合评估器的 fit 方法做训练。

6. 模型评估

```
metrics = [mean_absolute_error,mean_squared_error,median_absolute_error]        # ①
columns = [i.__name__ for i in metrics]                                         # ②
scores = [cross_val_score(pipe_model, x, y, cv=3,scoring=make_scorer(i),n_jobs=-1)
for i in metrics]                                                               # ③
reg_pd = pd.DataFrame(scores,index=columns).T.round(1)                          # ④
print(reg_pd)                                                                   # ⑤
```

代码①构建一个包含多个评估函数对象的列表。代码②通过函数的 name 属性获得每个函数的名称。代码③通过列表推导式方法和 cross_val_score 来做交叉检验。在交叉检验的设置中，设置组合评估器为模型对象，即对其做交叉检验；指定 cv 数量为 3，对每个指标做 3 次交叉检验；通过 scoring=make_scorer(i)将每个遍历出来的评估指标函数转换为评估对象；设置 n_jobs=-1 启用所有 CPU 资源做交叉检验计算，这样可以提高计算速度。代码④将结果转换为数据框，指定索引为评估函数的名称，转置后，使用 round(1)保留一位小数。代码⑤打印输出，结果如下。

	mean_absolute_error	mean_squared_error	median_absolute_error
0	19730.9	525925497.1	17314.5
1	18386.2	515772059.3	14552.2
2	13681.2	342763446.1	9461.1

上述回归指标的含义如下。

（1）mean_absolute_error：平均绝对值误差（Mean Absolute Error，MAE），是指所有单个估计值与算术平均值的偏差的绝对值的平均。平均绝对误差可以避免误差相互抵消的问题，因而可以准确反映实际预测误差的大小。

（2）mean_squared_error：均方差（Mean Square Error，MSE），是指估计值与真值之差平方的期望值，值越小越好。该指标计算方便，因此使用较为广泛。

（3）median_absolute_error：中值绝对误差，与 MAE 类似，用中位数代替均值。

为了更好地对比评估结果，用户可以使用柱形图评估，示例如下。

```
reg_pd.plot(kind='bar',figsize=(10, 4), logy=True,title='不同聚类分组结果对比')
```

在代码中，通过 logy=True 设置对 y 轴做 log 处理，否则图形会受到 mean_squared_error 的影响而无法正常查看 mean_absolute_error 和 median_absolute_error 的对比效果。不同交叉检验结果的对比如图 7-4 所示。

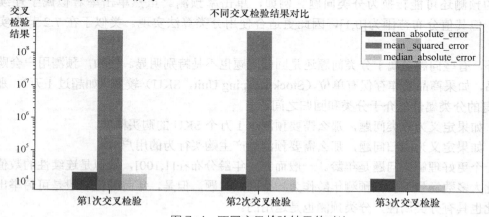

图 7-4　不同交叉检验结果的对比

通过数据和图形对比可以看出，不同数据集下的交叉检验结果的 3 个指标差异点都有一定幅度的波动，且第 3 次波动较大，说明模型本身对数据的适应性较差，这可能会影响最终结果的输出。

从上述分析其实可以看到模型本身的稳定性或健壮性一般，要提高模型本身效果，可以使用增加数据量级、增加特征预处理内容、调节 PCA 中主成分的阈值、调整岭回归的各项参数等多种方法。

7．预测新数据

```
data_new = pd.read_csv('ad.txt')                               # ①
cate_data_new = cate_model.transform(data_new[cols])           # ②
num_data_new = num_model.transform(data_new[['MONEY']])        # ③
x_new = np.hstack((cate_data_new,num_data_new))                # ④
print(pipe_model.predict(x_new).round(0))                      # ⑤
```

代码①重新读取附件 ad.txt 中的数据用于预测使用。代码②调用 cate_model 管道处理分类型特征，直接使用 transform 方法即可。代码③调用 num_model 管道的 transform 方法处理数值型特征。代码④将分类型特征和数值型特征组合为新的预测特征。代码⑤调用 pipe_model（主成分回归管道）的 predict 方法预测值，并使用 round 方法保留 0 位小数，打印结果如下。

```
[87256. 77482. 80914. 77305. 81213. 80256. 77289.]
```

7.3.5 获得广告 UV 量

通过上述 predict 得到的结果可以直接给业务部门，然后业务部门基于 UV 值制定广告目标、与营销平台做商务谈判与合作等。需要注意的是，由于回归预测得到的结果是浮点型，因此需要保留整数才能使用。

7.3.6 拓展思考

数据值或数据量的预测是回归的主要应用方式，在广告领域应用较多。但某些对于具体数值的预测还可能转换为分类问题。例如，单击率预测。虽然单击率看似属于连续性浮点数，但其值分布范围为[0,1]，因此更适合使用分类算法实现。类似于在 7.2 节中实现的思路。

另外，有些问题是属于分类问题还是回归问题也不是特别明显。例如，预测用户会购买哪个商品，如果商品的库存保有单位（Stock Keeping Unit，SKU）较多（如超过 1 万），那么 SKU 本身的分类属性就介于分类和回归之间。

（1）如果定义为分类问题，那么需要预测这 1 万个 SKU 的购买概率。

（2）如果定义为回归问题，那么需要预测能产生购买行为的用户 ID。

另一个更好理解的问题是年龄。一般而言，年龄分布在[1,100]，看似是连续性的数值分布，因此大多数场景下会把预测年龄作为一个回归问题。但是，年龄的值一般是可穷举出来的，因此也具有分类属性，分类预测也是运用的。

7.4 使用 Apriori 关联分析提高商品销量

7.4.1 算法引言

关联分析通过寻找最能够解释数据变量之间关系的规则，找出大量多元数据集中有用的关联规则。它是从大量数据中发现多种数据之间关系的一种方法。另外，它也可以基于时间序列挖掘多种数据间的关系。关联分析的典型案例是"啤酒和尿布"捆绑销售，即买了尿布的用户还会一起买啤酒。

关联规则相对其他数据挖掘模型更加简单，易于业务方理解和应用。关联模型的典型应用场景是购物车分析等，通过分析用户同时购买了哪些商品来分析用户的购物习惯。

常用的关联算法包括 Apriori、FP-Growth、PrefixSpan、SPADE、AprioriAll、AprioriSome 等。

目前 Python 的流行数据科学计算库中尚没有一个广泛应用的关联算法库（在关联分析这个问题上，Python 确实比 R 要逊色）。不过，得益于 Python 的开放性，可以在本地自定义一个算法包，然后直接导入 Python 程序中做关联分析。事实上，在很多运营分析中，都需要导入本地第三方包来解决特定问题。Apriori 算法是一种非常简单且容易理解的关联算法，因此本案例将基于自定义导入的 Apriori 算法分析关联规则。

　　　Apriori 算法是一种挖掘关联规则频繁项集的算法，其算法思路简单，已经被广泛应用到商业、网络安全等领域。

7.4.2 案例背景

业务方希望数据部门能分析用户的购买数据，从而得到用户购买商品的频繁模式。例如，哪些商品经常一起购买。这样业务方就能根据用户购买商品的频繁模式，做相应的打包销售或产品组合销售。

通过分析需求，得到以下结论。

（1）业务方需求可通过关联算法得到结果。

（2）关联分析的结果需要能给出一些针对性的指标和分析建议，这样业务方可以有效选择规则并应用。

（3）默认业务方希望得到有效规则，但是实际上，除了给他们有效规则外，还可以向业务方提供频繁的"互斥规则"，驱动他们避免互动信息给运营带来的潜在风险。

本案例的思路是，基于业务方给出的数据，直接以最低支持度和置信度条件，筛选出规则，然后将有效规则提供给业务方，最终向业务方提出应用建议。

7.4.3 数据源概述

数据源从销售系统中获取，数据共 10 000 条记录、3 个字段列，无缺失值，具体如下。

（1）ORDER_ID：订单 ID，数值型。

（2）ORDER_DT：订单日期，字符串型。

（3）ITEM_ID：订单中的商品 ID，数值型。

 由于每个订单可能包含多件商品，因此一个订单 ID 会有对应多个商品名称的情况，并且多个商品会被拆分为多行。

在本案例的关联算法中，将主要用到 ORDER_ID 和 ITEM_ID 这 2 列。

7.4.4 案例实现过程

1. 导入库

```
from dataclasses import dataclass
import pandas as pd
import apriori
```

代码中的 dataclasses 是 Python 3.7 新增用法，本案例导入用来定义类中用到的属性；Pandas 用来读取数据并做预处理。Apriori 则是本地的代码库，这是一个 Python 文件，里面已经封装了实现 Apriori 的逻辑的代码。

2. 定义关联应用类对象

```
@dataclass
class ASSO:                                               # ①
    sup: float = 0.01                                     # ②
    conf: float = 0.05                                    # ③
    @staticmethod
    def build_sets(data):                                 # ④
        order_data = data[['ORDER_ID', 'ITEM_ID']]        # ⑤
```

```
        order_list = order_data.groupby('ORDER_ID')['ITEM_ID'].unique().values.
tolist()                                                              # ⑥
        return [list(i) for i in order_list if len(list(i)) > 1]      # ⑦
    def generate_rule(self, order_list):                              # ⑧
        L, suppData = apriori.apriori(order_list,minSupport=self.sup) # ⑨
        return apriori.generateRules(order_list, L, suppData,minConf=self.conf)  # ⑩
```

上述代码定义了一个关联应用的类对象。

代码①~代码③定义了一个名称为 ASSO 的类，类引用了 dataclass 装饰器做类定义，因此在定义 ASSO 类时无须使用 init 方法重复定义类属性，只需将在类内使用的对象写入一次即可。类中用到了 sup 和 conf，分别表示关联规则的最小支持度和最小置信度阈值。

代码④~代码⑦定义类中的 bulid_sets 方法，该方法用于实现基于事务型的数据记录构建满足关联规则格式的数据集，并做初步预处理。代码④定义了方法的名称为 build_sets，然后 ASSO 类引用@ staticmethod 方法将 build_sets 定义为静态方法，因此在方法中定义的参数没有使用 self 参数。代码⑤将数据中的 ORDER_ID 和 ITEM_ID 2 列数据拿出来，形成新的数据框。代码⑥基于 ORDER_ID 统计每个订单中 ITEM_ID 的数量，对其做计数统计。这里使用 unique().values.tolist()方法直接将其值转换为 list 对象。代码⑦统计每个 ORDER_ID 中 ITEM_ID 的数量，只统计其中有 2 件以上商品的订单 ID，这样可以降低计算量。

代码⑧~代码⑩定义了一个名为 generate_rule 的普通方法，用来从处理后的数据集中得到频繁项集和有效关联规则。代码⑧的参数包括类本身参数 self 和记录列表 order_list，order_list 为嵌套列表。代码⑨调用 Apriori 的 apriori 方法，从预处理后的数据集中获得满足最小支持度的频繁项集。代码⑩调用 Apriori 的 generateRules 方法获取有效关联规则，规则必须满足最小置信度。

3．获取原始数据

```
raw_data = pd.read_excel('demo.xlsx',sheet_name=3)
print(raw_data.head(3))
```

定义好类的各项功能之后，后续只需调用该类对象做实例化，然后调用其中的方法即可。本段代码获取原始数据，使用 Pandas 的 read_excel 方法调用 demo 数据文件的第 4 个 Sheet。打印输出前 3 条结果，结果如下。

```
        ORDER_ID  ORDER_DT    ITEM_ID
0  1.035336e+09  20190429  910914651
1  1.035312e+09  20190403  912528662
2  1.035235e+09  20190325  910415661
```

4．调用类实例并输出关联结果

```
ass_model = ASSO(0.01,0.05)                                           # ①
order_list = ass_model.build_sets(raw_data)                           # ②
rules = ass_model.generate_rule(order_list)                           # ③
columns = ['ITEM_ID1','ITEM_ID2','INSTANCE','SUPPORT','CONFIDENCE','LIFT']  # ④
model_result = pd.DataFrame(rules, columns=columns)                   # ⑤
print(model_result.head(3))                                           # ⑥
```

代码①实例化 ASSO 类对象为 ass_model，这里定义最小支持度和最小置信度阈值。代码②调用 ass_model 的 build_sets 方法，将上面读取的数据传入，将数据转换为列表形式，其中每一个子列表都是每个订单的商品 ID 列表。转换后的数据格式如下。

```
[[912614671, 919214556],
 [919214554, 913204601, 912538662, 912531673],
 [919214555, 910914651, 912614671, 912528662, 910420652, 919214556],
 [919214555, 912531673, 910527661]…
```

代码③调用 ass_model 的 generate_rule 基于上述列表，产生关联规则 rules，其格式如下。

```
[(frozenset({912528662}), frozenset({910615651}), 30, 0.0169, 0.119, 0.626),
 (frozenset({910615651}), frozenset({912528662}), 30, 0.0169, 0.089, 0.626),
 …
```

代码④定义了一个名称列表，用来定义上面得到的结果列名。结果列名分别对应的含义是前项、后项、实例数、支持度、置信度和提高度。代码⑤基于 rules 数据和 columns 列名，定义一个数据框。代码⑥打印输出前 3 条结果，结果如下。

```
       ITEM_ID1      ITEM_ID2   INSTANCE   SUPPORT   CONFIDENCE    LIFT
0    (912528662)   (910615651)     30      0.0169      0.1190     0.6260
1    (910615651)   (912528662)     30      0.0169      0.0890     0.6260
2    (919214555)   (910615651)     28      0.0158      0.1481     0.7790
```

上述结果中，各指标的含义如下。

（1）前项。前项是指规则中的第 1 个项目集。

（2）后项。后项是指规则中的第 2 个项目集。前项和后项共同组成规则。

（3）实例数。实例数是指特定规则在所有记录中出现的频次。

（4）支持度。支持度是指特定规则在所有记录中出现的频率，计算方式为：实例数/总记录数。支持度越高说明规则出现的概率越高，即越经常出现。

（5）置信度。置信度是指包含前项的事务中同时包含后项的事务的比例（即前项发生后，后项发生的概率）。置信度越高说明这个规则越可靠。

（6）提升度。提升度是指"包含前项的事务中同时包含后项的事务的比例"与"包含后项的事务的比例"的比例。提升度大于 1 说明规则是正向有效的，小于 1 说明规则是负向有效的，等于 1 说明规则没有任何作用。一般情况下，选择值大于 1 的规则。

5．过滤 lift>1 的规则

```
valid_result = model_result[model_result['LIFT']>1]
print(valid_result.head())
```

通过数据框的筛选逻辑，将 model_result 中 LIFT 大于 1 的规则筛选出来，然后打印输出，结果如下。

```
        ITEM_ID1      ITEM_ID2   INSTANCE   SUPPORT   CONFIDENCE    LIFT
10    (910516661)   (912957882)     23       0.0130      0.2771     1.0425
11    (912528662)   (912538662)     24       0.0135      0.0952     1.0417
12    (912538662)   (912528662)     24       0.0135      0.1481     1.0417
```

| 41 | (912529612) | (919214555) | 18 | 0.0102 | 0.1104 | 1.0353 |
| 42 | (919214555) | (912529612) | 18 | 0.0102 | 0.0952 | 1.0353 |

为了更好地显示不同商品间的联系，还可以通过关系图展示关联结果。该部分代码在第5章已经介绍过，在此仅列出示例代码，具体用法请查阅第5章的相关内容。

```python
from pyecharts.charts import Graph
from pyecharts import options as opts
# 找到所有的节点，即将前项和后项商品集合并添加
node_data = valid_result['ITEM_ID1'].append(valid_result['ITEM_ID2'])
value_count = node_data.value_counts()
nodes = [opts.GraphNode(name=str(node), symbol_size=int(np.log(value)*10)) for
node,value in zip(value_count.index,value_count.values)]
links = [opts.GraphLink(source=str(i), target=str(j)) for i,j in valid_result
[['ITEM_ID1','ITEM_ID2']].values]
# 画出关系图
graph = Graph()
graph.add("", nodes, links, repulsion=2000)
graph.set_global_opts(title_opts=opts.TitleOpts(title="商品交叉销售关系"))
graph.render_notebook()
```

关联结果如图7-5所示。

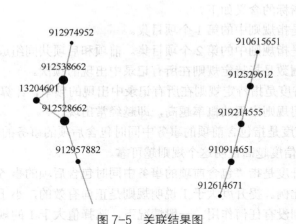

图7-5 关联结果图

7.4.5 通过关联分析结果提高销量

关联分析的结果主要体现在商品运营策略的制订中，具体体现在以下几个方面。

（1）捆绑销售：将用户频繁一起购买的商品组成销售包，每次售卖时组合销售。

（2）页面促销设计：将用户频繁一起购买的商品、品类、品牌等，放在相距较近的位置，方便用户在查看特定商品之后，找到其他要买的商品，减少内部转化路径的长度。

（3）货架设计：线上商品陈列设计（如不同类型的商品列表页）、线下的货柜或货架设计，将用户频繁一起购买的商品放在一起和临近的位置。

（4）活动促销设计：在通过不同方式精准触达用户时（例如，使用 EDM 给用户推送商品活动），将用户经常购买的商品一起推送。

（5）推荐系统：当用户将特定商品加入购物车之后，推荐他还可能买的其他商品。尤其是在"加入购物车"按钮事件触发时、我的购物车页面、提交订单成功提示页常用。

7.4.6　拓展思考

当一个频繁规则的支持度和置信度高时，说明这个规则是频繁的；但如果发现规则的提高度低，那么说明规则中的前后项是"互斥"的，规则中的前后项通常不会一起发生。

那么，那些提高度小于 1 的"互斥"频繁规则（支持度和置信度都很高）的前后项是否也可以利用呢？这种规则说明不能把规则中的前后项通过组合、打包或关联策略展示给用户，它可以作为组合打包的控制条件来优化组合策略。其典型应用场景如下。

（1）在商品销售策略中，不将具有互斥性的商品放到同一个组合购买计划中。

（2）在站外广告媒体的投放中，不将具有互斥性的多个广告媒体做整合传播或媒体投放。

（3）在关键字提示信息中，不将具有互斥性的关键字提示给用户。

（4）在页面推荐的信息流中，不将具有互斥性的信息流展示给用户。

7.5　使用 PrefixSpan 序列关联分析找到用户下一个最可能访问的页面

7.5.1　算法引言

在 7.4.1 节中我们已经提到了关联分析的基本概念。序列关联相对于普通关联分析的主要区别在于其中包含严格的前后序列关系。例如，用户在不同的订单下分别买了 A 商品和 B 商品 2 种商品，与用户在一个订单一起购买了 A 商品和 B 商品适用的关联算法不同，前者属于序列关联模式，后者属于普通关联模式。

序列关联经常应用于用户浏览页面的先后分析、用户购买商品的先后分析等场景，尤其在精准营销、个性化推荐等方面应用广泛。

目前 Python 流行的计算库没有包含序列关联算法。可以使用 pip install prefixspan 安装第三方库实现基于 PrefixSpan 的序列关联分析。PrefixSpan 即前缀投影的模式挖掘，由于其不用产生候选序列，且投影数据库缩小得很快，内存消耗比较稳定，做频繁序列模式挖掘时的效率很高。因此，相比 GSP、FreeSpan 等算法有较大优势，在生产环境中经常使用。本案例即使用该算法挖掘用户行为的序列。

7.5.2　案例背景

业务方从 Google BigQuery 拿到用户浏览页面的详细数据，希望数据部门能从中挖掘出用户浏览的行为模式，然后基于该模式分析不同用户以及群组的行为路径和特征，最终在页面设计、活动促销、站内运营、体验优化等方面优化数据驱动。

通过分析需求，得到以下结论。

（1）业务方的需求可通过序列关联算法得到结果。

（2）关联分析的结果需要能给出一些有针对性的指标和分析建议，这样业务方才可以有效选择规则并应用。

基于分析，实现的思路是：将数据中需要用到的列经过简单审核，如没有问题则直接使用 PrefixSpan 分析。为了得到更多的结果，可以先设置较低的阈值分析出更多的规则，最后给业务方提出应用建议。

7.5.3　数据源概述

数据从 Google BigQuery 系统获取，共有 9 638 条记录，共 3 列，包括以下内容。

（1）FULL_VISITOR_ID：识别唯一匿名访客所用的 ID，数值型。

（2）PAGE_URL：浏览页面的 URL，字符串型。

（3）VIEW_TIME：浏览时间，日期时间型。

由于基于时间序列的关联的核心是要在原有关联基础上增加时间的关系，因此要求时间列必须能正确识别和解析，然后才能基于时间排序。

7.5.4　案例实现过程

1. 导入库

```
from dataclasses import dataclass
import pandas as pd
from prefixspan import PrefixSpan as pfs
```

本案例跟 7.4 节相同，都是用 Python 的 dataclass 定义类的属性，Pandas 用来读取数据和预处理，使用 PrefixSpan 的 PrefixSpan 实现关联分析。如果读者的环境中没有该库，则使用 `pip install prefixspan` 安装。

2. 序列关联类的定义和封装

由于该类的功能较多，所以分开介绍各部分的功能。

（1）初始化定义类。

```
@dataclass                    # ①
class SEQV:                   # ②
    data: pd.DataFrame        # ③
    mini_support: int = 2     # ④
    max_len: int = 2          # ⑤
```

上述代码实现了类的初始化定义。代码①调用 dataclass 装饰器定义类的属性。代码②定义一个名为 SEQV 的类。代码③～代码⑤定义了该类的 3 个数据属性，其中 data 是一个数据框类型；mini_support 的默认值为 2，整数型；max_len 的默认值为 2，整数型。接下来定义的函数都是该类的方法。

（2）构建数据集。

```
    @staticmethod                                                       # ①
    def build_sets(data: pd.DataFrame):                                 # ②
        order_list = data.groupby('FULL_VISITOR_ID')['PAGE_URL'].unique(). values.
tolist()                                                                # ③
```

```
        order_records = [list(i) for i in order_list]            # ④
        order_filter = [i for i in order_records if len(i) > 1]   # ⑤
        return order_filter                                      # ⑥
```

该代码实现了从交易型事物数据集中构建关联分析所用格式的数据列表。代码①使用staticmethod 装饰器定义该方法为类的静态方法。代码②定义一个名为 build_sets 的函数，该函数为 SEQV 的方法，其参数 data 为数据框类型。代码③基于数据中的 FULL_VISITOR_ID对 PAGE_URL 做分类汇总，然后得到每个 FULL_VISITOR_ID 下各个 PAGE_URL 的数量，最后转换为列表格式。需要注意的是，该数据需要按照每个 FULL_VISITOR_ID 对应的各个页面的时间进行顺序排序。代码④将列表每个元素格式化为列表，形成列表嵌套格式的数据。代码⑤从嵌套列表中过滤出包含 2 个以上元素的子列表，这样能够从中获得更有效的频繁项集。代码⑥返回过滤后的结果。

（3）训练模型得到结果。

```
    def fit(self, frequent_seq_data):                     # ①
        ps = pfs(frequent_seq_data)                       # ②
        ps.maxlen = ps.minlen = self.max_len              # ③
        rec_sequences = ps.frequent(self.mini_support)    # ④
        return rec_sequences                              # ⑤
```

这段代码实现了调用序列关联算法挖掘关联模式的功能。代码①定义了名为 fit 的函数，该函数为类 SEQV 的方法，它是类的普通方法，其参数为 self 和 frequent_seq_data，self 为类本身，frequent_seq_data 是一个嵌套列表。代码②调用 pfs（PrefixSpan 的别名）将包含嵌套列表的列表传入并创建模型对象 ps。代码③定义模型对象的 maxlen 和 minlen 表示查找频繁项集时，项集内项目的最大数量和最小数量，这里的 2 个参数值都定义为 2，目的是查找其中序列为 2 项的集合，这样可以缩短模型计算时间。代码④使用 ps 的 frequent 方法，基于指定的最小支持度来挖掘频繁项集。代码⑤返回结果。

（4）格式化输出结果。

```
    def format_output(self, rec_sequences):                              # ①
        target_sequence_items = [[i[0],i[1][0],i[1][1]] for i in rec_sequences]  # ②
        sequences = pd.DataFrame(target_sequence_items, columns=['SUPPORT',
'ITEM_ID1','ITEM_ID2'])                                                   # ③
        sequences_sort=sequences.sort_values(['SUPPORT'],ascending=False)        # ④
        return sequences_sort[['ITEM_ID1', 'ITEM_ID2', 'SUPPORT']]              # ⑤
```

本段代码将序列关联的结果格式化输出为数据框。代码①定义了一个名为 format_output的普通函数，它是类 SEQV 的方法，其参数为 self 和 rec_sequences，前者是类本身，后者是一个嵌套列表。代码②使用列表推导式，将结果中的支持度和前后项分别解析出来。代码③基于解析后的数据生成一个数据框。代码④按照支持度倒序排序。代码⑤按照 ITEM_ID1、ITEM_ID2、SUPPORT 的顺序输出并返回结果。

3．读取数据

```
page_data = pd.read_excel('demo.xlsx',sheet_name=4)    # ①
print(page_data.dtypes)                                 # ②
print(page_data.head(3))                                # ③
```

定义类功能后，从这里开始使用功能。代码①读取 demo 数据文件的第 5 个 Sheet 中的数据。代码②使用 dtypes 方法获取数据框中所有列的类型，目的是确认是否正确识别时间列。代码③打印输出前 3 条结果，结果如下。

```
FULL_VISITOR_ID            int64
PAGE_URL                   object
VIEW_TIME            datetime64[ns]
dtype: object
   FULL_VISITOR_ID      PAGE_URL              VIEW_TIME
0        741308796   /tcodedh.html    2019-05-21 10:43:41
1        741308796   /tcodedh.html    2019-05-14 19:09:35
2        818989829   /tcodedh.html    2019-05-19 12:37:51
```

分析上述结果，各个列的识别都没有问题。但是从第 2 段数据展示可以发现，数据并没有按照 FULL_VISITOR_ID 和时间正序排序，因此后续需要处理。

4．按时间排序

```
page_sort = page_data.sort_values(['FULL_VISITOR_ID','VIEW_TIME'])
print(page_sort.tail(3))
```

按照 FULL_VISITOR_ID 和 VIEW_TIME 做正序排序，打印结果如下。

```
      FULL_VISITOR_ID      PAGE_URL              VIEW_TIME
1655        999914559    /mybagy.html    2019-05-07 12:42:02
1223        999944918      /jytn.html    2019-06-03 09:16:45
315         999990423  /pgc/qbagxyb.html  2019-06-01 09:24:35
```

上述结果说明了数据已经正序排序。

5．应用序列关联分析

```
seq_model = SEQV(mini_support=2,max_len=2)                    # ①
frequent_seq_data = seq_model.bulid_sets(page_sort)          # ②
rec_sequences = seq_model.fit(frequent_seq_data)             # ③
sequences_sort = seq_model.format_output(rec_sequences)      # ④
print(sequences_sort.head(3))                                # ⑤
```

代码①初始化关联类，并设置最小支持度和最大序列长度值。代码②调用实例化对象的 bulid_sets 方法构建数据集，其前 2 条数据格式如下。

```
[['/pgc/xmcoolpg.html', '/bagbaghly.html', '/xyl.html', '/pjky.html'],
 ['/jblb.html', '/hbagtnt.html']]
```

代码③调用实例化对象的 fit 方法做训练，得到序列关联结果。这是一个由元组组成的列表，每个元素由数字和子列表组成，前 2 条结果的格式如下。

```
[(2, ['/pgc/xmcoolpg.html', '/xyl.html']),
 (2, ['/pgc/xmcoolpg.html', '/pgc/pcbcodej.html'])]
```

代码④调用实例化对象的 format_output 方法，将上述结果格式化输出如下。

```
          ITEM_ID1        ITEM_ID2    SUPPORT
377    /bagmncode.html    /dhjc.html      14
120      /blmxg.html      /jblb.html      14
```

| 112 | /blmxg.html | /dhjc.html | 11 |

7.5.5 通过序列模式引导用户页面访问行为

在上述结果中，我们已经获得了与每个页面关联最强的后续页面。在应用中，可直接基于 ITEM_ID1 筛选，得到特定页面的后续页面中最经常访问的其他页面。例如，通过 print(sequences_sort[sequences_sort['ITEM_ID1']=='/bagmncode.html'].head())得到访问/bagmncode.html 页面的用户后续最经常访问的其他页面如下。

	ITEM_ID1	ITEM_ID2	SUPPORT
377	/bagmncode.html	/dhjc.html	14
375	/bagmncode.html	/jblb.html	9
374	/bagmncode.html	/blmxg.html	6

该数据的具体应用示例如下。

（1）当用户访问活动主会场之后，分析师通过关联分析结果可以找到用户访问的其他分会场、商品列表页或商品详情页。这样，分析师可以根据用户的行为模式，设计不同页面的主会场到分会场的导流方式，从而合理安排流量出口。

（2）当用户从站外广告访问到站内广告之后，分析师通过关联分析可以找到用户最经常访问的后续页面。如果将站外广告投放的信息与用户的后续访问信息结合起来，可判断用户的访问与广告投放信息是否一致。

（3）当用户访问特定商品详情页之后，分析师通过关联分析可以找到用户最可能访问的其他商品页。这种模式可以用于推荐其他商品，如用户看了该商品之后，还会看的其他商品。

在基于页面的序列行为进行分析时，通常会分析特定的页面，主要是流量集中的页面或具有特定转化价值的页面，如活动页面、具有分流或导航的页面、商品详情页等。另外，也可以增加细分和过滤条件。例如，分析从 A 渠道（广告投放的关键渠道）进入网站后的用户的访问路径，完整转化为 C 目标的用户的访问习惯等。

7.5.6 拓展思考

除了用于分析用户访问页面的行为外，序列关联还能分析如下应用场景。

（1）用户在不同商品间的购买序列关联。例如，今天买了 A 商品，下一次可能需要 X 商品。

（2）用户在完成总体目标之前，各个细分转化子目标的转化序列关联。例如，用户在提交订单之前，可能会查看商品详情、咨询、留言等，不同关键环境之间是什么关系可以分析出来。

（3）广告流量关联分析。分析站外广告投放渠道用户浏览或单击的行为，该分析主要用于了解用户浏览和单击广告的行为方式。例如，点击了 A 广告之后又点击了 B 广告。

（4）用户关键字搜索关联分析。通过对用户搜索关键字的关联分析，可以得到类似于搜索了"苹果"之后又搜索了"iPhone"，搜索了"三星"之后又搜索了"HTC"的分析结果。这种关联模型可用于搜索推荐、搜索联想等场景，有助于改善搜索体验，提高客户的目标转化率。

7.6 使用 auto ARIMA 时间序列预测线下门店销量

7.6.1 算法引言

时间序列是用来研究数据随时间变化趋势变化的一类算法，它是一种常用的预测性分析方法。它的基本出发点是事物的发展都具有连续性，都是按照它本身固有的规律进行的。在一定条件下，只要规律赖以发生的条件不发生质的变化，事物在未来的基本发展趋势就会延续下去。

时间序列可以解决在只有时间（序列项）而没有其他可控变量时对未来数据的预测问题，常用于经济预测、股市预测、天气预测等偏宏观或没有可控自变量的场景。

时间序列的常用算法包括移动平均（Moving Average，MA）、指数平滑（Exponential Smoothing，ES）、差分自回归移动平均模型（Auto-regressive Integrated Moving Average Model，ARIMA）三大主要类别，每个类别又可以细分和延伸出多种算法。

在 Python 标准库中，datetime 和 time 都能处理时间；在 Pandas 库中，有关于日期和时间的数据计算和处理的功能；配合 statsmodels 中 tsa 等库的时间序列功能，可以应用时间序列。ARIMA 算法由于原理简单，且能融合 AR、MA、ARMA 等多种模型，因此实用性较高。本案例将基于 ARIMA 预测线下门店销量。

提示　差分自回归移动平均模型是时间序列预测分析的主要方法之一。它将预测对象随时间推移而形成的数据序列视为一个随机序列，用一定的数学模型来近似描述这个序列从而建立预测模型。

7.6.2 案例背景

在某个月末，业务方找到数据部门，希望能预测下个月初的线下销售数据，这样可以基于预测数据向总部申请销售资源，但目前仅能提供每日的销售数据。

基于上述场景和需求，我们发现此次数据工作的特点如下。

（1）这是一次预测数值的任务，由于没有特征（除了时间因素外），因此无法通过回归算法实现，而只能使用时间序列实现。

（2）预测的数据为下个月初的数据，而非全月的数据。

（3）该次工作不注重中间过程，只要求最后结果。

具体实施的基本思路是，先通过分析确定数据是否稳定，如果不稳定则需要做稳定性处理。然后，使用自动化方法对 ARIMA 模型调优，得到最佳拟合模型。最后，预测未来的数据。

7.6.3 数据源概述

数据来源于销售系统，共 149 条数据，没有缺失值，共 2 列，分别如下。

（1）DATE：日期，以日为单位，日期型。

（2）AMOUNT：订单数量，数值型。

在分析时间序列时，默认都是以日期和时间为特征，因此要求 DATE 列必须是日期类型（如日期、日期时间等）。同时在导入数据时，需要将时间指定为索引，这样方便分析和展示数据。

7.6.4 案例实现过程

1. 导入库

```
import datetime
import numpy as np
import pandas as pd
from statsmodels.tsa.stattools import adfuller,arma_order_select_ic
from statsmodels.stats.diagnostic import acorr_ljungbox
from statsmodels.tsa.arima_model import ARIMA
```

本案例用到的库主要是与时间相关的应用：datetime 用于计算时间推移。Pandas 用于读取数据和预处理。statsmodels 中则导入了不同的库，adfuller、arma_order_select_ic 分别用于做单位根检验和自动化的参数值组合的计算；acorr_ljungbox 用于检验白噪声；ARIMA 用于分析时间序列。

2. 读取数据

```
ts_data = pd.read_excel('demo.xlsx',sheet_name=5,index_col='DATE')['AMOUNT']
ts_data.head(3)
```

通过 Pandas 的 read_excel 读取 demo 数据文件的第 6 个 Sheet 数据，指定 DATE 为索引，最后通过直接选择 AMOUNT 列的方法，将其转换为 Series，以便于后续展示数据。打印前 3 条数据结果如下。

```
DATE
2019-01-01   3091
2019-01-02   3344
2019-01-03   3212
Name: AMOUNT, dtype: int64
```

3. 平稳性检验

```
def adf_val(ts):               # ①
    return adfuller(ts)        # ②
print(adf_val(ts_data))        # ③
```

本段代码实现的是平稳性检验，目标是确保数据是平稳的。代码①定义了一个名为 adf_val 的函数，参数为 ts，ts 为 Series 格式的数据。代码②调用 adfuller 方法，对输入的时间序列数据做检验并返回。代码③调用定义的函数，获得检验结果如下。

```
(-3.6174543557898455,          # adf 统计量，即单位根统计量
 0.005435972927699188,         # p-value（显著性水平）
 11,                           # lags（延迟期限数）
 137,                          # observations（观测时间序列项目数）
 {'1%': -3.479007355368944,    # critical values 1%状态结果
  '5%': -2.8828782366015093,   # critical values 5%状态结果
  '10%': -2.5781488587564603}, # critical values 10%状态结果
 2043.974886566472)            # icbest 值
```

上述检验结果是一个元组，元组的每个元素在注释中已经说明。

如何通过上述指标分析数据是否处于平稳性分布呢？如果时间序列具有稳定性，那么

ADF（单位根）的值（adf）需要小于 critical values 中的 1%、5%和 10%的 3 个值，且 *P* 值一般小于 0.05。从上述结果看，adf 值为−3.617454，对比 Critical Value（1%）、Critical Value（5%）、Critical Value（10%）3 个指标，满足同时小于这 3 个值的条件，并且 p-value 小于 0.05，因此数据是平稳的。

4. 白噪声检验

```
def stochastic_val(ts,lag):                              # ①
    st_test = acorr_ljungbox(ts, lags=lag)               # ②
    return pd.Series(st_test,index=['lbvalue','pvalue'])  # ③
print(stochastic_val(ts_data,1))                         # ④
```

本段代码定义了白噪声检验函数。代码①定义了一个名为 stochastic_val 的函数，参数 ts 和 lag 分别表示时间序列数据和延迟期数。代码②直接调用 acorr_ljungbox 做检验并得到检验结果。代码③将结果转换为 Series，便于后续展示。代码④调用该函数，打印输出检验结果，结果如下。

```
lbvalue    [68.77447394867318]
pvalue     [1.1039235267288874e-16]
dtype: object
```

上述结果中的 lbvalue 表示检验结果，pvalue 表示显著水平。当显著水平小于 0.05 时，可以以 95%的置信水平拒绝原假设，认为序列为非白噪声序列；否则，接受原假设，认为序列为纯随机序列。

5. 获得最优 *PQ* 组合

```
def get_order(ts):                                                    # ①
    return arma_order_select_ic(ts,max_ar=5,max_ma=5,ic=['aic','bic','hqic'])  # ②
order = get_order(ts_data)                                            # ③
print(order.aic_min_order)                                            # ④
print(order.bic_min_order)                                            # ⑤
print(order.hqic_min_order)                                           # ⑥
```

通过上面的操作，我们已经获得了平稳性且具有随机性分布的数据。在平稳性检验中，由于数据没有做过差分处理，因此差分次数为 0，对应到 ARIMA 中的差分（也就是 *PDQ* 参数中的 *D*）的取值为 0。本段代码的目标是通过 arma_order_select_ic 方法，从 *P* 和 *Q* 的组合中找到最优值。

代码①定义一个名为 get_order 的函数，参数为 ts，ts 为经过处理的已经平稳的时间序列数据。代码②调用 arma_order_select_ic 计算最优组合。在参数设置中，ts 是时间序列数据；max_ar 和 max_ma 分别是 *P* 和 *Q* 取值的最大遍历范围，即每个参数的值为 1～5；ic 是最优化的计算条件，可使用 AIC、BIC 或 HQIC 3 种方法。

代码③调用函数获得 *P* 和 *Q* 的组合列表。代码④～代码⑥分别打印输出这 3 种不同最优评估规则下的最优组合列表。结果如下。

```
(5, 2)
(1, 1)
(5, 2)
```

由结果可知，在 AIC、BIC、HQIC 3 种不同目标规则下，选出来的 P 和 Q 的最优组合也是不同的。这里使用 AIC 和 HQIC 共同得到的结果(5,2)。

上述最优 P、Q 求解的逻辑是，通过特定的评估指标，在指定范围内计算评估指标，然后找到符合评估预期的最大（或最小）值。但由于我们指定的范围是较小区间的，因此很可能得到的是"局部"最优解，即 P 和 Q 最大值都在 5 以内的最优组合，假如把 P 和 Q 的范围扩大到 100 或 1 000 甚至更大，也可能会得到更优的解，但相应需要更多的时间来等待结果。

6. 模型训练

```
def model_fit(ts,order):                              # ①
    model = ARIMA(ts,order=order)                      # ②
    results_ARIMA = model.fit()                        # ③
    plt.figure(figsize=(10,4))                         # ④
    plt.plot(ts)                                       # ⑤
    plt.plot(results_ARIMA.fittedvalues, 'r--')        # ⑥
    plt.title('时间序列内训练结果。RMSE: %.2f'% np.sqrt(sum((results_ARIMA.
fittedvalues-ts)**2)/ts.size))                         # ⑦
    return results_ARIMA                               # ⑧
results_ARIMA = model_fit(ts_data,(5,0,2))             # ⑨
```

本段代码基于上述确定的参数训练时间序列。代码①定义函数名为 model_fit，其参数 ts 和 order 分别表示时间序列数据和 PDQ 的组合列表，即(p,d,q)，PQ 的值已经在 get_order 中获得，D 的值则在差分检验结果确定，本案例中为 0。代码②调用 ARIMA 方法创建模型对象。代码③调用模型对象的 fit 方法训练模型。与 sklearn 使用方式不同的是，这里的训练转换需要返回一个训练后的对象，该对象将用于后续的预测等。代码④~代码⑧使用 Matplotlib 方法做折线图，该应用在第 5 章介绍过。其中代码⑦实现自定义 RMSE 的计算逻辑；代码⑧返回训练后的模型对象。代码⑨将原始时间序列数据和 PDQ 的参数信息传入函数，得到图 7-6 所示的结果。

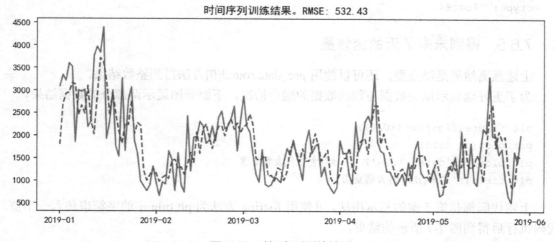

图 7-6 时间序列训练结果

从 RMSE 数据结果和拟合结果对比看，该模型对数据的拟合程度较高，效果不错。

7. 预测

```
def predict(results_ARIMA,days):                                            # ①
    return results_ARIMA.forecast(days)[0]                                  # ②
days = 7                                                                    # ③
pre_value = predict(results_ARIMA,days)                                     # ④
index_value = [ts_data.index.max()+datetime.timedelta(i) for i in range(1,len(pre_
value)+1)]                                                                  # ⑤
pre_data = pd.Series(pre_value,index=index_value)                           # ⑥
print(pre_data)                                                             # ⑦
```

本段代码预测未来数据。代码①建立一个名为 predict 的预测函数，参数 results_ARIMA、days 分别表示训练后的时间序列模型和未来要预测的日期数。代码②调用训练后模型对象的 forecast 方法预测指定日期数的值，并通过第一个索引返回其预测的均值。代码③设置要预测的日期数是 7 天。代码④调用 predict 函数得到预测结果值。代码⑤定义的 index_value 是一个列表，它基于列表推导式创建，推导式基于原始数据 ts_data 的日期最大值（从 index 中使用 max 方法获取）与未来预测的天数间隔相加，得到预测的日期值。例如，2019-05-29 之后的第一天是 2019-05-30，以此类推。在 range 方法中，开始的天数是 1，由于 range 默认不取最后一个值，因此，结束日期需要根据预测的数据量加 1。代码⑥基于预测的结果和日期列表建立一个 Series。代码⑦打印结果，结果如下。

```
2019-05-30    1672.463077
2019-05-31    1447.494414
2019-06-01    1803.163645
2019-06-02    1851.022247
2019-06-03    1679.928090
2019-06-04    1682.627727
2019-06-05    1748.841786
dtype: float64
```

7.6.5 得到未来 7 天的销售量

上述预测结果是浮点型，还可以使用 pre_data.round(0)方法得到整数结果。

为了更好地显示原始数据与预测数据的融合情况，下面画图展示两部分的数据结果。

```
plt.figure(figsize=(10,4))
plt.plot(ts_data)
plt.plot(pre_data, 'r--')        #红色线代表预测值
plt.title(f'未来{days}天销量图')
```

上述代码都是第 5 章的基本用法，可使用 f-string 方法为 plt.title 中的字符串传入一个值，代码执行后得到图 7-7 所示的结果。

从图 7-7 可以看出，整体的预测结果与原始数据的协调性还不错。

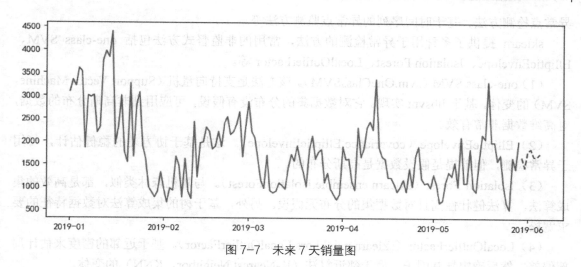

图 7-7　未来 7 天销量图

7.6.6　拓展思考

时间序列的本质是将数据规律隐藏于时间规律中，因此要求数据的变化主要受季节、时间、日期等的影响。虽然绝大多数数据对象基本都会受时间因素影响，但其影响程度是不同的。例如，广告流量主要受广告费用影响、线下门店的销量可能主要受促销活动或商品价格的影响，因此这几类场景中的数据变化就不是主要受时间影响，不适合做时间序列分析，否则效果会比较差。

除此之外，还有其他经常影响数据波动的因素，包括融资、并购、收购，人工造势、恶意商业活动、广告活动、促销活动、人为因素、系统问题、竞争对手、宏观政策、企业经营策略的转变等。

因此，在实际企业运营分析中，只使用时间序列做预测性的分析场景相对较少。如果能使用回归分析，则尽量使用回归法做数值型预测。

7.7　使用 Isolation Forest 异常检测找到异常广告流量

7.7.1　算法引言

数据集中的异常数据通常被认为是异常点、离群点或孤立点，特点是这些数据的特征与大多数数据的特征不一致，呈现出"异常"的特点。检测这些数据的方法称为异常检测。在大多数数据分析和挖掘工作中，异常值都会被当作"噪声"剔除。但在某些情况下，如果数据工作的目标就是围绕异常值展开的，那么异常值会成为数据工作的焦点。

异常值检测常用于异常订单识别、风险用户预警、黄牛识别、贷款风险识别、欺诈检测、技术入侵等针对个体的分析场景。

常用的异常检测方法分为基于统计的异常检测方法（如基于泊松分布、正态分布等分布规律找到异常分布点）、基于距离的异常检测方法（如基于 K 均值找到离所有分类最远的点）、基于密度的离群检测方法（LOF 就是用于识别基于密度的局部异常值的算法）、基于偏移的异常点检测方法、基于时间序列的异常点监测方法等。

sklearn 提供了多种用于异常检测的方法，常用的非监督式方法包括 one-class SVM、EllipticEnvelope、Isolation Forest、LocalOutlierFactor 等。

（1）one-class SVM（svm.OneClassSVM）。该方法是支持向量机（Support Vector Machine，SVM）的变体，基于 libsvm 实现。它对数据集的分布没有假设，可应用到非高斯分布的数据，对高维数据非常有效。

（2）EllipticEnvelope（covariance.EllipticEnvelope）。这是基于协方差的稳健估计，可用于异常检测，但前提是假设数据是高斯分布的。

（3）Isolation Forest（sklearn.ensemble.IsolationForest）。与随机森林类似，都是高效的集成算法，算法健壮性高且对数据集的分布无假设。另外，基于树的集成算法对数据特征的要求宽松。

（4）LocalOutlierFactor（sklearn.neighbors.LocalOutlierFactor）。基于近邻的密度来估计局部偏差，然后确定异常因子，属于邻近算法（K-Nearest Neighbor，KNN）的变体。

本案例将使用基于 Isolation Forest 的检测方法实现对广告流量的异常分析。

7.7.2　案例背景

业务方从 Google BigQuery 取出 Google Analytics 的原始数据，他们希望数据部门分析其中是否有异常流量，尤其是疑似作弊的流量，这样业务方可以有针对性地定位后续问题以及与媒体沟通。

BigQuery 可以作为云服务应用，它提供了基于云的数据存储能力，可以与几乎所有的 Google 服务打通并将数据（当然也包括 Google Analytics 数据）导入其中。BigQuery 还提供了 BQML，即数据库内的机器学习功能，在数据库中可以实现从查询、建模、检验到预测的整个数据分析和挖掘工作。

基于上述场景和需求，有以下几点基本认知。

（1）业务方给的是不带标记的数据，即业务方也不知道到底如何区分异常流量或作弊流量，因此只能用无监督式分析方法。

（2）从 BigQuery 中导出的数据，根据之前的经验会存在大量分类型变量以及数值型变量，因此无法确认数据是否一定符合高斯分布。

（3）由于从 BigQuery 中导出的数据列可能比较多，因此可能无法单独处理每一列，否则工作量会变得非常大。

基于以上分析，使用 Isolation Forest 算法做非监督式的异常点检测分析，原因是该算法对特征的要求低，不需要做离散化、不需要数值标准化及考虑特征间的关系（如共线性）等，也不需要额外过滤和筛选特征。

7.7.3　数据源概述

数据从 Google BigQuery 中获得，共 10 492 条记录，44 个维度，记录存在缺失值，各字段的含义如表 7-1 所示。

表 7-1　　　　　　　　　　　　数据字段说明

字段名	说明
clientId	Google Analytics 中用于标记每个用户的唯一 Cookie ID
visitNumber	用户的会话次数。如果这是首次会话，则此值为 1
bounces	总跳出次数。如果是一次跳出的会话，则此值为 1，否则为 null
hits	会话包含的总匹配数
newVisits	会话中的新用户总数。如果这是首次访问，则此值为 1，否则为 null
pageviews	会话包含的网页浏览总数
sessionQualityDim	特定会话距离完成交易的接近程度的估计值，估算值范围为 1～100。如果该值接近 1，则表示会话质量低或完成交易的可能性小；如果该值接近 100，则表示会话质量高或完成交易的可能性大。如果估算值为 0，则表示系统没有针对所选时间范围计算会话质量
visits	会话次数。对于包含互动事件的会话，此值为 1；对于不包含互动事件的会话，此值为 null
adContent	流量来源的广告内容。可以通过 utm_content 网址参数设置
isVideoAd	如果是 TrueView 视频广告，则为 True
isTrueDirect	如果会话的来源是"Direct"（表示用户在浏览器中输入了您网站网址的名称或是通过书签访问了您的网站），则为 True；如果 2 个连续但不同的会话具有完全相同的广告系列详细信息，则此字段也为 True；否则为 NULL
keyword	流量来源的关键字，通常在 trafficSource.medium 为"organic"或"cpc"时出现，可以通过 utm_term 网址参数设置
medium	流量来源的媒介，可以是 organic、cpc、referral 或者 utm_medium 网址参数的值
referralPath	如果 trafficSource.medium 为 referral，则此值为引荐来源网址的路径
source	流量的来源，可以是搜索引擎的名称、引荐来源网址的主机名或 utm_source 网址参数的一个值
socialEngagementType	社交互动类型：Socially Engaged 或 Not Socially Engaged
channelGrouping	与此数据视图的最终用户会话关联的默认渠道组
browser	所用的浏览器（如 Chrome 或 Firefox）
browserSize	用户浏览器的视口尺寸。此字段可捕捉视口的初始尺寸（以像素为单位），表示形式为宽度×高度，如 1920×960
operatingSystem	设备的操作系统（如 Macintosh 或 Windows）
flashVersion	浏览器所安装的 Adobe Flash 插件的版本
javaEnabled	浏览器是否启用了 Java
LANGUAGE	设置为使用何种语言
screenColors	显示屏支持的颜色数量，以位的形式表示（如 8-bit、24-bit 等）
screenResolution	屏幕的分辨率。以像素为单位，表示形式为宽度×高度（如 800×600）
continent	发起会话所在的大洲，以访问者的 IP 地址为依据
subContinent	发起会话所在的次大陆区域，以访问者的 IP 地址为依据
country	发起会话所在的国家或地区，以访问者的 IP 地址为依据
region	发起会话所在的区域，依据访问者的 IP 地址得出

字段名	说明
city	用户所在的城市，依据访问者的 IP 地址或地理位置 ID 得出
latitude	用户所在城市的大致纬度，依据访问者的 IP 地址或地理位置 ID 得出。赤道以北地点的纬度值为正，赤道以南地点的纬度值为负
longitude	用户所在城市的大致经度，依据访问者的 IP 地址或地理位置 ID 得出。本初子午线以东地点的经度值为正，本初子午线以西地点的经度值为负
networkDomain	用户的 ISP 的域名，依据用户注册到 ISP 的 IP 地址的域名得出
hitNumber	按顺序排列的匹配编号。对于每个会话的首次匹配，此值均为 1
hour	匹配发生时间中的小时部分（0~23）
minute	匹配发生时间中的分钟部分（0~59）
time	visitStartTime（即系统计入匹配）后过去的时间，以 ms 计。首次匹配的 hits.time 为 0
social_socialInteractions	社交互动的总数量
isEntrance_sum	如果本次匹配是会话的首次网页浏览或屏幕浏览，则此值为 1，统计为 1 的次数
isExit_sum	如果本次匹配是会话的最后一次网页浏览或屏幕浏览，则此值为 True，统计为 1 的次数
promotionActionInfo_promoIsView_sum	如果增强型电子商务操作是查看推广活动，则此值为 1，统计为 1 的次数
promotionActionInfo_promoIsClick_sum	如果增强型电子商务操作是点击推广活动，则此值为 1，统计为 1 的次数
type	匹配的类型。为以下任意一项：PAGE、TRANSACTION、ITEM、EVENT、SOCIAL、APPVIEW 或 EXCEPTION
page_pagePath	网页的网址路径

在上述字段中，表示广告的主要字段是 source 和 medium，基于这 2 个维度定位来源渠道。当然结合更多参数可以更精细地拆分不同广告渠道下的细分信息，该信息取决于站外广告监测代码的实施情况。

7.7.4　案例实现过程

1．导入库

```
from sklearn.preprocessing import OrdinalEncoder
from sklearn.ensemble import IsolationForest
import pandas as pd
```

代码中的 OrdinalEncoder 用来将分类型变量转换为整型数组索引。IsolationForest 用来检测异常点。Pandas 用于读取数据和进行基本预处理。

2．读取数据

```
outlier_data = pd.read_excel('demo.xlsx',sheet_name=6,index_col='clientId')
print(outlier_data.shape)
```

代码调用 Pandas 的 read_excel 方法，读取 demo 数据文件的第 7 个 Sheet 数据，指定列索引为 clientId，然后打印输出形状为(10492, 43)。

3. 去除全部为空的特征

```
data_dropna = outlier_data.dropna(axis='columns',how='all')
```

由于字段众多，所以先取出数据中所有记录都为空的列。直接使用 DataFrame 的 dropna 方法，通过 axis='columns'指定为按列处理，通过 how='all'设置所有数据都为空则丢弃该列。

4. NA 值处理

```
cols_is_na = data_dropna.isnull().any(axis=0)              # ①
na_cols = cols_is_na[cols_is_na==True].index               # ②
print(data_dropna[na_cols].dtypes)                         # ③
print(data_dropna[na_cols].head())                         # ④
fill_rules = {'newVisits': 0, 'pageviews': data_dropna['pageviews'].mean(),
'isVideoAd': 0, 'isTrueDirect': 0}                         # ⑤
data_fillna = data_dropna.fillna(fill_rules)               # ⑥
print(data_fillna.isnull().any().sum())                    # ⑦
```

本段代码实现对 NA 值的处理。代码①先统计每列是否有缺失值，如果有则标记为 True。代码②从 cols_is_na 中判断并过滤出其值为 True 的数据，并得到其 index 值，index 为列名。代码③打印输出缺失值的数据类型，方便后续针对不同类型的数据做不同的 NA 处理。代码④打印输出含有缺失值的前 5 条结果，结果如下。

```
clientId
1.651950e+09    1.0      11.0      NaN      NaN
1.793717e+09    NaN       9.0      NaN      NaN
1.221177e+09    NaN      11.0      NaN      1.0
1.742422e+09    NaN      10.0      NaN      NaN
8.884748e+07    NaN       6.0      NaN      1.0
```

代码⑤定义了一个填充规则字典，对除了 pageviews（填充均值）外，其他列均填充 0。

在大多数情况下，数值型的数据缺失值都填充为均值，这里填充 0 是因为这 3 个字段本质上都属于逻辑判断类型，当符合条件时，值为 1，否则为空。因此，这是基于对数据产生逻辑的理解所使用的填充策略。

代码⑥使用 fillna 方法按照定义好的策略填充缺失值。代码⑦再次计算数据集是否含有缺失值。结果为 0，说明缺失值已经被处理完成。

5. 拆分数值型特征和字符串特征

```
str_or_num = data_fillna.dtypes=='object'                              # ①
str_cols = str_or_num[str_or_num==True]                                # ②
string_data = data_fillna[str_cols]                                    # ③
num_data = data_fillna[[i for i in str_or_num.index if i not in str_cols]] # ④
```

本段代码实现对字符串型和数值型数据的拆分。代码①判断 data_fillna 中所有列的数据类型是否为 object，object 是数据框中字符串型的表示方式。代码②从所有判断结果中找到结果为 True（即数据类型是 object）的列。代码③从整体填充后的数据中过滤出字符串类型的列。代码④从 str_or_num 的索引中遍历出每个列名，然后判断其是否在 str_cols 字符串列表中，如果不在 str_cols 字符串列表中则保留为非字符串列表中，最终获得非字符串数据框。

6．分类特征转换为数值型索引

```
model_oe = OrdinalEncoder()                                                    # ①
string_data_con = model_oe.fit_transform(string_data)                          # ②
string_data_pd = pd.DataFrame(string_data_con,columns=string_data.columns,
index=num_data.index)                                                          # ③
```

字符串型的分类特征无法直接在 Python 的 sklearn 中计算，因此需要转换为数值型。代码①～代码③的逻辑相对清晰，先实例化 OrdinalEncoder 对象为 model_oe，然后调用 fit_transform 方法对字符串数据做转换，组合基于转换后的结果建立数据框。这里设置列名为 string_data 的列名，index 为 num_data 的索引，目的是后期可以与数值型的数据框合并。

7．合并特征

```
feature_merge = pd.concat((num_data,string_data_pd),axis=1)
```

使用 Pandas 的 concat 方法将上述转换后的字符串特征与原始数值型特征合并为完整数据框。

8．模型检测

```
model_isof = IsolationForest(n_estimators=20, n_jobs=-1)                       # ①
outlier_label = model_isof.fit_predict(feature_merge)                          # ②
outlier_data['outlier_label'] = outlier_label                                  # ③
outlier_count = outlier_data.groupby(['outlier_label'])['visitNumber'].count() # ④
print(outlier_count)                                                           # ⑤
```

本段示例实现了异常检测。代码①调用 IsolationForest 方法，指定基模型（默认的基模型为 CART）的数量为 20，n_jobs=-1 设置使用全部的 CPU 资源。代码②调用 fit_predict 方法获得检测结果。检测的结果值为-1 和 1，其中-1 代表异常，1 代表正常。代码③在原始数据新增一列 outlier_label，值为异常检测后的结果。代码④基于 outlier_label 统计每个类别中的记录数量，汇总方式是计数。代码⑤打印输出结果，结果如下。

```
outlier_label
-1   1050
 1   9442
Name: visitNumber, dtype: int64
```

从结果可以看出，模型找出了 1 050 的异常样本，占比为 10%左右。

7.7.5 分析异常检测结果

由于样本的列（特征）非常多，因此无法展示所有特征，这里选择其中的 2 个特征，对比展示不同类型（异常和正常）数据的分布。

```
import seaborn as sns
sns.jointplot(x="sessionQualityDim", y="hour", data=outlier_data[outlier_data
['outlier_label']==1], kind="kde")
sns.jointplot(x="sessionQualityDim", y="hour", data=outlier_data[outlier_data
['outlier_label']==-1], kind="kde")
```

上述代码执行后，得到图 7-8 所示的结果。

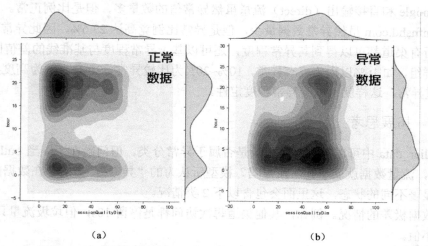

图 7-8　正常数据和异常数据在 hour 和 sessionQualityDim 的对比

对比图 7-8（a）和图 7-8（b）的结果，在 hour 和 sessionQualityDim 中数据的差异很大，正常数据主要分布在左侧区间，异常数据集中在下侧区间。

还可以通过不同的方法，如分类汇总、成对散点图、频率分布等对比 2 类数据在不同特征上的差异性，计算每个渠道在异常值的比例和出现情况。示例如下。

```
import numpy as np                                                    # ①
data_pivot = outlier_data.pivot_table(values=['page_pagePath'], index= ['source'],
columns=['outlier_label'],aggfunc=np.count_nonzero,fill_value=0,margins=True)  # ②
data_pd = pd.DataFrame(data_pivot.values,columns=['outliers','normal_records',
'all_records'],index=data_pivot.index)                               # ③
data_pd = data_pd.sort_values(['outliers'],ascending=False)          # ④
data_pd['outlier_date'] = data_pd['outliers']/data_pd['all_records']
print(data_pd.head())                                                # ⑤
```

代码①导入 NumPy 库，用于汇总计算。代码②使用数据框的数据透视表，指定对 page_pagePath 列做计数统计，汇总的维度为 source 列，透视表拆分数据为 outlier_label 列。同时，通过 fill_value=0 设置汇总后的缺失值填充为 0，margins=True 设置显示汇总计算值。代码③将数据透视表的结果拿出来，重新建立数据框，列名、索引与投标表相同，但列名经过重命名。代码④按照 outliers 倒序排序，这样异常值最多的渠道就能排在上面。代码⑤打印输出前 5 条结果，结果如下。

```
              outliers   normal_records   all_records   outlier_date
source
All               1050             9442         10492       0.100076
google             379             4101          4480       0.084598
(direct)           223             2785          3008       0.074136
unfnshd.com         80              259           339       0.235988
Webgains            37              596           633       0.058452
```

从上述结果可以看出，总体数据的异常记录比例在 10%左右，以此为基准对比各个细分渠道。

（1）google 和直接输出（direct）流量虽然异常值的数量多，但是比例正常。

（2）unfnshd.com 虽然异常数据量少，但是异常比例竟高达 23.6%，因此异常度过高。

后续所有渠道都可以得到其异常程度，还可以基于异常程度与基准线的差值比例再划分为不同的群组，如 10%以内为略有异常，10%~20%为比较异常，20%~50%为高度异常，超过 50%为严重异常，这样就可以给异常程度定性。

7.7.6　拓展思考

从 outlier_data 中可以得到每个记录是否属于异常分类。但问题在于，当 outlier_label 的值为-1 时，流量数据就属于异常流量吗？模型所认为的"异常"，指的是在数据的规律上与其他数据显著不同的状态，这里面会包含以下 2 类情况。

（1）数据极差的情况。例如，其他渠道每次访问都是停留 10s，但垃圾流量只停留了 1 s 就属于极小值。

（2）数据极好的情况。例如，个别渠道的用户在页面停留时间超过 60s，这时属于极大值。

一般而言，我们希望找到的是称为垃圾流量、作弊行为的流量，其行为都有可能出现在上述 2 种情况中，只不过初级的作弊和垃圾流量属于第 1 种情况，而中高级的作弊属于第 2 种情况，甚至是符合正常用户的访问行为的情况。如果是与正常用户的访问行为非常类似的话，则很难区分出来，因为数据特征与大部分数据的特性是相同或相似的，因此，这也是广告流量识别的难点。

7.8　新手常见误区

7.8.1　认为某种算法适用于所有应用场景

在同一问题场景下，不同的模型和算法有各自的优势和不足，例如，本章提到的 CART 模型，在分类和回归问题上其实都能有效应对。但这并不意味着在分类或回归问题中，它都是最好的模型。

事实上，不存在一个最好的、能适应所有应用场景的模型，只有最适合的模型。这里的适合需要结合数据情况、模型本身适应性、算法优缺点、使用场景和时间限制、目标输出的交付物信息等综合评估。

例如，k 均值聚类方法是一类非常有效的聚类方法，但是在大数据量下它会非常慢。这时，会选择适当牺牲准确性，来保证在一定准确程度下提高效率的算法 MiniBatchKMeans；如果数据集有大量的异常值，并且又不想处理异常值时，则可以使用 DBSCAN 算法代替 k 均值聚类方法做聚类计算。

类似问题： 与算法选择类似的是工具选择的问题，没有一种工具适合所有的场景，每个场景下也都有各自最适合的工具。例如，100 条数据的简单汇总，使用 Excel 在便捷性上要远远超过使用 Python，而在纯粹的统计分析领域，R 的专业性也要远高于 Python。

7.8.2 并不是模型拟合程度越高效果越好

一般而言，我们希望追求更好的拟合程度，因为越好的拟合意味着模型能够越全面地学习到数据中的规律和信息。但是，在某些场景下，拟合程度过高意味着严重的"负面"问题。

例如，决策树是一类数据拟合程度非常高的算法，但可能产生过拟合的问题。过拟合通俗点讲就是在做分类训练时，模型过度学习了训练集的特征，使得训练集的准确率非常高，但将模型应用到新的数据集时，准确率却很差。因此，避免过拟合是分类模型（重点是单一树模型）的一个重要任务。通过以下方式可以有效避免过拟合。

（1）使用更多的数据。导致过拟合的根本原因是训练集和新数据集的特征存在较大的差异，导致原本完美拟合的模型无法对新数据集产生良好效果。

（2）降维。通过维度选择或转换的方式，降低参与分类模型的特征数量，能有效防止原有数据集中的"噪声"对模型的影响，从而达到避免过拟合的目的。

（3）使用正则化方法。正则化会定义不同特征的参数来保证每个特征有一定的效用，不会使某一特征特别重要。

（4）使用组合方法。例如，随机森林、adaboost、xgboost 等不容易产生过拟合的问题。

类似问题： 过拟合不仅存在于决策树中，也存在于其他监督式学习中。例如，在做回归时，基本上所有的模型都有各种误差。当你发现误差非常小，甚至几乎为 0 的时候，就要非常小心，因为这时候很可能已经出现了信息泄露、具有强相关的特征、特征选取失误等问题。

7.8.3 应用回归模型时忽略自变量是否产生变化

在应用回归模型做预测时，必须研究对因变量产生影响的自变量是否产生变化，这是回归模型有效推广的基本原则。例如，假设自变量 x 的训练区间是[1,100]，那么对应的预测集中 x 的范围也需要在这个区间内，如果 x 小于 1 或大于 100，则模型推广可能会失效。

考察自变量是否发生变化主要评估以下 2 个方面。

（1）是否又产生了新的对因变量影响更大的自变量。在建立和应用回归模型时，需要综合考虑自变量的选择问题。例如，在预测用户订单金额时是基于正常销售状态下的变量实现的，但当发生大型促销活动且促销活动因素没有被纳入回归模型中时，原来的回归模型无法有效预测。

（2）原有自变量是否仍然控制在训练模型时的范围之内。如果有自变量的变化超过训练模型的范围，那么原来的经验公式可能无法在新的值域范围下适用。例如，假设建立了一个回归模型，可以根据广告投放费用预测广告单击率，在训练回归模型时，广告费用在[0,1 000]区间内，如果广告费用超过 1 000（如 2 000）时，则无法保证最终预测效果是否有效。

类似问题： 自变量更多的是用来描述回归中的"特征"，但特征在分类问题上也存在。例如，当做分类建模时，有个用户群体类别在训练时的值域分布是 1～100，假如预测的时候其用户群体类别值为 101，那么数据预测一定会出现异常，此时训练模型将无法得到正确结果。

7.8.4　关联分析可以跨维度

关联规则的产生来源于啤酒和尿布的故事，这是商品销售间的关联分析。除了商品间的交叉销售关联，还可以做跨属性的关联。例如，用户浏览商品与购买商品的关联分析、关注产品价格与购买商品价格的关联分析、用户加入购物车与提交订单的关联分析等。

通过跨属性的关联分析，可以找到用户不同行为模式之间的关系，尤其可以发掘用户的真实需求和关注（潜在）需求之间的关联性和差异性，这些信息可用于针对当前用户行为的个性化推荐，对制订后续促销活动的价格策略非常有参考价值。

类似问题：在跨维度的角度上，我们甚至可以聚焦到非常小的优化体验上。例如，用户在同一个页面中单击不同功能、选择不同的应用、下载不同的白皮书等。这类信息可以帮助我们了解用户应用功能的先后顺序，有利于做产品优化和提高用户体验。

7.8.5　很多时候模型得到的异常未必是真的异常

在做异常检测分析时，输出的结果是用户是否异常的标签，如 1、–1，这种标签只是客观上基于数据规律的识别结果。但是，即使在业务上没有任何特殊动作（即由异常业务引发的真实数据反应）导致"假异常"的前提下，也无法判断结果是否真的异常。

因此，在大多数场景下，通过非监督式方法实现的异常检测的结果只是用来缩小排查范围，为业务的执行提供更加精准和高效的执行目标而已。

类似问题：实现异常检测不是只有非监督式一种方法，如果以前有过对黄牛的信息标记，则还可以通过监督式（分类算法）进行预测性检测分析。

实训

实训 1　预测用户是否流失

1. 基本背景

用户流失是每个企业都无法避免的问题，降低用户流失可以有效降低企业损失，间接增加企业收入。

2. 训练要点

本实训的数据集，其中的目标字段是是否流失，除用户 ID 和订单金额外，其他字段均为特征。Sheet2 中的数据集是预测集，对其做预测输出。预测流失使用分类算法实现。

3. 实训要求

在所有分类算法中，决策树的使用限制较少，规则简单清晰，建议使用决策树模型做分类训练，最终输出预测标签和预测概率。注意数据不平衡的问题，可使用树模型的 class_weight 参数解决类样本不均衡问题。

4. 实现思路

（1）数据预处理，包括类型正确识别、缺失值处理。

（2）建立决策树模型，设置 class_weight 参数为 balanced。

（3）用 Sheet2 中的数据做预测，调用 predict 和 predict_proba 得到预测标签和概率。

实训 2 预测目标用户的总订单金额

1．基本背景

预测用户的总订单金额，可用于用户价值预测、生命周期预测等关键场景。本实训侧重于回归模型的应用训练。

2．训练要点

本实训基于实训 1 的数据集，其中的目标字段是总订单金额，除用户 ID 和是否流失外，其他字段均为特征。Sheet2 中的数据集是预测集，对其做预测输出。预测订单金额使用回归算法实现。

本实训侧重于回归算法的流程应用，主要是特征的选择和不同特征间的关系处理，尤其是共线性关系。

3．实训要求

（1）对字符串和分类型数据的预处理的组合和选择逻辑，具体根据后续算法而定。

（2）回归算法的选择以及与特征工程和数据预处理的合理搭配。

（3）回归整体流程的实现。

4．实现思路

（1）分别拆分字符串型数据和分类型数据。

（2）数据预处理和特征工程：一般而言，需要通过特征选择、标准化处理、OneHotEncode、主成分分析等方法做转换处理。

（3）选择适合的算法做回归训练，如果希望在第（2）步降低数据预处理复杂度，可使用 CART（决策树）以及其他集成树模型；如果是常规用法，则可以使用广义线性回归中的算法。

（4）预测 Sheet2 中用户的总订单金额。

实训 3 找到整体用户频繁购买的商品

1．基本背景

频繁项集的挖掘是数据挖掘中相对简单且有效的应用方法，而在众多应用场景中，商品购买的关联是应用最早且最基础的场景。

2．训练要点

本实训将从附件 customer.xlsx 中的 Sheet3 读取数据，其中各字段如下。

（1）CUST_ID：用户 ID，字符串类型。

（2）PID：购买商品 ID，字符串类型。

（3）DATETIME：购买时间，[s2][tso3]日期时间类型。

需要读者掌握关联分析的基础应用，以及结果的解读方法。

3．实训要求

（1）使用 Apriori 完成关联分析。

（2）正确解读关联分析结果，尤其是各个字段的含义。

（3）能识别哪些是具有积极意义的正向规则（按提高度）。

4．实现思路

（1）读取数据集。

（2）调用本章的 Apriori 算法包，实现关联分析。

（3）基于提高度，过滤出提高度>1 的规则。

思考与练习

1．k 值的选取对 k 均值聚类方法有什么影响？

2．为什么 CART（以及其他树算法）对特征的预处理要求低？

3．回归分析除了可应用于本章的案例外，还能应用到哪些场景？

4．关联分析和序列关联分析还有哪些使用场景？

5．时间序列算法在设置 P 和 Q 的值时，一般使用什么方法？

6．本章的各个模块都是数据分析常用的方法，推荐读者上机演练。

自然语言处理（Natural Language Processing，NLP），是使用计算机技术对人类的自然语言进行加工、处理、计算的过程。文本挖掘，是指从文本数据中获取有价值的信息和知识，是数据挖掘的一种方法。

本章将从自然语言处理和文本挖掘的角度简单介绍 4 类常用的应用，包括使用结巴分词提取用户评论关键字、使用 LDA 主题模型分析新闻主题、使用随机森林预测用户评分倾向和使用 TextRank 自动生成文章摘要和关键短语。

8.1 使用结巴分词提取用户评论关键字

8.1.1 算法引言

在自然语言处理和文本挖掘工作中包含了一些特殊的数据处理环节，其工作内容与传统结构化数据工作的内容不同，如去除无效标签、转换编码、切分和合并文档、基本纠错、去除空白、去除标点符号、去除停用词、保留特殊字符等。在某些场景下可能需要只针对汉字、英文或数字进行处理，其他字符都需要去除。

完成上述预处理之后，下面进入分词阶段。分词是将一系列连续的字符串按照一定逻辑分割成单独的词。在英文中，单词之间是以空格作为自然分界符的；而中文只有字、句和段能通过明显的分界符来划分，词没有形式上的分界符。

分词完成之后，进入提取关键字的阶段，一般使用 TF-IDF 算法提取。TF-IDF（Term Frequency–Inverse Document Frequency）是一种针对关键字的统计分析方法，用来评估关键字或词语对于文档、语料库和文件集合的重要程度。TF-IDF 算法的基本思想是：如果某个关键字在一篇文档中出现的词频（Term Frequency，TF）高，并且在其他文档中很少出现逆文档频率（Inverse Document Frequency，IDF），那么认为该关键字具有良好的文档区分能力。

在 Python 工具中，结巴分词是中文分词最常用的工具之一。它支持精确模式、全模式、搜索引擎模式 3 种分词模式。除了支持简体中文外，结巴分词还支持繁体中文分词，并且允许用户自定义词典；在提取关键字时，支持基于 TF-IDF 算法的提取模式，因此，本案例将使用该工具。

8.1.2　案例背景

用户评论是消费者对企业商品、服务、品牌等方面的信息反馈，其中隐含了大量的关键特征，尤其是消费者的特定倾向和喜好。因此，分析用户评论并提取关键字是获得用户真实反馈并分析用户特征的有效方式。

本案例将使用结巴分词，从附件 user_comment.txt 中提取用户对《Python 数据处理、分析、可视化与数据化运营》一书的评论热门关键字，并通过词云展示出来。

8.1.3　数据源概述

数据直接通过爬虫从外部网站获取，保存在 user_comment.txt 中，评论共 141 条记录，每条记录都是一段用户评论文本。示例如下。

```
good
Python 处理大数据确实有优势，开始学习 Python 了。
案例讲解
...
```

8.1.4　案例实现过程

1. 导入库

```
from pyecharts.charts import WordCloud
from pyecharts import options as opts
import pandas as pd
from jieba.analyse import extract_tags
```

示例中用到了 WordCloud 展示词云，opts 配置 Pyecharts 展示功能，Pandas 处理数据格式化处理、jieba 用来提取关键字。

2. 读取数据

```
with open('user_comment.txt',encoding='utf8') as fn:
    comment_data = fn.read()
print(comment_data[:50])
```

这里使用 with 方法读取文本文件的内容，指定读取文件名 user_comment.txt，使用 encoding 设置文件编码为 utf-8，否则读取会出现错误；读取文件内容使用的是 read 方法，默认返回的是字符串，即所有的行都是一个字符串对象。打印字符串前 50 个字符如下。

```
good
Python 处理大数据确实有优势，开始学习 Python 了。
案例讲解
帮朋友买的，希望能派
```

在自然语言相关的读取操作中，数据源包括爬虫爬取的 HTML 源代码、本地文本文件、数据库中的文本字段等。由于文本内容的特殊性，一般都是将读取的内容转换为字符串或列表再做后续预处理。因此，使用 Pandas 直接读取非结构化文本的应用场景比较少。

3. 提取评论关键字

```
tags_pairs = extract_tags(comment_data, topK=50, withWeight=True, allowPOS=['n',
'v', 'a'])              # ①
print(tags_pairs[:10])     # ②
```

代码①使用 extract_tags 从指定的文本字符串中提取热门关键字，comment_data 为要提取的源文本，字符串型；topK 设置提取的关键字的数量，数值型；withWeight 设置提取关键字时，同步提取其对应的权重。权重用于展示不同关键字的重要性，以及可视化展示时设置图形大小值；allowPOS 设置要提取的关键字所属的词性分类，这里设置 n、v、a 分别对应名词、动词和形容词，这样保留的结果只在这些类型中，而其他的词，如副词、助词、数量词等就不提取了。结巴分词常用的词性分类如表 8-1 所示。

表 8-1　　　　　　　　　常用的结巴分词词性分类

一级分类	二级分类	名称	描述
a		形容词	取英语"形容词"adjective 的第 1 个字母
	ad	副形词	直接的状语的形容词。形容词代码 a 和副词代码 d 合并在一起
	ag	形语素	形容词性语素。形容词代码为 a，与语素代码 g 合并在一起
	an	名形词	具有名词功能的形容词。形容词代码 a 与名词代码 n 合并在一起
b		区别词	取汉字"别"的声母
c		连词	取英语"连词"conjunction 的第 1 个字母
d		副词	因其第 1 个字母已用于形容词，所以取 adverb 的第 2 个字母
	dg	副语素	副词性语素。副词代码为 d，语素代码 g 前面置 d
e		叹词	取英语"叹词"exclamation 的第 1 个字母
f		方位词	取汉字"方"的声母
g		语素	绝大多数语素都能作为合成词的"词根"，取汉字"根"的声母
h		前接成分	取英语 head 的第 1 个字母
i		成语	取英语"成语"idiom 的第 1 个字母
j		简称略语	取汉字"简"的声母
k		后接成分	取英语 Back 中的 k
l		习用语	习用语尚未成为成语，有点"临时性"，取"临"的声母
m		数词	取英语 numeral 的第 3 个字母，n，u 已有他用
n		名词	取英语"名词"noun 的第 1 个字母
	ng	名语素	名词性语素。名词代码为 n，语素代码 g 前面置 n
	nr	人名	名词代码 n 与"人"（ren）的声母合并在一起
	ns	地名	名词代码 n 与处所词代码 s 合并在一起
	nt	机构团体	"团"的声母为 t，名词代码 n 与 t 合并在一起
	nz	其他专名	"专"的声母的第 1 个字母为 z，名词代码 n 与 z 合并在一起
o		拟声词	取英语"拟声词"onomatopoeia 的第 1 个字母

一级分类	二级分类	名称	描述
p		介词	取英语 "介词" prepositional 的第 1 个字母
q		量词	取英语 "量词" quantity 的第 1 个字母
r		代词	取英语 "代词" pronoun 的第 2 个字母,因 p 已用于介词
s		处所词	取英语 space 的第 1 个字母
t		时间词	取英语 time 的第 1 个字母
	tg	时语素	时间词性语素。时间词代码为 t,在语素的代码 g 前面置 t
u		助词	取英语 "助词" auxiliary 的第 2 个字母,因 a 已用于形容词
v		动词	取英语 "动词" verb 的第 1 个字母
	vd	副动词	直接作状语的动词。动词与副词的代码合并在一起
	vg	动语素	动词性语素。动词代码为 v,在语素的代码 g 前面置 v
	vn	名动词	指具有名词功能的动词。动词与名词的代码合并在一起
x		非语素字	非语素字只是一个符号,字母 x 通常用于代表未知数、符号
y		语气词	取汉字 "语" 的声母
z		状态词	取汉字 "状" 的声母的前一个字母

代码②打印前 10 条结果,结果如下。

```
[('不错', 0.4611682047852686), ('质量', 0.1506516876), ('学习', 0.15018509056091855),
('内容', 0.1423718093568111), ('购买', 0.13940803933837087), ('值得', 0.12514956604512997),
('好书', 0.1088390687781629), ('正版', 0.10818894374870017), ('推荐', 0.10572970067705373),
('物流', 0.09871223606294627)]
```

4. 结果写文件

```
with open('user_comment_tags.txt','w+') as fn:    # ①
    for tag,weight in tags_pairs:                 # ②
        fn.write(tag)                             # ③
        fn.write(':')                             # ④
        fn.write(str(weight))                     # ⑤
        fn.write('\n')                            # ⑥
```

对于生成的标签结果,可以通过第 5 章介绍的词云图形方式展示,也可以导出到文件或其他目标地址,用于后续分析。这里直接将热门评论关键字的分析结果写入文件。代码①使用 with 方法新建一个文本对象,文件名为 user_comment_tags.txt,打开模式是 w+,即写入模式(如果文件没有新建)。代码②通过循环读取每个关键字和权重的信息。代码③~代码⑥依次写入标签关键字、分割符、权重和行分隔符。写入的数据文件如图 8-1 所示。

提示　　由于权重 weight 为数值型,而 write 写入的对象需要是字符串型,所以需要用 str 转换。

```
  1  不错:0.4611682047852686
  2  质量:0.1506516876
  3  学习:0.15018509056091855
  4  内容:0.1423718093568111
  5  购买:0.13940803933837087
  6  值得:0.12514956604512997
  7  好书:0.1088390687781629
  8  正版:0.10818894374870017
  9  推荐:0.10572970067705373
 10  物流:0.09871223606294627
```

图 8-1　热门评论关键字分析结果文件

8.1.5　分析用户评论关键字

除了写入文档外，结巴分词还可以建立数据框，这样方便展示数据和其他预处理，代码如下。

```
keywords_pd = pd.DataFrame(tags_pairs,columns=['keyword','weight'])
print(keywords_pd.head())
```

同时，在信息展示时可使用多种方式，如柱形图、标签云等。5.3.12 节已经介绍过词云，示例代码如下。

```
from pyecharts import options as opts
from pyecharts.charts import WordCloud
wc = WordCloud()
wc.add("", [list(i) for i in tags_pairs], word_size_range=[15, 300])
wc.set_global_opts(title_opts=opts.TitleOpts(title="词云关键字展示"))
wc.render_notebook()
```

代码执行后的输出结果如图 8-2 所示。

图 8-2　用户评论关键字展示

8.1.6　拓展思考

上述输出的评论关键字是围绕单个商品的，因此可以用来给商品做画像分析，形成对特定商品对象的评论观点集合。再结合商品本身自有的属性，如名称、品类、品牌、出版社、价格等属性，以及浏览、加车、订单等用户行为和销售信息，就能更完整地对商品做后续分析，如商品相似度分析、商品销售预测、商品评分预测等。

8.2 使用 LDA 主题模型分析新闻主题

8.2.1 算法引言

主题模型是一个能够挖掘语言背后隐含信息的利器，是语义挖掘、自然语言处理、文本解析和文本分析、信息检索的重要组成部分。它采用非监督式的学习方式，根据文档集中每篇文档的词的概率分布划分主题；在训练时不需要标注数据，其工作机制类似于聚类算法。

主题模型克服了传统信息检索中文档相似度计算的缺点，并且能够在海量互联网数据中自动寻找出文字间的语义主题。主题模型可以应用到围绕主题产生的应用场景中，如搜索引擎领域、情感分析、舆情监控、个性化推荐、社交分析等。使用主题模型分析得到的结果，可以在去除停用词之后，配合标签云等形式进一步展示。

常用的主题模型如下。

（1）潜在狄利克雷分配模型（Latent Dirichlet Allocation，LDA）。

（2）概率潜在语义分析（Probabilistic Latent Semantic Analysis，PLSA）。

（3）其他基于 LDA 的衍生模型，如 Twitter LDA、TimeUserLDA、ATM、Labeled-LDA、MaxEnt-LDA 等。

本案例将基于结巴分词、Gensim 库，并结合 sklearn 分析 LDA 主题模型。

 主题模型串的潜在狄利克雷分配模型与线性判别分析的缩写相同，都是 LDA，实际上二者毫无关联，仅仅是缩写相同而已。

8.2.2 案例背景

企业时常有新闻、公关以及资讯类的营销和运营需求，往往会通过大段文本的方式表达运营诉求。企业在做数据化运营分析时，从自身运营文本或外部爬虫获取的信息中，可以提取有效的主题信息，构建更加科学的决策依据。分析大段文本段落的主题则是其中一种主要方式。

本案例的背景是基于目前获得的新闻内容数据，建立相应的主题模型，然后得到不同模型主题的特点，并通过预测新文本得到其可能的主题分类。具体过程如下。

8.2.3 数据源概述

通过爬虫获取的数据保存在 news.csv 中，每条数据记录都是一条新闻内容。以下是一条新闻记录（由于内容较多，中间内容用省略号代替）。

昨天清晨，购得首张单程票卡的韩先生通过自动检票机。本报记者 周民 摄　地铁进入自动售检票时代 首张单程票卡由内蒙古乘客购得今日 4000 引导人员"助刷"本报讯昨天清晨 5 时 01 分,随着地 铁西直门站的自动售票机……临人力、财力等诸多方面的困难。(责任编辑：刘晓静)

8.2.4 案例实现过程

1. 导入库

```
import jieba.posseg as pseg
from gensim import corpora
from gensim.sklearn_api import LdaTransformer,TfIdfTransformer,Text2BowTransformer
from sklearn.pipeline import Pipeline
```

本示例使用了以下库：jieba.posseg 为结巴分词库，posseg 可基于分词的词性过滤分词；gensim 中的 corpora 用于构建词库；gensim.sklearn_api 中的 LdaTransformer、TfIdfTransformer、Text2BowTransformer 分别用于 LDA 主题模型，TF-IDF 分析，以及构建文本转词袋；sklearn.成 pipeline 中的 Pipeline 用于构建管道工程。

2. 定义分词功能函数

```
def word_split(text):                                        # ①
    words = pseg.cut(text)                                   # ②
    return [word.word for word in words if word.flag == 'n'] # ③
```

本示例将使用结巴分词对文本分词。代码①定义一个名为 word_split 的函数，参数为 text，即需要分词的文本字符串。代码②使用 pseg（jieba.posseg 的别名）对 text 分词，其结果是一个可迭代对象，每个对象为分词结果，是一个元组，包含词和词性 2 个要素。代码③使用列表推导式，遍历每个分词结果，并基于分词的 flag（词性）判断仅保留词性为 n（名词）的词语。分词词性的分类如表 8-1 所示。

3. 读取原始数据

```
with open('news.csv',encoding='utf8') as fn:
    news_data = fn.readlines()
print(news_data[0][:100])
```

使用 with open 方法读取名为 news.csv 的文件，指定文件编码格式为 utf-8，然后使用 readlines 方法读取每个记录，形成列表对象，最后打印列表第 1 个对象的前 100 个元素，结果如下。

昨天清晨,购得首张单程票卡的韩先生通过自动检票机。本报记者 周民 摄 地铁进入自动售检票时代 首张单程票卡由内蒙古乘客购得 今日 4000 引导人员"助刷" 本报讯 昨天清晨 5 时 01 分,随着地铁西直门站的

提示　　这里将每个记录作为一组文本，因此使用 readlines 而不是 read 方法。

4. 构建词库

```
words_list = [word_split(each_data) for each_data in news_data]  # ①
dic = corpora.Dictionary(words_list)                             # ②
```

构建词库对于建模本身不是必须的，只有在最终展示每个主题内容，且将每个词的结果映射回去时，才会用到词库。代码①使用列表推导式读取 news_data（每个文本行）的数据并调用 word_split 分词，这是一个由列表嵌套组成的列表对象。代码②使用 corpora.Dictionary 方法构建词库，其类型为 gensim.corpora.dictionary.Dictionary。

5. 构建 pipe 模型

```
model_pipes = Pipeline(steps=[('text2bow',Text2BowTransformer(tokenizer=word_
split)), ('tfidf',TfIdfTransformer()), ('lda',LdaTransformer(num_topics=3, id2word=dic,
random_state=3))])                                      # ①
result = model_pipes.fit_transform(news_data)           # ②
```

实现主题聚类的整个过程分为 3 个步骤：先基于文本生成词袋，然后基于词袋做词频统计构建关键词向量空间矩阵，最后使用 LDA 做主题建模。该过程对应到代码①中是 steps 中的 3 个步骤。

（1）text2bow 为生成词袋过程，使用 Text2BowTransformer(tokenizer=word_split)实现，其中 tokenizer 指定为结巴分词方法。如果不设置，则使用默认的 gensim.utils.tokenize() 方法。

（2）Tfidf 为词频统计过程，直接使用 TfIdfTransformer()方法。

（3）LDA 为主题建模，使用 LdaTransformer(num_topics=3, id2word=dic, random_state=3) 方法构建，其中 num_topics=3 指定最终话题类别数量为 3；id2word=dic 设置上一步构建的词库，用于还原关键字，若无分析需求可不设置； random_state=3 设置统一的随机值，避免多次计算的结果受到随机因素影响。

代码②调用 model_pipes 的 fit_transform 方法对 pipe 中的每个对象依次调用，最终生成结果 result。

本案例使用的 Gensim 方法库为 sklearn_api 的库，该库是 Gensim 专门针对 sklearn 的逻辑方法封装的，因此用起来与 sklearn 类似。但该库封装的方法有限，无法实现全部 Gensim 方法。如果读者有其他更多需求和细节控制，需要使用原生 Gensim 的方法。

8.2.5　分析主题结果

直接使用 print（result）可打印每个数据记录所属的各个话题类别的概率，这里仅输出前 3 个样本在各个主题的概率，结果如下。

```
[[0.05532361 0.89083403 0.05384237]
 [0.04731178 0.04766071 0.9050275 ]
 [0.07582398 0.8495183  0.07465773]]
```

在结果中，每行都包括分别属于主题 1、主题 2、主题 3 的概率值，3 个值相加等于 1。每个样本所属的类是其中概率最大的类别。

展示每个类别的 TOP 关键字，示例如下。

```
corpus = Text2BowTransformer(tokenizer=word_split).fit_transform(news_data)          # ①
corpus_tfidf = TfIdfTransformer().fit_transform(corpus)                              # ②
topic_kw = model_pipes.steps[2][1].gensim_model.top_topics(corpus_tfidf,
topn=10)                                                                            # ③
print(topic_kw)                                                                      # ④
```

代码①和代码②与 pipe 中的第 1 步和第 2 步功能完全相同，这里只是为了获取中间结果。代码③调用 pipe 最后一步 LDA 主题模型的 gensim_model.top_topics 方法，获得分布概率最高的 10 个关键字。代码④打印输出结果，结果如下。

[([(0.0013826446, '小区'), (0.001379973, '女排'), (0.00089395104, '世界'),
(0.00086274336, '编号'), (0.0008516237, '时间'), (0.00081707275, '大奖赛'),
(0.0007950419, '体育讯'), (0.0007267941, '公司'), (0.0007040468, '人'),
(0.000686727, '平')], -5.885689820103438),
([(0.0015513123, '图'), (0.0010907127, '时间'), (0.0010224294, '体育讯'),
(0.0009499508, '小区'), (0.00092686794, '编号'), (0.0009198478, '精彩'),
(0.00081352255, '面积'), (0.00080829725, '球员'), (0.0007862203, '精彩图片'),
(0.00078179734, '人')], -8.139738142311833),
([(0.0013802531, '民族'), (0.0010815584, '灾区'), (0.0010510021, '人'),
(0.0009867399, '地震'), (0.00089058396, '男排'), (0.0008505483, '时间'),
(0.0008157716, '传情'), (0.0008147721, '记者'), (0.0008002909, '魔鬼'),
(0.00079953944, '瞎说')], -9.592828226511234)]

每个主题类别都会包含很多关键字，关键字的数量等同于构建的词袋的大小，本案例通过 len(dic) 可获得 7 071 个词。因此，每个主题都由 7 071 个词的特征组成。这意味着同一个词会出现在不同的主题类别中，差异点在于同一个词在不同主题中的概率分布不同。由于本书篇幅限制，这里只输出前 10 个关键字。

那么如何分析不同的主题呢？

由输出结果可以发现，数据呈现长尾分布，即使是前 10 个关键字，其权重也仅有 0.001 左右的量级大小，后续还有 7 000 多个关键字，它们共同组合起来才能代表每个主题的话题倾向。因此要结合所有的主题词进行分析，而不能仅看前 10 个关键字。

在不同的主题中，词的概率越高代表其重要性越大，即越能说明该主题的话题倾向性。例如，仅分析 TOP10 结果（这里仅为了举例说明，由于仅使用前 10 个数据，所以结论可能与真实结果有差异）：主题 1 中的社会类主题更明显（如小区、编号、公司、人等词语更重要）；主题 2 体育类话题（如体育讯、精彩图片-体育类图片、球员等）更侧重；主题 3 政治民生话题（如民族、灾区、地震等）更侧重。

8.2.6　拓展思考

1．可视化的分析方法

由于每个主题的词太多，无法使用人眼观察和人肉穷举的方差查看每个关键字和权重，因此后续可使用 8-1 案例中的词云方法，分别展示 3 个主体类别的关键字，这样可以更直观地分析主题间的侧重点和差异性。

2．推断新资讯的主题

主题分析除了可以用于分析外，还能用于预测，即基于训练的模型，将新的数据放入模型，观察该模型所属的主题类别。在使用时，仅需要调用 model_pipes.transform(new_data) 即可推断新数据的主题（注意，这里用的是 transform 方法，而没有 predict）。

3．主题分析的拓展应用

（1）从各个类别的主题中提取关键字，并将关键字作为各个主题的 SEO 关键字优化主题。

（2）不断增加新的文本数据，然后对比每次的主题关键字，查找分析新出现的主题关键字，建立对于特定主题的分析和后续内容运营机制。

（3）对比基于历史主题建模结果，发现各个主题中的新词、新趋势和新话题点。

（4）基于主题关键字，建立或优化主题页的自动关键字和自动摘要信息。

（5）基于具有显著性的关键字（较高权重），将所有文章重新划分类别或优化，使主题间的关联性和话题紧密性更强。

8.3 使用随机森林预测用户评分倾向

8.3.1 算法引言

用户评分倾向是一个分类问题，而分类在第 7 章已经介绍过。文本分类是自然语言处理和文本挖掘的一个重要课题，比较常见的领域包括垃圾邮件识别、情感分类、文档（文本）类别划分、评分分级等。

文本分类与传统结构化数据的分类应用在流程上类似，都需经过数据预处理、特征处理、分类建模、效果评估、新数据预测这几个阶段。其差异在于数据预处理和特征处理的数据由于不是结构化数据，所以数据的处理方法、过程和应用库不同。

在大多数文本分类应用中，贝叶斯算法是最常用且最有效的算法之一，其逻辑是用文本段落中每个词属于该类别概率的综合表达式来表示文本段落所属类别的概率。本案例则使用随机森林来实现文本分类，原因是在结构化数据的分析过程中，随机森林都会表现出模型良好的稳定性和一定的准确性，通常作为 Benchmark 模型使用，因此在文本分类中也可以尝试。

在 8.2 节的案例中，构建 TF-IDF 矩阵使用的是 Gensim 库，而本案例则使用 sklearn 实现这一过程。因此，本案例将使用结巴分词配合 sklearn 实现整个过程。

  随机森林（Random Forest，RF）是一种机器学习算法，它是基于多个基模型（一般的基模型是 CART，即分类回归树）形成的集成类算法，因此形象地称之为森林；而其中的随机表示在算法计算过程中对特征选择和样本选择的随机特性。

8.3.2 案例背景

从用户的评论信息中，不仅可以提取关键字，还能对用户的评论做倾向分析，即哪些评论是正向的，哪些是负向的，哪些是中立的。用户评分倾向分析有利于建立用户对企业的情绪倾向、满意度等，是一种非常实用的用户分析模式和方法。

本案例基于用户的评论文本和打分信息建立文本分类模型，然后基于新用户的评论做评分预测。

8.3.3 数据源概述

本案例的数据来自于爬虫信息，数据文件包括 3 个部分：一是 book_comment.txt 中的训练集，该训练集共 241 条记录，包括评论文本和评分 2 列数据；二是 stop_words.txt 中的停用词列表字典，该字典用于从分词中去除停用词；三是 book_comment_new.txt 中要预测的数据集，仅包含评论文本本身。

8.3.4　案例实现过程

1．导入库

```
import jieba.posseg as pseg
import pandas as pd
from sklearn.feature_extraction.text import TfidfVectorizer
from sklearn.pipeline import Pipeline
from sklearn.ensemble import RandomForestClassifier
from sklearn.metrics import classification_report
```

本案例用到的库包括：jieba.posseg 基于不同的词性将分词结果过滤出来；Pandas 用于读取文本文件；sklearn.feature_extraction.text 中的 TfidfVectorizer 用于使用 TF-IDF 方法计算词频并生成向量矩阵；sklearn.pipeline 中的 Pipeline 用于构建管道评估器；sklearn.ensemble 中的 RandomForestClassifier 用于文本分类；sklearn.metrics 中的 classification_report 用于评估分类结果。

2．构建分词函数

```
def word_split(text):
    rule_words = ['ad', 'ag', 'an','a','i','j','l','v','vd','vg','vn']
    words = pseg.cut(text)
    return [word.word for word in words if word.flag in rule_words]
```

该模块用于实现基于自定义的分词规则分词，与 8.2 节案例的用法相同，区别仅在于本案例中的 rule_words 是一个列表，这样可以批量过滤出词性在列表内的分词。

3．读取数据

```
raw_data = pd.read_csv('book_comment.txt',sep='\t')
print(raw_data.head(3))
```

由于训练数据集是格式化存储的文本，因此使用 Pandas 的 read_csv 方法读取 book_comment.txt 文件数据，指定分隔符为\t。打印输出的前 3 条结果如下。

```
评论　得分
0 "史诗般"？"回归人性"？不就是一个 15 岁女孩的恋爱故事吗！？在晋江上估计都入不了 V！    1
1 我真的不知道我为什么会喜欢这本书，我也不知道他想要告诉我什么，是什么类型的书，可是就是一口气...    5
2 跟风读的一本书，读了三分之二就读不下去了，有点言情小说的感觉。    2
```

4．读取停用词

```
with open('stop_words.txt',encoding='utf8') as fn:
    stop_words = fn.readlines()
```

停用词本身代表了需要从分词结果中去除或需要过滤的元素，可直接使用 with open 方法打开 stop_words.txt 文件，指定字符编码为 utf-8，readlines 读取停用词结果，该结果为列表类型。

5．拆分训练集和测试集

```
x,y = raw_data['评论'],raw_data['得分']          # ①
num = int(len(x)*0.7)                            # ②
x_train,x_test = x[:num],x[num:]                 # ③
y_train, y_test = y[:num],y[num:]                # ④
```

代码①基于 raw_data 的 2 列分别获得 x 和 y，这是原始数据的特征和目标。代码②通过 len(x)获得当前的记录数，再乘 0.7 表示只获得其 70%的数值，使用 int 方法能保留整数。代码③和代码④分别从 x 和 y 中拆分出训练集和测试集。

 由于 x 和 y 都是 series 类型（类似于列表），因此可直接使用类似列表索引的方式切割数据。

6．构建 Pipeline 模型

```
model_pipe = Pipeline([('TfidfVectorizer',TfidfVectorizer(tokenizer=word_split,
stop_words=stop_words)),('rf',RandomForestClassifier(class_weight ='balanced'))])
```

代码中的 pipe 包含了 2 个模型，第 1 个为由 TfidfVectorizer(tokenizer=word_split,stop_words= stop_words)构建的 TF-IDF 模型，它可直接基于原始文本，调用自定义的 word_split 分词器，结合自定义的停用词列表 stop_words，在分词完成之后建立文本向量空间矩阵；第 2 个为随机森林建立的集成模型，指定 class_weight ='balanced'目的是让模型自己处理样本间不均衡的问题。

7．模型训练

```
model_pipe.fit(x_train,y_train)         # ①
pre_y=model_pipe.predict(x_test)        # ②
```

代码①对构建的 Pipeline 对象调用 fit 方法，基于训练集 x_train，y_train 训练。代码②调用其 predict 方法，对预测集 x_test 做预测，得到 pre_y。

8．模型评估

```
columns = [str(i) for i in model_pipe.classes_]                          # ①
print(classification_report(y_test, pre_y,target_names=columns))         # ②
```

在该案例的模型评估阶段，不直接调用 metrics 库下的评估函数，而是直接使用集合函数 classification_report 实现。代码①中的 model_pipe.classes_是指评估模型分类器（随机森林）的 class 的类别数，这里是 5 个评分类别，即 1～5。使用列表推导式将每个类别的值取出来并转换为字符串型，列表推导式对象 columns 将用于后续分类报告中标记类别名称。代码②使用 classification_report 方法检验实际值 y_test 和预测值 pre_y，得到分类检验指标。结果如下。

	precision	recall	f1-score	support
1	0.25	0.10	0.14	10
2	0.29	0.33	0.31	6
3	0.60	0.39	0.47	23
4	0.23	0.60	0.33	10
5	0.00	0.00	0.00	6

micro avg	0.33	0.33	0.33	55
macro avg	0.27	0.28	0.25	55
weighted avg	0.37	0.33	0.32	55

报告的列是各个评估指标，包括 precision、recall 和 f1-score，最后一列 support 表示每个类别下的样本数量。

报告从第 2 行～第 6 行显示了每个类别（1～5）在各个指标下的测试评估结果。

报告最后 3 行显示了在最小值、最大值和加权情况下，计算所有类各个指标的情况。从最终汇总结果看，加权平均的 precision、recall 和 f1-score 都超过 30%，数据结果还可以。

　　　　一般在二分类场景下，precision、recall 和 f1-score 的值都是 70%、80%甚至更高，但这是一个五分类问题，而不是二分类。在五分类问题下，如果是随机抽取，大概会有 20%的概率选对目标（相应的二分类下的概率有 50%）；而在基于算法的过程中，选对的概率会有 30%左右，大概提高了 50%左右。

8.3.5　预测新用户的评分

```
with open('book_comment_new.txt',encoding='utf8') as fn:    # ①
    data_new = fn.readlines()                               # ②
pre_result = model_pipe.predict(data_new)                   # ③
for each_str,each_pre in zip(data_new,pre_result):          # ④
    print(f'{each_str} → {each_pre}'.replace('\n',''))      # ⑤
```

代码①和代码②重新读取文件 book_comment_new.txt 中的数据用于预测。代码③调用 pipe 对象的 predict 方法预测其评分结果。代码④使用 for 循环结合 zip 方法，依次读出 data_new 中的原始数据和 pre_result 的预测结果。代码⑤打印结果如下。

```
"故事情节跌宕起伏,引人入胜! → 4
情节觉得很好 → 3
"开头写得引人入胜,本以为会是很有人生哲理的内容,越到后面剧情越有点狗血。但是还是完整快速地看完的书。 → 4
很久以前在飞机上看完的" → 4
很一般 → 1
```

8.3.6　拓展思考

本案例的文本分类预测看似预测的是一个值，但在该场景下它是一个五分类，因此可归属于分类算法。如果这是一个开放性的评分，用于从 0～100 随意打分，这个问题就能转变为一个回归问题。

另外，本案例的实现过程非常简单，从结果上看还有很大的提高空间，主要优化方向如下。

（1）分词的过滤条件。构建分词器时自定义了分词类型和停用词，而这些会直接影响有哪些"词特征"进到后续建模过程中。特征不同，后续建模和预测的差异非常大。

（2）由关键字表示的向量空间矩阵本身是一个结构化的矩阵，后续可使用之前介绍的其他特征预处理方式，而本案例为了降低知识重复，不再进行重复介绍。

（3）分类器本身。随机森林在结构化数据建模中使用频繁，但在文本分类领域应用较少，大多数还是使用贝叶斯方法。另外，随机森林也并不是以提高准确度为出发点的模型，很多模型在准确度方面都要高于随机森林，如 Boosting 算法（如 XGBoost）、SVM 等。因此，可以测试多种算法来找到更好的模型。

8.4　使用 TextRank 自动提取摘要和关键短语

8.4.1　算法引言

8.1 节介绍了提取关键字的方法，本节介绍自动提取摘要和关键短语的方法。

自动提取摘要就是从文章中找到能够代表整体含义的句子，它是一段简短的描述信息。关键短语的提取与关键字的提取类似，但短语是关键字的组合，因此能代表更多的"词语"信息。

提取自动摘要有 2 类实现思路：抽取式、概括法。

1．抽取式

抽取式即从文章中找到"现成"的具有最多信息的句子，然后将其作为摘要提取出来，本质上是将句子按信息重要性"排序"。由于实现简单，抽取式是目前使用范围最广的方式。Text rank 是实现抽取式的主要方法之一。

2．概括法

概括法即没有"现成"的句子可供使用，而是要基于不同的单词组成可用的句子，然后将该句子表示为摘要信息。这种方法其实更接近于 AI 的工作方法，即可以从一堆信息中"提取"并"归纳"信息。但其实现方式难度较高，且大多数情况下效果不太理想。

本案例将使用 Text rank 实现自动提取摘要和关键短语，该库需要先通过 `pip install textrank4zh` 安装。

 Text rank 算法是一种用于文本的排序算法。其基本思想来源于谷歌公司的 PageRank 算法，通过把文本分割成若干组成单元（单词、句子）并建立图模型，然后利用投票机制对文本中的重要成分进行排序，仅利用单篇文档本身的信息即可实现自动提取摘要和关键短语。

8.4.2　案例背景

当我们面临大量的文本、文档或海量信息内容时，很容易出现信息过载的问题，单纯依靠人力很难详细分析和使用每个文本信息。此时，需要一种能够自动从大量文本中提取关键信息的方法。

本案例基对文本内容的分析，使用 TextRank 自动提取摘要和关键短语。

8.4.3　数据源概述

数据来自本书的介绍信息，保存在文件 text.txt 中，部分信息预览如下。

Python 作为数据工作领域的关键武器之一，具有开源、多场景应用、快速上手、完善的生态和服务体系等特征，其在数据分析的任何场景中都能游刃有余；即使是在为数不多的短板上，Python 仍然可以基于其"胶水"

特征，引入对应的第三方工具/库/程序等来实现全场景、全应用的覆盖。在海量数据背景下，Python 对超大数据规模的支持性能、数据分析处理能力……

8.4.4 案例实现过程

1．导入库

```
from textrank4zh import TextRank4Keyword, TextRank4Sentence
```

本案例使用 **textrank4zh** 库中的 **TextRank4Keyword**、**TextRank4Sentence** 分别自动提取关键短语和摘要。

2．读取数据

```
with open('text.txt',encoding='utf8') as fn:
    text = fn.read()
```

这里使用 **with open** 方法打开 text.txt 文件，然后调用 **read** 方法读取文件内容，该结果为字符串。

由于将 text.txt 作为一个完整文本对象进行分析，因此使用 **read** 方法；如果希望将每个段落作为一个文本对象，则使用 **readlines** 方法读取。在该案例场景下，一个文档是一个文本对象。

3．提取关键短语

```
tr4w = TextRank4Keyword()                                          # ①
tr4w.analyze(text=text)                                            # ②
for phrase in tr4w.get_keyphrases(keywords_num=36, min_occur_num= 2):   # ③
    print(phrase)                                                  # ④
```

代码①初始化 TextRank4Keyword()为 tr4w。代码②调用 tr4w 的 analyze 方法分析文本内容，其中 text 是要分析的文本对象。代码③通过 tr4w.get_keyphrases 方法获得指定提取的关键短语，其中 keywords_num 设置提取关键字构造的可能出现的短语的数量，min_occur_num 设置关键短语最少出现的次数；使用 for 循环打印输出结果，结果如下。

```
数据分析工作
做数据分析
```

4．自动提取摘要

```
tr4s = TextRank4Sentence()                                         # ①
tr4s.analyze(text=text)                                            # ②
for item in tr4s.get_key_sentences(num=3,sentence_min_len=10):     # ③
    print(item.index, item.weight, item.sentence)                  # ④
```

自动提取摘要的实现与提取关键短语基本类似。代码①初始化 **TextRank4Sentence** 为 tr4s。代码②调用 tr4s 的 **analyze** 方法分析 text。代码③调用 tr4s 的 **get_key_sentences** 方法，从句子中找到 3 个长度大于 10 的短语。代码④打印输出结果，结果如下。

4 0.12395878528020926 本书作者认为本书的核心立意在于如何从做数据分析及应用到数据化运营，而Python 则是应用的利器，因此行文间必须贯穿如何做数据分析这条主线，而那些与数据分析和数据化运营分析不相关或相关性低的知识，不应该呈现在本书中或出于内容完整性和连贯性需求应一笔带过

5 0.115023168064426781 因此，本书内容围绕数据分析工作展开，整体思路除了第 1 章认识 Python 和

第 2 章 Python 基础知识介绍外，后面的内容包括数据读写、数据预处理、数据可视化、数据分析和建模、数据分析结果交付和部署等，构成了数据分析工作的完整流程

10 0.11255526122948391 本书的作者希望，除了让读者对每个知识知其然并知其所以然外，还会在每章的必要环节介绍与特定内容相关的扩展知识点，为读者提供可以探索和学习的更多方向和更深层次的内容，这才是超出预期的价值所在

上述结果中，每条结果的第 1 个元素是句子的索引值；第 2 个元素是句子的权重，得分越高说明该句子越重要；第 3 个元素是句子本身。

> **提示**　在大型文档，如几百页的财报中，一般情况下，完整的摘要需要由多个句子组成一段描述来表示其摘要核心，而不会只使用权重最高的句子来标识。而句子的数量（使用几个）则要根据句子的权重以及数量综合确定。

8.4.5　拓展思考

自动摘要的生成目前还有很长的路要走，从最开始的抽取式方法，到后来的生成式摘要，在人工智能时代又引入了深度学习、Attention、Self-Attention 等重要概念和关键处理逻辑。整个过程越来越接近于人的思维逻辑。

但与 8.3 案例类似的是，理解自然语言远不是表面"显性"词汇表达的含义，更重要的是"隐性"语义的理解和表示。例如，与"非常好"类似的表达方式还有"很棒、完美、精彩绝伦、太牛了"等，这些其实都属于相同语义的不同表达。这块现在有一类"语义对齐"的概念和方法能实现一定程度的处理。但终究人类语言（尤其是中文）的表达远不止这些，同样一个词在不同场景和前后文下、基于社会背景的词义解释等都是目前自然语言处理的关键问题节点和难点。

8.5　新手常见误区

8.5.1　混淆中文分词与英文分词引擎

英文单词由于不同单词间使用空格隔开，因此分词非常简单；而中文分词没有空格隔开，所以国外很多的分词引擎在应对中文分词时都会无能为力。目前在国内中文分词中，结巴分词算是非常优秀的一款工具库。除此之外，还有 PyNLPI、synonyms、smallseg、SnowNLP 等也能处理中文。

类似问题：与中英文分词相关的还有停用词的构建。英文中常用的 a、an、the 等在中文环境下也不适用，因此需要自定义中文停用词。

8.5.2　只用词频计算词的重要性

词频统计是计算每个文档中关键字特征重要性的关键步骤；很多初学者会简单地基于词出现的次数计算其重要性。例如，使用 Python 3 中的 collections.Counter 库直接统计每个分词出现的次数，这样会就导致日常使用的"是""我""的"等词的重要性非常高。因此才会出现 TF-IDF 方法来解决这个问题。

类似问题：TF-IDF 除了可以在后续做文本挖掘类应用（如文本聚类、关键字抽取、文本

分类等）外，在单纯展示关键字本身重要性时也是可以考虑的，但前提是必须有不同的文档内容来区分文档内容间的差异，否则无法计算 IDF 值。

8.5.3 忽略文本预处理环节

受限于篇幅，本章的文本内容都是相对"格式化"的。实际上，中文文本在采集到原始数据之后，会有各种各样的问题，如编码问题导致内容无法正常识别、字符中的半角和全角字符的转换等。这些看似不大的问题，如果忽略就会导致后期的分词和建模出错。

在文本处理中，正则表达式是一类非常常用的处理方式，它能批量处理符合特定规则的字符，因此，正则表达式几乎是自然语言处理和文本挖掘之前预处理工作的必备方式。

类似问题：与文本预处理类似，在文档内容由关键字向量空间矩阵表示之后，后续的过程与结构化数据建模方法和流程基本一致，这时也要考虑对关键字向量特征的预处理工作，如特征过滤、转换、提取等。

实训：提取关键字、关键短语和摘要

1．基本背景

提取关键字、关键短语和摘要几乎在各个企业都有应用场景，这些应用虽然简单，但效果直观、可理解性强。

2．训练要点

掌握提取关键字、短语和摘要的方法，并能根据文本情况构建停用词字典，以及过滤特定的词性类别。其原始文本在附件 homework.txt 中，内容是对"围绕流量数据化运营小技巧"的文本描述。

3．实训要求

（1）掌握结巴分词、TextRank 的基本使用方法。

（2）能够使用特定的库提取关键字、短语和摘要。

（3）使用第 5 章的可视化方法，对关键字做词云展示。

4．实现思路

（1）用文本编辑器打开附件 homework.txt，简单查看文本情况，分析缺失字符、编码以及记录数等。

（2）定义要提取的关键字的词性类别，只保留特定词类下的关键字。

（3）定义停用词文本列表，配合词性实现复合过滤和筛选。

（4）读取文本文件，并分别调用结巴分词、TextRank 提取关键字、短语和摘要。

（5）使用词云展示关键字分布。

思考与练习

1．常用的中文分词工具有哪些？

2. 自然语言理解和文本挖掘都能做哪些事情，可以应用到哪些场景？
3. 提取关键字后，通过什么方式展示比较直观？
4. 本章提到了哪些模型或算法？
5. 你认为在自然语言理解和处理过程中，还面临哪些困难或问题？
6. 使用本章的数据集，手写代码实现各个模块和逻辑。

在企业中，数据分析的结果必须要落地。数据分析是指通过前面章节的统计分析、建模、算法等方式，从数据中挖掘规律的过程。落地是指必须通过某些方式与业务、IT 等部门联动起来，将数据的结果、报告和价值等及时输出并驱动数据落地才能真正优化或改进业务操作、流程或特定环节。

本章将从批量合并数据文件、从数据库中抽取数据并生成结果文件、发送普通 E-mail 并附带数据文件、发送 HTML 富媒体样式的邮件、系统自动执行 Python 脚本和数据任务等几个应用，介绍如何通过多种方式更有效地提高数据工作的效率以及实现数据落地的问题。

9.1 批量合并数据文件

9.1.1 应用背景

企业经常会面临从多个数据源中批量和周期性地导出数据文件的情况。例如，流量数据可能来源于网站分析或流量日志系统，订单销售数据可能来源于 ERP 系统。此时，数据分析师经常需要批量合并数据文件。

批量合并数据文件要求被合并的数据文件中的数据关系分为 2 种。

（1）所有数据文件的字段相同，将数据按行组合到一起即可。

（2）所有数据文件中的数据存在匹配关系，可将不同数据文件按主键匹配，从而得到完整的字段和数据。

当然，在更复杂的背景下，还可能出现上述 2 种场景的交叉，即既需要按主键匹配多个数据文件，又需将多个匹配后的结果合并起来。

9.1.2 工作需求

本应用以附件 sales_data.zip 和 traffic_data.zip 中的数据为例，假设从 2 个系统中分别获得了各自按日的商品流量数据和销售数据，现需要将 2 份数据匹配后合并起来，最后输出单张表。

9.1.3 实现过程

1. 导入库

```
import os,zipfile
import pandas as pd
```

本应用使用到的库包括 os、zipfile 和 Pandas，其中 os 用来处理文件路径；zipfile 用来解析 zip 格式的压缩包中的文件；Pandas 用来读取、处理和输出数据。

2. 解压压缩包

```
zip_files = ['sales_data.zip','traffic_data.zip']     # ①
for file in zip_files:                                 # ②
    fz = zipfile.ZipFile(file)                         # ③
    fz.extractall()                                    # ④
```

代码①定义了一个列表，包含 sales_data.zip 和 traffic_data.zip 2 个压缩包。代码②使用 for 循环依次读取每个压缩包的文件名。代码③调用 zipfile 的 ZipFile 方法，通过传入 file 构造一个解压对象 fz。代码④调用 fz 对象的 extractall 方法将全部文件解压到当前路径。

数据解压后，查看数据格式。在当前程序目录下，新增了 2 个与压缩包同名的数据目录 sales_data 和 traffic_data，其数据分别是按天的商品销售数据和流量数据。打开 2 个目录，分析数据文件，发现文件名带有日期标识、数据来源类型标识，如图 9-1 所示。

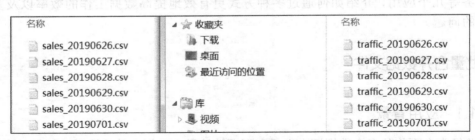

图 9-1　解压后的目录文件

分别打开 2 个目录中的第 1 个文件，查看数据内容。2 类文件都是标准的 CSV 格式，数据中有相同的主键产品 SKU，可用来匹配，如图 9-2 所示。但是，文件中没有日期字段，因此需要将数据文件对应的日期字段添加到数据中，才能完成匹配工作，即基于日期+产品 SKU 的复合主键做匹配。

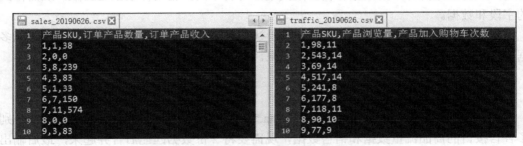

图 9-2　每类目录下数据文件的数据格式

本案例中的 2 个文件与当前 Python 脚本的执行目录相同，因此可直接基于文件名读取数据；同时，每个压缩包本身的文件都已经打包在单独的文件夹中，因此解压后也可直接通过不同文件夹获得对应的数据。如果读者的压缩包本身直接基于批量文件打包，而没有建立文件目录，那么会导致当数据都解压到当前路径时，数据难以区分。

3. 获取文件数据

```python
def read_data(file_name):                               # ①
    data = pd.read_csv(file_name)                       # ②
    data['日期']=os.path.splitext(file_name)[0][-8:]    # ③
    return data                                         # ④
```

本代码构建了一个读取单个文件数据的函数。代码①定义了函数名为 read_data，参数为 file_name（文件路径）。代码②使用 Pandas 的 read_csv 方法读取数据文件。代码③的目标是将文件名中的日期字符串取出，用于构建每个文件的日期字段，方法是使用 os.path.splitext 方法将文件名和扩展名分割，然后通过索引 0 取出文件名，再使用[-8:]得到从后向前数 8 个日期字符串；并将字符串赋值给数据框中的日期列。代码④返回数据。

4. 读取 2 个文件夹所有的文件

```python
two_data_path = ['traffic_data','sales_data']                          # ①
two_df_list = []                                                       # ②
for each_path in two_data_path:                                        # ③
    files = [os.path.join(each_path,i) for i in os.listdir(each_path)] # ④
    df_list = [read_data(i) for i in files]                           # ⑤
    two_df_list.append(pd.concat(df_list))                            # ⑥
```

代码①定义要读取的数据文件的目录。代码②定义一个空的列表，用于存储读取的 2 个文件夹的数据。代码③使用 for 循环依次读取 2 个文件的名称。代码④使用列表推导式，从每个目录中使用 os.listdir 方法获取文件名，然后使用 os.path.join 方法将文件路径与文件名组合起来，便于获取完整路径。代码⑤使用列表推导式，调用 read_data 方法读取每个目录下的文件，得到的是由数据框组成的列表。代码⑥先通过 Pandas 的 concat 方法，批量地将数据框合并到一个数据框中，然后将其追加到 two_df_list 列表中。

5. 合并 2 个 df

```python
merge_df = pd.merge(two_df_list[0],two_df_list[1],on=['日期','产品SKU'],how='outer')
                                                    # ①
print(merge_df.head(3))                             # ②
```

代码①使用 Pandas 的 merge 方法，匹配 2 个目录中文件组成的数据框，匹配的主键是日期和产品 SKU 组成的复合主键；模式是外匹配，目的是获得所有文件中记录的数据。代码②打印输出前 3 条结果，结果如下。

	产品SKU	产品浏览量	产品加入购物车次数	日期	订单产品数量	订单产品收入
0	1	98	11	20190626	1	38
1	2	543	14	20190626	0	0
2	3	69	14	20190626	8	239

从结果可以看出，数据已经成功匹配。但日期列似乎应该在最前面，且基于数据分析经验，日期都会用于筛选和聚合，因此需要将字符串转换为日期型。

6．格式调整

```
merge_df2 = merge_df[['日期','产品 SKU', '产品浏览量', '产品加入购物车次数', '订单
产品数量', '订单产品收入']]                    # ①
merge_df2['日期']= [pd.datetime.strptime(i,'%Y%m%d') for i in merge_df2['日期
']]                                        # ②
print(merge_df2.head(3))                    # ③
```

代码①基于自定义的字段顺序，重新生成 merge_df2 对象。代码②配合列表推导式，使用 Pandas 的 datetime.strptime 方法，将日期列的每个字符串转换为日期格式。代码③打印输出前 3 条结果，结果如下。

	日期	产品 SKU	产品浏览量	产品加入购物车次数	订单产品数量	订单产品收入
0	2019-06-26	1	98	11	1	38
1	2019-06-26	2	543	14	0	0
2	2019-06-26	3	69	14	8	239

7．输出数据到单独文件

在数据格式梳理完成后，将数据输出到单个文件中，使用 to_excel 方法输出到单独的 Excel 中，代码如下。

```
merge_df2.to_excel('merge_data.xlsx',index=False)
```

代码设置输出文件的名称为 merge_data.xlsx，index=False 指定索引列不输出。结果如图 9-3 所示。

日期	产品SKU	产品浏览量	产品加入购物车次数	订单产品数量	订单产品收入
2019-06-26 00:00:00	1	98	11	1	38
2019-06-26 00:00:00	2	543	14	0	0
2019-06-26 00:00:00	3	69	14	8	239
2019-06-26 00:00:00	4	517	14	3	83
2019-06-26 00:00:00	5	241	8	1	33
2019-06-26 00:00:00	6	177	8	7	150
2019-06-26 00:00:00	7	118	11	11	574
2019-06-26 00:00:00	8	90	10	0	0
2019-06-26 00:00:00	9	77	9	3	83

图 9-3　输出到 Excel 后的数据结果

　　　　　　输出到 Excel 除了方便后续进一步分析（例如，使用透视表、函数和 Excel 的数据分析模块等）外，还因为 Excel 可完整识别日期格式。

9.2　从数据库中抽取数据并生成结果文件

9.2.1　应用背景

从数据库中获取数据并生成结果文件是数据分析师的日常"取数"工作之一。如何快速提取数据并根据需求将数据拆分是一项"费人力"的工作。而该项工作可通过 Python 轻松实现。

9.2.2　工作需求

本应用将 9.1 节案例生成的结果文件导入数据库来模拟现有数据库的数据，然后通过

Python 从数据库中获取数据，并按照需求将数据拆分为不同的粒度，并保存到 Excel 的单个 Sheet 中。

9.2.3 实现过程

在本步骤中，先将 merge_data.xlsx 导入数据库。默认情况下，本地已经安装了 MySQL 数据库和 Navicat 客户端，因此可按照如下步骤将数据从 Excel 导入 MySQL。

1. 建立 MySQL 数据库连接

先建立数据库连接。打开已安装的 Navicat，单击左上角的"连接"功能，如图 9-4 中的 ①所示，然后选择"MySQL"命令，如图 9-4 中的②所示。在弹出的对话框中填写主机、端口、用户名和密码信息。这些信息可直接询问数据库管理员获得。如果是本地安装，主机可写 localhost，默认端口为 3306，用户名是 root，密码是在安装数据库时自己设置的密码。

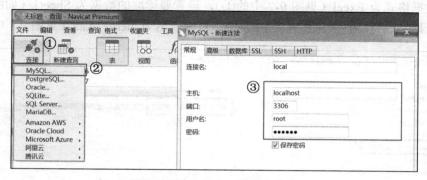

图 9-4　建立 MySQL 数据库连接

上述过程完成后，可在左侧的"连接"目录中看到已经建立的数据库连接。

2. 新建要导入的数据库

在刚才新建的名为 local 的连接上单击鼠标右键，如图 9-5 中的①所示，选择"新建数据库"命令，如图 9-5 中的②所示。在弹出的对话框中，设置数据库名为 python_data_basic，字符集为"utf8mb4"，排序规则为 utf8mb4_bin，如图 9-5 中的③所示。

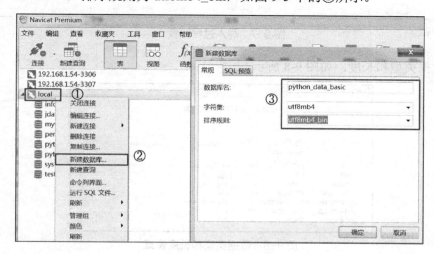

图 9-5　新建数据库

3. 将数据从 Excel 导入 MySQL 数据库

在 local 连接中，双击打开刚才新建的名为 python_data_basic 的数据库，单击右上角的"导入向导"选项，如图 9-6 所示。

图 9-6 从"导入向导"导入数据

选择数据格式为 Excel（见图 9-7 中的①），设置要读取的数据为 Sheet1（如图 9-7 中的②），设置日期分隔符为-（见图 9-7 中的③），目标表名为 merge_data（见图 9-7 中的④）。

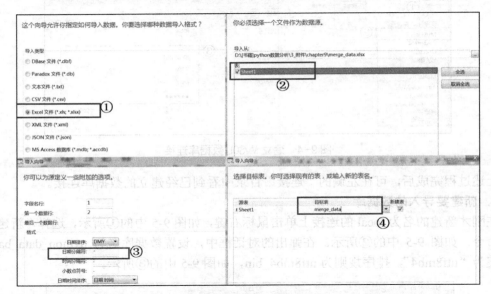

图 9-7 导入过程设置 1

配置数据类型和长度，如图 9-8 所示。

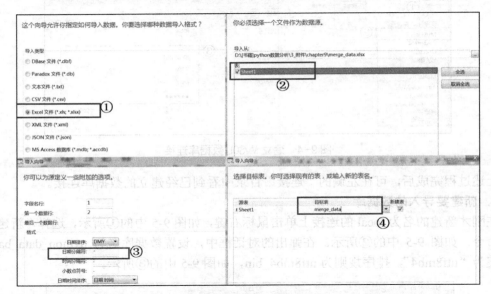

图 9-8 数据类型和长度设置

配置完成后，即可使用系统默认选项。整个过程会以数据追加的模式将数据导入 merge_data 表中。从图 9-9（a）开始，单击"下一步"按钮，然后单击图 9-9（b）中的"开始"按钮，之后会依次出现图 9-9（c）和图 9-9（d）所示的执行过程。

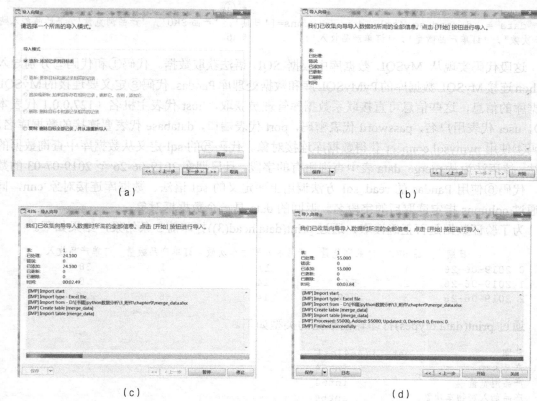

图 9-9　数据导入过程

数据导入完成后，在数据库中会出现新的名为 merge_data 的数据表。双击打开该表，可查看数据是否正常导入，如图 9-10 所示。

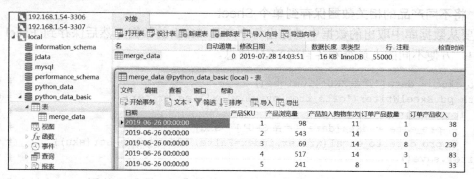

图 9-10　查看导入后的数据

4. Python 从 MySQL 中获取数据

```python
import pymysql                              # ①
import pandas as pd                         # ②
```

```
    config = {'host': '127.0.0.1', 'user': 'root','password': '123456','port': 3306,
'database': 'python_data_basic'}                        # ③
    cnn = pymysql.connect(**config)                        # ④
    sql = 'SELECT * FROM 'merge_data' where '日期' BETWEEN "2019-06-26" and "2019-07-03"'
                                                           # ⑤
    data = pd.read_sql(sql, cnn, columns=['日期', '产品 SKU', '产品浏览量', '产品加入购
物车次数', '订单产品数量', '订单产品收入'])                # ⑥
```

这段代码实现从 MySQL 数据库中根据 SQL 语法获取数据。代码①和代码②分别导入
Python 连接 MySQL 数据库的 PyMySQL 库和数据处理库 Pandas。代码③定义要连接的 MySQL
数据库的信息，这些信息可直接联系数据库管理员获取，host 代表主机名（127.0.0.1 代表本
机），user 代表用户名，password 代表密码，port 代表端口，database 代表要连接的数据库名。
代码④使用 pymysql.connect 获得数据库连接对象。代码⑤的 sql 定义从数据库中查询数据的
语法，该语法为从 merge_data 表中查询所有的字段，且日期在 2019-06-26 至 2019-07-03 的数
据。代码⑥使用 Pandas 的 read_sql 方法调用上面定义的 sql 语法、数据库连接对象 cnn，同
时通过 columns 指定读取后的字段名。返回的 data 是一个数据框对象。

为了验证数据是否正确读取，通过 print(data.head(3))打印前 3 条结果，结果如下。

```
            日期   产品 SKU   产品浏览量   产品加入购物车次数   订单产品数量   订单产品收入
0 2019-06-26        1         98            11                1            38
1 2019-06-26        2         543           14                0            0
2 2019-06-26        3         69            14                8            239
```

通过 print(data.dtypes)打印输出数据的类型如下。

```
日期               datetime64[ns]
产品 SKU                    int64
产品浏览量                   int64
产品加入购物车次数            int64
订单产品数量                 int64
订单产品收入                 int64
```

从上述结果可以看出数据读取格式和值正确。

5. 将不同产品的相关数据保存到单个 Sheet

需要从数据库中取出的数据中过滤出每个产品 SKU 的数据，然后保存到 Excel 的不同
Sheet 中，方便不同的人员查看各自的 SKU 信息。

```
pro_skus = data['产品 SKU'].unique()                              # ①
with pd.ExcelWriter('data_from_mysql.xlsx') as writer:            # ②
    for sku in pro_skus:                                          # ③
        pro_data = data[data['产品 SKU']==sku]                    # ④
        pro_data.to_excel(writer,index=False, sheet_name=str(sku)) # ⑤
writer.save()                                                     # ⑥
```

代码①通过 unique 方法获得产品 SKU 的唯一值的集合。代码②使用 with 方法打开一个名
为 data_from_mysql.xlsx 的文件。代码③遍历每个 SKU 的值。代码④从 data 中过滤出每个产
品 SKU 的数据。代码⑤将每个产品 SKU 的数据通过 to_excel 方法，调用 write 对象，写入单
独的 Sheet 中，设置不输出索引值，指定 Sheet 名为字符串化的 SKU 名称。代码⑥保存 writer
写入的所有对象。

9.3 发送普通 E-mail 并附带数据文件

9.3.1 应用背景

将数据结果自动发送到指定对象是增加数据主动"沟通"的一种方式,这种方式要比"被动"地等业务方查看结果要更有时效性和可落地性。这种发送邮件的部署经常发生在日常性报告(如日报、周报等)以及预警等场景中,这对于业务方及时获得数据信息,并采取有针对性的措施至关重要。

9.3.2 工作需求

本应用将调用 QQ 邮箱的 SMTP 服务,自动给目标对象发送邮件。邮件除了正文内容外,还有附带压缩包格式的数据文件,以供目标对象查看详情。

9.3.3 实现过程

1. 配置 QQ 邮箱的 IMAP/SMTP 服务

发送邮件使用 SMTP 服务实现,很多第三方邮箱都提供该服务。例如,使用 QQ 邮箱配置只需以下 2 步。

第 1 步,在"设置—账户"中,启用"IMAP/SMTP 服务",如图 9-11 所示。

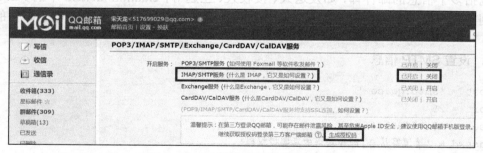

图 9-11　QQ 邮箱的 IMAP/SMTP 服务

第 2 步,单击图 9-11 中的"生成授权码"链接,根据图 9-12 中①的系统提示,使用密保手机发送"配置邮件客户端"到 1069 0700 69。验证完成后,会自动跳转到生成授权码页面,并显示已经生成的授权码,如图 9-12 中的②所示。

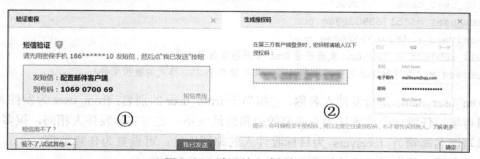

图 9-12　验证并生成授权码

后续在使用 Python 连接 QQ 邮箱服务器发送邮件时，使用授权码（而非 QQ 邮箱或 QQ 登录密码）进行验证。

请读者务必生成并使用自己的授权码进行后续邮件发送操作。本案例的授权码已做模糊处理，且后续代码中不提供授权码。

2. 导入库

```
import mimetypes
import smtplib
from email import encoders
from email.header import Header
from email.mime.base import MIMEBase
from email.mime.multipart import MIMEMultipart
from email.mime.text import MIMEText
from email.utils import formataddr
```

本案例导入的库较多。mimetypes 用于获取要上传附件的类型；smtplib 是邮箱发送服务器的主要功能库；encoders 用来转换字符编码；email.header 中的 Header 用来构造邮件信息头；mime.base 的 MIMEBase 用于构建附件时获得 MIME（Multipurpose Internet Mail Extensions）类型对象，它是一个基础类；email.mime.multipart 中的 MIMEMultipart 用于生成包括多个信息的邮件体，如发送人、接收人、主题等；email.mime.text 中的 MIMEText 用于创建包含文本数据的邮件对象；email.utils 用来格式化 formataddr 电子邮件的地址信息。

3. 设置 SMTP 信息

```
host = 'smtp.qq.com'
port = 25
user = '517699029'
passwd = '请填写从 QQ 邮箱获得的真实授权码'
```

这些信息中，host 是固定值，为 smtp.qq.com；port 在普通模式（非 SSL）下为固定值 25；user 为 QQ 号（不带有@qq.com）；passwd 为从 QQ 邮箱获得的真实授权码。

4. 设置邮件信息

```
from_user_name = '宋天龙'
from_user = '517699029@qq.com'
receivers = '517699029@qq.com'
mail_subject = 'Python 发送普通 Email 并附带数据文件'
message = '发送普通正文格式的 Email，并附带 2 个 ZIP 格式的数据文件'
```

from_user_name 是指发件人名称，它相当于 from_user 的别名；from_user 为发件人邮箱，该邮箱可填写任意一个读者认为有必要的邮箱地址（不一定与实际发件人相同，很多垃圾邮件都填写匿名邮箱）；receivers 为目标收件人的邮箱地址，可设置为任意邮箱；mail_subject 为邮件的主题，相当于邮件的标题；message 为邮件正文内容。

5．构造附件的函数

```
def _get_attach_msg(path):                                              # ①
    ctype, encoding = mimetypes.guess_type(path)                        # ②
    if ctype is None or encoding is not None:                           # ③
        ctype = 'application/octet-stream'                              # ④
    maintype, subtype = ctype.split('/', 1)                            # ⑤
    with open(path, 'rb') as fp:                                        # ⑥
        msg = MIMEBase(maintype, subtype)                              # ⑦
        msg.set_payload(fp.read())                                     # ⑧
    encoders.encode_base64(msg)                                        # ⑨
    msg.add_header('Content-Disposition', 'attachment', filename=path.split('/')[-1])  # ⑩
    return msg
```

该函数用于为构造附件提供功能。代码①定义一个名为_get_attach_msg 的函数，参数为 path（附件路径）。代码②调用 mimetypes.guess_type 从附件路径中获取类型以及编码信息。代码③和代码④判断当 ctype 为空或 encoding 不为空时，设置 ctype 的值为 application/octet-stream，该值标识当文件扩展名为 bin、class、dms、exe、lha、lzh 等类型时使用的 MIME 类型值。代码⑤通过 ctype 的 split 方法，以/作分割符，获取主类型和子类型，其中 1 表示设置分割次数最大为 1。代码⑥～代码⑧使用 with 方法以二进制方式打开基于上一步读取的主类型和子类型构建 MIME 基对象 msg，然后使用 msg 的 set_payload 方法设置读取的二进制对象为有效载荷。代码⑨使用 encoders 的 encode_base64 方法，将 msg 对象进行 BASE 64 格式（基于 64 个可打印字符来表示二进制数据的方法）的编码。代码⑩为 msg 对象增加 header 附件信息。最后返回。

6．构造邮件正文和附件

```
files = ['sales_data.zip', 'traffic_data.zip']                         # ①
msg = MIMEMultipart()                                                   # ②
msg['From'] = formataddr((from_user_name, from_user))                   # ③
msg['To'] = receivers                                                   # ④
msg['Subject'] = Header(mail_subject, 'utf-8').encode()                 # ⑤
msg.attach(MIMEText(message, 'plain', 'utf-8'))                         # ⑥
for each_file in files:                                                 # ⑦
    msg.attach(_get_attach_msg(each_file))                             # ⑧
```

本段代码构造完整的邮件正文和附件信息。代码①定义 2 个 zip 压缩包。代码②初始化 MIMEMultipart 方法为 msg 对象，后续的邮件内容和信息添加都基于该对象。代码③调用 formataddr 方法，对发件人信息进行格式化并设置为 msg 的 From（发件人）信息。代码④设置 msg 的 To（收件人）为设置的 receivers。代码⑤使用 Header 方法，对 mail_subject（邮件主题）做 uft-8 编码后将其设置为 msg 的主题。代码⑥使用 msg 的 attach 方法添加正文内容，内容通过 MIMEText 构造，指定内容文本为之前设置的 message 字符串，plain 表示普通文本格式，utf-8 表示文本字符编码。代码⑦和代码⑧使用 for 循环，读取每个附件路径，并调用上面定义的_get_attach_msg 方法构造附件内容，然后使用 msg.attach 方法添加到邮件中。

7．发送邮件

```
smtp = smtplib.SMTP()                                                   # ①
smtp.connect(host, port)                                                # ②
```

```
smtp.login(user, passwd)                                          # ③
smtp.sendmail(from_user, receivers, msg.as_string())              # ④
strs = 'send a mail to {0} with {1} attachments'.format(receivers, len(files))  # ⑤
print(strs)                                                       # ⑥
```

代码①初始化 smtplib.SMTP 对象为 smtp。代码②使用 host 和 port 信息建立 smtp 服务连接。代码③使用 user 和 passwd 登录 stmp 服务。代码④调用 smtp 的 sendmail 方法，指定发件人、收件人和邮件主体信息并发送邮件。代码⑤和代码⑥打印输出发送结果为 "send a mail to 517699029@qq.com with 2 attachments"。

打开邮箱，可以看到发送的内容如图 9-13 所示。

图 9-13　发送带有附件的普通 E-mail

9.4　发送 HTML 富媒体样式的邮件

9.4.1　应用背景

9.3 节发送的普通 E-mail，其正文内容没有样式，因此无法承载丰富的可视化内容，更多的数据和结论只能通过附件获得。

但在很多情况下，在 E-mail 中也可以使用 HTML 格式来增加数据输出的可视化效果，并更好地描述数据结论，以及洞察、展示数据价值。

9.4.2　工作需求

本应用将实现发送 HTML 格式的邮件，其操作方式与 9.3 节的案例基本类似，但形式更多样、内容更丰富、效果更直观。

9.4.3　实现过程

由于本应用使用的方法与 9.3 节介绍的基本类似，因此相同的功能和语法将不再重复介绍。

1．导入库

```
import smtplib
from email.header import Header
from email.mime.multipart import MIMEMultipart
from email.mime.text import MIMEText
from email.utils import formataddr
```

2．设置 SMTP 信息

```
host = 'smtp.qq.com'
port = 25
user = '517699029'
passwd = '请填写从 QQ 邮箱获得的真实授权码'
```

3．设置邮件信息

```
from_user_name = '宋天龙'
from_user = '517699029@qq.com'
receivers = '517699029@qq.com'
mail_subject = 'Python 发送 HTML 富媒体样式的邮件'
message = '发送 HTML 富媒体样式的邮件'
```

4．构造邮件正文

```
msg = MIMEMultipart()                                    # ①
msg['From'] = formataddr((from_user_name, from_user))    # ②
msg['To'] = receivers                                    # ③
msg['Subject'] = Header(mail_subject, 'utf-8').encode()  # ④
with open('html_content.txt',encoding='utf8') as fn:     # ⑤
    message = fn.read()                                  # ⑥
msg.attach(MIMEText(message, 'html', 'utf-8'))           # ⑦
```

在本段代码中，由于不需要构造附件，因此代码量略少。本段代码的功能与 9.3 节的案例比较，主要差异点在于代码⑤～代码⑦。

代码⑤和代码⑥读取名为 html_content.txt 的 HTML 格式的文本内容，该内容是邮件的正文，为 HTML 格式。代码⑦在通过 MIMEText 构造正文内容时，设置正文格式为 HTML（而非上个案例的 plain），这样 HTML 内容才能被正确"翻译"。

5．发送邮件

```
smtp = smtplib.SMTP()
smtp.connect(host, port)
smtp.login(user, passwd)
smtp.sendmail(from_user, receivers, msg.as_string())
strs = 'send a mail to {0} with html content'.format(receivers)
print(strs)
```

邮件发送成功后，打印输出"send a mail to 517699029@qq.com with html content"。打开邮箱，可以看到带有 HTML 格式的邮件内容，如图 9-14 所示。

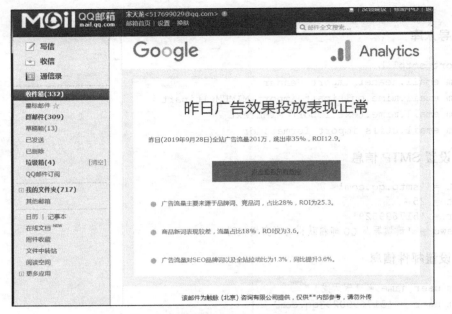

图 9-14　发送带有 HTML 格式的邮件

9.5　系统自动执行 Python 脚本和数据任务

9.5.1　应用背景

在周期性工作中，如果工作内容是重复性的，那么可以通过系统自动调度的方式，自动执行特定的 Python 脚本和数据任务，这样可以减少重复性和机械性的劳动。应用场景如下。

（1）周期性取数。例如，每天从数据库中获取昨日、最近 7 天的数据，然后汇总为报表并发送到指定负责人。

（2）自动数据备份。例如，将某个盘符下的所有文件，每天自动打包并备份到其他盘符路径下。

（3）自动检查数据。例如，自动从多个数据源获取数据（一般是数据同步时使用的源数据和目标数据），然后通过固定的规则对比数据差异并及时告知特定人员数据异常等。

9.5.2　工作需求

本应用将实现自动备份数据的需求，具体需求为从 D 盘中获取指定的目录内容，每天通过 Windows 系统自动调度任务，将数据备份到 E 盘指定目录下。

9.5.3　实现过程

1. 导入库

```
import os
import zipfile
from datetime import datetime
```

本案例使用 os 库处理路径和文件遍历；zipfile 在之前也用到过，用于打包压缩；datetime 库用于获取日期并记录不同时间下的备份文件名。

2. 打包压缩

```
def zip_dir(scr_path, tar_path):                                    # ①
    filelist = []                                                   # ②
    for root, dirs, files in os.walk(scr_path):                     # ③
        for name in files:                                          # ④
            filelist.append(os.path.join(root, name))               # ⑤
    zf = zipfile.ZipFile(tar_path, "w", zipfile.zlib.DEFLATED)      # ⑥
    for tar in filelist:                                            # ⑦
        arcname = tar[len(scr_path):]                               # ⑧
        zf.write(tar, arcname)                                      # ⑨
    zf.close()                                                      # ⑩
```

这段代码实现了将一个目录下的文件打包压缩。代码①定义名为 **zip_dir** 的函数，参数 scr_path、tar_path 分别代表原始路径及压缩后的文件路径。代码②定义一个空列表，用于存储每个目录下的文件。代码③~代码⑤组合实现遍历目录下的所有文件及子目录，然后将带有路径的文件添加到 filelist 列表中。这里用到了 os.walk 方法遍历目录，以及 os.path.join 组合目录路径和文件名，形成完整路径的文件名。代码⑥使用 **zipfile.ZipFile** 方法新建一个 **zf** 对象，指定 tar_path 为压缩包的文件对象，w 表示新建 zip 文档或覆盖一个已经存在的 zip 文档，zipfile.zlib.DEFLATED 表示压缩模式。代码⑦从所有文件中读取每个文件。代码⑧通过索引获得每个文件的文件名。代码⑨使用 zf 的 **write** 方法，将路径和文件夹写入压缩包。代码⑩关闭压缩包对象。

3. 定义数据信息

```
scr_paths = [r'D:\[书籍]python 数据分析\3_附件\chapter9\sales_data', r'D:\[书籍]
python 数据分析\3_附件\chapter9\traffic_data']                       # ①
tar_paths = [r'E:\BK\sales_data.zip', r'E:\BK\traffic_data.zip']    # ②
dt = datetime.now().strftime("%Y%m%d%H%M%S")                       # ③
```

代码①定义要备份的源数据目录，本案例以 9.1 节案例解压后的 2 个数据目录 sales_data 和 traffic_data 作为示例。代码②定义目标备份的文件路径。代码③定义每次执行的时间戳字符串，便于后期按照时间查找备份程序的执行记录。

4. 删除历史备份

```
for each_file in tar_paths:              # ①
    if os.path.exists(each_file):        # ②
        os.remove(each_file)             # ③
```

在备份过程中，为了减少占用的磁盘空间，只保留最后一次备份的目录即可，将历史记录全部删除。代码①遍历每个备份目录。代码②和代码③通过 if 预警判断，如果存在文件，则使用 os.remove 方法删除。

5. 执行单次备份

```
with open(f'backup_{dt}.log','w+') as fn:                          # ①
    for scr_path, tar_path in zip(scr_paths, tar_paths):           # ②
```

```
    target_path = os.path.split(tar_path)[0]                          # ③
    if not os.path.exists(target_path):                               # ④
        os.makedirs(target_path)                                      # ⑤
    fn.write(f'source {scr_path} → target {tar_path} start...')       # ⑥
    zip_dir(scr_path, tar_path)                                       # ⑦
    fn.write(f'\n')                                                   # ⑧
    fn.write(f'source {scr_path} → target {tar_path} success!!!')     # ⑨
    fn.write(f'\n')                                                   # ⑩
```

在备份程序的执行过程中，为了了解备份程序的执行情况，需要将执行信息写入文件。代码①新建一个 backup_{dt}.log 的日志文件，其中 dt 为每次执行时的时间戳字符串，如果文件不存在，则新建。代码②通过 for 循环结合 zip 方法，每次读取源目录和目标备份文件的地址。代码③从目标备份文件中通过 os.path.split 切分出目录信息。代码④和代码⑤调用 os.path.exists 判断目录，如果目录不存在，则调用 os.makedirs 新建目录。代码⑥调用 fn 的 write 方法写入要备份的文件目录和目标备份文件名称，以"start..."作为开始标志。代码⑦执行备份单一目录功能。代码⑧~代码⑩依次写入换行符、成功标志和换行符。

上述程序执行后，在当前执行目录下会产生新的 log 文件，打开文件，可以看到输出信息，示例如下。

```
source D:\[书籍] Python 数据处理、分析、可视化与数据化运营\3_附件\chapter9\sales_data →
target E:\BK\sales_
    data.zip start...
source D:\[书籍] Python 数据处理、分析、可视化与数据化运营\3_附件\chapter9\sales_data →
target E:\BK\sales_
    data.zip success!!!
source D:\[书籍] Python 数据处理、分析、可视化与数据化运营\3_附件\chapter9\traffic_data →
target E:\BK\traffic_
    data.zip start...
source D:\[书籍] Python 数据处理、分析、可视化与数据化运营\3_附件\chapter9\traffic_data →
target E:\BK\traffic_ data.zip success!!!
```

打开备份目录，可以看到备份文件，如图 9-15 所示。

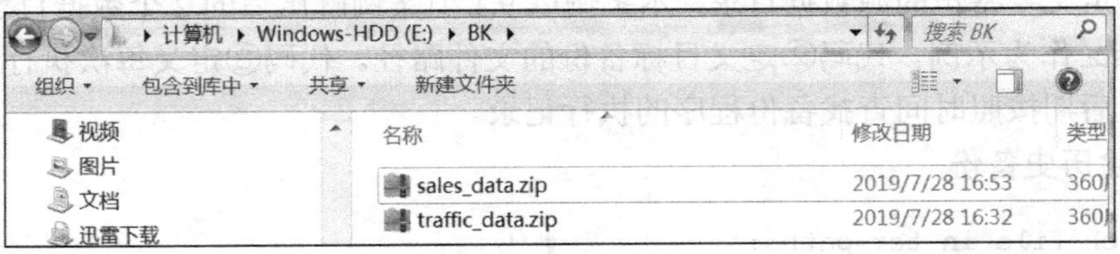

图 9-15　备份后的文件

6．设置 Windows 系统定时任务

用户可以使用 Windows 系统的自动调度任务实现系统自动执行。由于 Windows 需要调用 Python 脚本，因此将本案例的代码单独保存到 auto_backup.py 文件中。

调度设置以 Windows 系统为例，在"开始"菜单，单击"系统工具→任务计划程序"，打开"任务计划程序"窗口。单击右侧的"创建基本任务"，创建新的任务，如图 9-16 所示。

各个环节的主要配置如下。

（1）创建基本任务。设置名称和描述，建议设置便于区分的名称，并在描述中简单介绍调度功能。

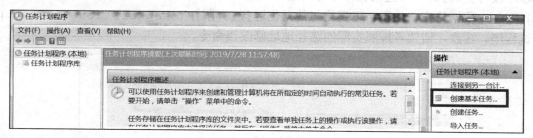

图 9-16　创建基本调度任务

（2）触发器。设置何时开始执行，周期性任务调度一般基于时间，如每天、周或月等。这里设置为每天。在"每日"选项中，设置每天执行的时间点及间隔。

（3）操作。设置任务如何执行，这里选择"启动程序"选项。在"启动程序"对话框中设置参数，如图 9-17 所示。

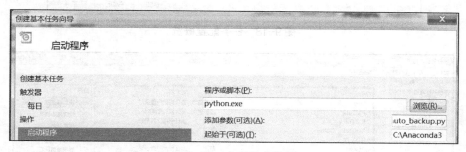

图 9-17　启动程序设置

单击"程序或脚本"文本框右边的"浏览"按钮选择执行程序，即 python.exe；"添加参数"设置被执行的脚本为 auto_backup.py 所在的完整路径，即 D:\[书籍] Python 数据处理、分析、可视化与数据化运营\3_附件\chapter9\auto_backup.py；"起始于"填写 python.exe 的程序路径，如果 python.exe 本身已经在系统环境变量中，也可以不设置。

注意　　auto_backup.py 和 python.exe 的路径读者需要改为自己的实际完整路径。

上述配置实际上实现的是在系统终端执行 C:\Anaconda3\Python.exe D:\[书籍] Python 数据处理、分析、可视化与数据化运营\3_附件\chapter9\auto_backup.py 命令，因此读者可测试该项目在命令行能否正确执行来预先调试。

配置全部完成后，会到达"完成"步骤，在这里可总体查看调度任务设置情况。没有问题则单击"完成"按钮，如图 9-18 所示。

在图 9-16 左侧的导航中，单击"任务计划程序库"选项，可以看到所有已经配置的计划任务。刷新可显示刚才新建的任务。双击目标程序调度名称可查看及修改调度配置，也可以对任务调度做其他操作。为了测试任务能否正常执行，单击选中自动备份程序，然后单击右侧的"运行"，可直接测试任务单次执行情况，如图 9-19 所示。

如果程序正确执行，返回 E:\BK 路径查看文件的生成日期，应该是刚才执行的时间；如果程序没有正确执行，可直接在命令行终端中，输入 C:\Anaconda3\Python.exe D:\[书籍] Python 数据处理、分析、可视化与数据化运营\3_附件\chapter9\auto_backup.py 测试程序。注意，请读者按照实际的路径地址修改该命令。

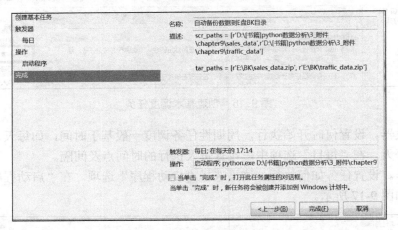

图 9-18 任务配置概览

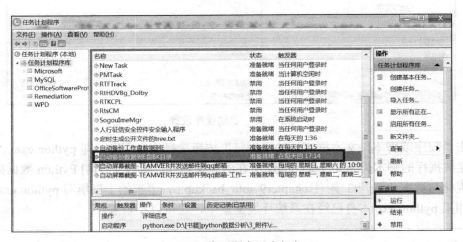

图 9-19 查看所有调度任务

例如，如图 9-20 所示，笔者在首次执行程序时发现报错，提示其他程序在占用该文件导致无法备份成功。在停止其他 Python 程序之后，再次执行程序，备份成功。

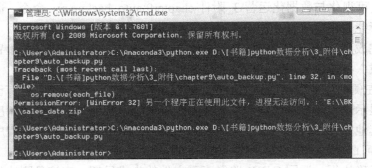

图 9-20 终端命令行测试程序

218

9.6 新手常见误区

9.6.1 不注重自动化的工作方式

数据分析师的价值不在于日常烦琐且重复的劳动,因为这类工作大多数都被机器代替了。在掌握 Python 的用法之后,可以将日常重复性(大于 2 次)的工作采用自动化的方式执行,这样可以将节省下来的精力投入真正的"分析"工作中。

类似问题:现在很多企业的需求场景是周期性的,但经常变动。对于此类数据工作,数据分析师也可以总结出其中有共性的部分,然后在共性的基础上,再做二次加工和整理的效率也会远高于每次都从头开始做。

9.6.2 数据输出物的美观度也是一种数据价值

让数据结果好看并不是数据分析师最重要的事,输出数据结果、解读数据结果、寻找数据规律才是数据输出的真正价值。但是,这些价值都建立在数据工作的业务方接收并了解了数据结果的基础之上。很多时候,数据分析师输出的交付物美观度太差,业务方不愿打开或查看结果,导致真正有价值的信息没有传达到位。因此,美观度也是一种数据价值。

类似问题:在数据分析中,数据输出物美观不仅存在于数据报告中,也存在于 Excel、电子邮件、文本文件等任何交付物中。凡是输出物的载体,都需要数据分析师重视。当然,这并不意味着要舍本逐末——放弃数据规律探索而单纯追求美观,而是要在有数据价值的基础上保持美观,这是一种递进的关系。

9.6.3 缺乏对自动化作业任务的监控

凡是涉及自动化、程序化的工作方式,在保持计算机自动工作的同时,还要增加对作业任务的监控,目的是保证部署程序正常、按照目标执行。因此,对作业任务的监控必不可少。一般情况下,监控包括 2 个层次:一是是否执行,二是是否正确执行。

类似问题:自动化作业任务不是只有 Python 程序,这取决于自动化工作的程序或工具。例如,数据库自动同步需要监控数据库程序,发送邮件需要监控简单邮件传输协议(Simple Mail Transfer Protocol,SMTP)服务是否正常可用等。

实训:将日常发送邮件工作自动化

1.基本背景

通过邮件发送报表和报告是数据分析人员使用频率最高的数据交付方式,这些重复性的工作很大一部分可以自动化执行。

2.训练要点

通过 Python 程序,结合 Windows 调度功能,将日常数据结果文件自动发送给目标收件人。

3．实训要求

（1）从数据库中抽取数据并保存为文件。

（2）调度第三方 SMTP 服务实现邮件发送。

4．实现思路

（1）参照 9.2 节案例从数据库中获取数据并保存为文件。

（2）参照 9.5 节案例将文件作为邮件附件发送给指定目标收件人。

思考与练习

1．当前企业中有哪些数据工作可以以自动化的方式执行？

2．会员分析有哪些指标和维度可以使用？

3．为什么通过单一指标不能直接得到数据结论？

4．如何看待数据在企业经营中的价值和作用？

5．如果你分别是会员部门和企业大数据部门的负责人，你会如何规划数据化运营应用体系？

6．使用本章的数据集，手写代码实现各个模块和逻辑。

第 10 章 数据分析与数据化运营

数据化运营是指通过数据化的工具、技术和方法，对运营过程中的各个环节进行科学分析、引导和应用，从而达到优化运营效果或提高效率的目的。数据分析在这个过程中主要起到辅助决策和数据驱动的作用。

除了通过 Python 实现特定的功能、程序和产品化应用外，用户还需要提供数据化运营的应用支撑。本章将从数据报告矩阵、分析指标矩阵、探索维度矩阵、应用场景矩阵几个方面简单介绍如何建立全面的数据应用体系。

10.1 数据报告矩阵

数据报告是数据工作的核心内容，基本以报表、报告、邮件或数据文件为输出物。按照触发情况和频率，可分为临时分析、实时分析、日常报告、专题分析和项目分析。

10.1.1 临时分析

临时分析是为了满足业务需要临时增加的需求，包括数据提取、数据咨询、数据报告等。临时分析是日常工作的一部分，是区别于既定的计划工作的突发性或临时性工作。

临时分析的需求对象包括上级领导部门、平行需求部门和数据中心内部。

（1）上级领导部门的临时需求是临时分析的主要来源，由于无法预知且无法拒绝，因此是临时分析的重点工作。此类需求涉及范围较广，可能包括全站和特定对象的数据需求、特定业务的效果分析等。

（2）平行部门的临时需求是指需求部门与数据中心或部门处于平行关系，其需求是基于特定主题或结果的临时工作。此类需求是日常琐碎需求的主要构成，应该通过流程化机制来规范。

（3）数据中心内部的临时需求是指需求来源于数据工作体系内部，通常见于初级数据分析师的日常工作中；内部的临时需求通常是为了满足高级数据分析师的特定分析需求，是内部分工协作的一部分。

10.1.2 实时分析

实时分析是数据发挥价值的重要输出窗口。实时分析常见于企业大型活动的开展过程中，通过实时监测和反馈信息来辅助业务方进行实时优化。

实时分析不是针对所有场景都能发挥作用的，而是有特定的作用范围和要求。

（1）可监测。实时分析的首要关键点是有数据支持，这要求数据既要可控于企业内部，又要可测量。例如，企业在电视媒体上投放的广告，由于不可测量，而无法提供实时数据支持。

（2）可实时反馈。实时分析的第 2 个关键点是数据可以实时更新，实时数据支持的基础频率是分和秒。在某些场景下，数据按小时或天的频率更新是无法满足实时分析需求的。

（3）可优化。可优化是实时分析输出的关键，这意味着实时分析的结果输出后，业务方可以有针对性地改善和优化；如果实时监测的业务无法进行优化操作，那么实时分析毫无价值。

实时分析对数据的实时性要求极高，因此不会采用非常复杂的算法以及企业海量数据进行运算，其作用主要是实时数据统计和基于简单算法的异常检测。

（1）实时数据统计是基础的数据输出功能，根据时间跨度可输出一定时间内的数据。

（2）异常数据检测是实时数据分析的核心，其价值在于可以针对实时数据提炼异常情况，并提示相关业务方引起注意。异常监测的常用营销点包括异常流量监测、异常订单监测、异常页面访问等。

10.1.3 日常报告

日常报告按频率和数据时间范围可分为小时报（重大业务动作下，如店庆、周年庆）、日报、周报、季报、半年报和年报。

日常报告的特点是针对一定周期的数据进行汇总和统计，以便获得关于整体和细分数据的变化和趋势。日常报告通常采用相同的输出框架和模板，因此呈现出程式化、常规化和周期性的特点。

日常报告的内容需要在常规化的前提下做出特色，内容是日常报告最重要的一方面。以下是针对日常报告内容的 3 个建议。

（1）关注整体趋势。周期性报告一定要有关于整体趋势的定论，对比、环比、定基比都是比较好的趋势观察方法，关于整体趋势的变化结论除了描述涨落以外，还需要确定涨落异常；另外，确定标杆值也是日常数据描述的重要途径和参照点。

（2）关注重要事件。报告中期内的重要事件是汇报对象普遍关注的模块，因此有必要将重要事件的数据及对整体的影响做简要分析。

（3）关注潜在因素。除了整体数据外，数据分析师一定要能通过数据发现报告周期内的潜在因素，且该因素产生的影响可能与整体趋势相近或相反。

10.1.4 专题分析

专题分析的作用对象是业务中心，围绕特定专题或观点进行数据专项挖掘或分析。专题报告区别于日常报告的一个重要特点是，专题报告是围绕某个特定领域展开的小而精的深入研究，而日常报告侧重于某个周期展开大而全的概要分析。

专题报告可以按业务模块划分为广告专题、会员专题、商品专题等；同时，每个业务模块都需要按周期划分为月度专题报告、季度专题报告、年度专题报告等。

标准的专题报告通常包括以下几个部分。

（1）封皮和封底。每个公司都有自己的封皮和封底模板。

（2）摘要。摘要是对报告内容的概述，方便阅读者阅读摘要直接了解报告内容，而无须阅读整个报告。

（3）目录。如果报告内容过多，则需要通过目录告诉阅读者包括哪些内容。

（4）说明。说明是报告中数据时间、数据粒度、数据维度、数据定义、数据计算方法和相关模型等内容的特殊说明，是为了增强报告的可理解性。

（5）正文。正文是报告的核心，通常使用"总—分—总"的思路撰写。日常报告除了陈列数据外，一定要有数据结论；而对于数据结论的挖掘，可根据阅读者的需求自行安排并酌情添加。

（6）附录。如果报告存在外部数据引用、原始数据、数据模型解释等，建议作为附录放在报告最后。

10.1.5　项目分析

项目分析通常是基于跨中心的主题需求而产生的专项数据分析，它是更偏全局性的一类专题分析工作。

项目分析根据服务对象通常可分为两部分。

（1）服务于公司高层领导的专项分析，包括数据中心负责人及更高级别领导，如高级副总裁（SVP）、首席市场官（CMO）、首席执行官（CEO）等。

（2）服务于公司其他中心的专题分析，通常是跨中心级的数据协作，如营销部门的数据分析师针对公司级大型促销活动的整体分析。除了营销分析外，还包括运营分析、商品分析、订单分析、仓储库存分析、物流配送分析、客户服务分析等。跨中心的项目分析的目的是满足公司内部多部门协作的分析需求。

项目分析和专题分析都是针对特定主题的深入研究，且都是通过数据分析和数据挖掘发现潜在价值的辅助决策形式。但二者在服务对象、作用范围和时间花费上的差异较大。

（1）服务对象不同。项目分析服务于公司决策层或平行中心，专题分析服务于数据工作体系内部。

（2）作用范围不同。项目分析可作用于企业其他运营环节甚至辅助决策层做决策，专题分析作用于营销内部的执行层。

（3）时间花费不同。项目分析因涉及面广、调用资源多，因此需要更长的处理周期，通常以月为单位；专题分析由于处于同一中心内部，沟通和协作更为方便，因此花费时间较少，通常以周为单位。

10.2　分析指标矩阵

分析指标是指通过不同的指标来评估、测量特定对象的优劣好坏。例如，衡量人的身高可以用厘米，体重用千克，厘米和千克就是指标。数据指标用于分析业务效果，企业层面重点关注投入和产出的比值，即投入产出比；业务层面重点关注实际业务效果。这些是针对不同数据汇报对象的典型应用。

10.2.1 会员运营

会员运营过程中，用于评估经营效果的常用会员指标如表 10-1 所示。

表 10-1　　　　　　　　　　　　　　　　常用会员指标

指标名称	指标说明
注册会员数	已经成为注册会员的数量
激活会员数	完成特定激活动作的会员的数量，如单击确认链接、手机验证、身份验证等
可营销会员数	可通过一定方式（手机号、邮箱、QQ、微信等）进行营销的会员的数量
会员营销费用	一般包括营销媒介费用、优惠券费用和积分兑换费用 3 种
会员营销收入	通过会员营销渠道和会员相关运营活动产生的收入，包括电子邮件、短信、会员通知、线下二维码、特定会员优惠码等
用券会员/金额/订单比例	使用优惠券完成销售的会员比例和订单比例
营销费率	会员营销费用占营销收入的比例
每注册/订单/会员收入	每产生 1 个注册会员或订单带来的收入
每注册/订单/会员成本	每产生 1 个注册会员或订单所需的投入
整体会员活跃度	评价当前所有会员的活跃度情况，通常以会员动作或关键指标作为会员是否活跃的标识（如是否登录）
每日/每周/每月活跃用户数	活跃用户根据活跃周期的不同可以定义为每日活跃用户（Daily Active Users，DAU）、每周活跃用户（Weekly Active Users，WAU）、每月活跃用户（Monthly Active Users，MAU）等
会员价值分群	以会员价值为出发点，通过特定模型或方法将会员分为几个群体或层级
复购率	一定周期内购买 2 次或 2 次以上的会员比例
消费频次	将用户的消费频率按照次数统计。统计结果是在一定周期内消费了不同次数，如 2 次、3～5 次、6～10 次、11 次以上
会员生命周期价值/订单量/平均订单价值	衡量会员在完整的生命周期内（而非所选择的时间周期）产生的订单价值、订单量、平均订单价值
会员生命周期转化率	会员在完整的生命周期内完成的订单和到达网站/企业/门店的次数比例，该指标衡量了会员是否具有较高的转化率
会员生命周期剩余价值	它是一类预测性的指标，用来预测用户在生命周期内还能产生多少价值
会员流失率	不再购买或消费企业相关商品和服务的会员数量的比例
会员异动比	新增会员与流失会员之间的比例关系，即新增会员/流失会员的值

10.2.2 商品运营

在商品运营过程中，用于评估经营效果的常用商品指标如表 10-2 所示。

表 10-2 常用商品指标

指标名称	指标说明
订单量/商品销售量	客户提交订单的数量，计算逻辑去重后的订单 ID 的数量
订单金额	订单金额为客户提交订单时的金额，又称为应付金额。订单金额是客户真正应该支付的金额
每订单金额/客单价/件单价	总订单金额除以订单量、客户数量和商品销售量获得的指标
订单转化率	订单转化率是电子商务网站最重要的评估指标之一。订单转化率 = 产生订单的访问量/总访问量或产生订单的 UV/总 UV 量
支付转化率	完成支付的客户数量除以提交订单的客户数量
订单有效率	有效状态（去除各种取消、作废的订单）下订单量占比
毛利	毛利 = 商品妥投销售额 − 商品批次进货成本
活动直接收入/活动间接收入	活动直接收入是指单纯通过促销活动带来的收入，客户购买的均属于促销活动商品。活动间接收入是指通过促销活动带来的客户购买了非活动商品的收入情况
库存可用天数	当前库存可以满足供应的天数
库存量	一定周期内全部库存商品的数量
库龄	一般意义上的库龄是指商品库存时间
滞销金额	滞销是指商品周转天数超过其应该售卖的周期，导致无法销售出去的情况。这些商品产生的金额即直销金额
缺货率	缺货是相对于滞销的另一个极端，缺货意味着库存商品无法满足用户购买需求
残次数量/残次金额/残次占比	残次是指由于商品库存、搬运、装卸、物流、销售等因素造成的商品外包装损坏、产品损坏、附件丢失等影响商品二次销售的情况。残次数量是指残次商品的数量。残次金额是指残次商品的进货成本。残次占比用来衡量残次商品在整个库存中的比例
库存周转天数	用时间表示库存的周转速度，是指从商品进货开始到最终完成销售或损毁经历的天数

10.2.3　广告运营

在广告运营过程中，用于评估经营效果的常用广告指标如表 10-3 所示。

表 10-3 常用广告指标

指标名称	指标说明
曝光量	广告对客户展示的次数。广告曝光量又称广告展示量
点击量	广告被客户点击的次数，每单击一次就记录一次
点击率（CTR）	点击率也称点击通过率，点击率 = 点击量 / 曝光量
CPM	每千人成本（Cost Per Mille，CPM）
CPD	按天展示成本（Cost Per Day，CPD）

续表

指标名称	指标说明
CPC	每次点击成本（Cost Per Click，CPC）
CPA	每次行动付费（Cost Per Action，CPA）。通常会将行动定义为网站特定的转化目标，如下载、试用、填写表单、观看视频等，然后按照转化目标的数量付费
每 UV 成本/每访问成本	点击站外广告到达网站后，每个 UV 或访问的成本
ROI	即投资回报率（Return on Investment，ROI），是指投入费用所能带来的收益比例，计算公式有 2 种： ROI = 利润 / 费用，或 ROI = 成交金额 / 费用

10.2.4 网站运营

在网站运营过程中，用于评估经营效果的常用网站指标如表 10-4 所示。

表 10-4   常用网站指标

指标名称	指标说明
到达率	是指用户从站外广告点击后到达网站的比例
UV	独立访客（Unique Visitor，UV）根据定义时间的不同可分为每小时 UV、每日 UV、每周 UV、每月 UV 等。每小时 UV 定义为用户在一小时内无论进入网站多少次或打开多少页面，都只计算为 1，其他 UV 计算方法类似
Visit	Visit 又称访问量、访问次数或会话次数。Visit 的定义与 UV 类似，只不过大多数 Visit 的默认定义时间为 30 分钟，即用户在 30 分钟内重复打开网站，Visit 只计为 1；若超过 30 分钟，重复访问则记为一次新的访问
PV	PV（Page View）又称页面浏览量、页面曝光量，与站外推广类指标中的曝光量定义相同，区别在于 PV 只用来衡量站内页面的曝光量
新访问占比	所有访问中新用户的占比，这里的新用户是指之前没有任何访问记录的用户
访问深度	又称人均页面浏览量，用来评估平均每次访问中用户看了多少个页面
停留时间	停留时间是指用户在网站或页面的停留时间
跳出/跳出率	跳出是指用户在到达落地页之后没有单击第 2 个页面即离开网站的情况，跳出率是指将落地页作为第 1 个进入页面的访问中直接跳出的访问比例
退出/退出率	退出是指用户从网站离开而没有进一步动作的行为。退出率是指在某个页面退出的访问占该页面总访问的比例
加入购物车转化率	指将商品加入购物车的访问量的占比
购物车内转化率	提交订单的访问量 / 加入购物车的访问量

10.3 探索维度矩阵

探索维度指在做数据分析时，研究和分析问题的方向和角度。例如，分析全球变暖可以从人类二氧化碳排放量、全球自然气候演变、太阳自身的变化等维度分析。在分析数据时，基本都需要从不同的分析维度切入。因此，维度越丰富，可分析的角度和信息点越多。

10.3.1　目标端

目标是指业务要实现的目的。目标分析是数据分析的起点，也是评价业务活动是否成功的唯一标志。以营销为例，常见的营销目标包括品牌推广、活动促销、流量引入、完成转化（如订单转化、试用转化、预订转化等）4 类。每次营销活动都存在一个或多个目标，大多数情况下会以一个目标为主，其他目标为辅。例如，某企业做一次营销活动，其核心目标是品牌宣传，辅助目标是流量引入和活动促销。

10.3.2　媒体端

现阶段，企业的流量大多来源于站外媒体投放，因此，媒体本身的很多要素直接影响数据结果，包括媒体渠道、媒体位置、媒体排期、媒体预算、营销对象、投放素材、投放链接和跳转以及特殊分析要素。

1．媒体渠道

媒体渠道是指投放的媒介，部分特殊媒介可进一步细分。例如，亿起发、返利网等更像是一个媒介联盟，其可进一步细分到更细的投放媒介载体，如旗下的 A、B、C 网站。媒体渠道需要细分到投放网站级别。细分渠道是营销分析的第一步，通过该步可以定位哪些投放渠道（即网站）存在问题。

2．媒体位置

媒介位置即投放网站的广告位置。大型媒介的同一个页面会存在多个投放位置，不同位置对广告效果的影响不同。媒介位置对广告效果的影响的基本规律为：首屏的广告效果会好于其他屏、楼宇底部的广告效果会好于中间楼层、左侧的广告效果会好于右侧。

但是，以上规律也存在例外。广告效果除了受媒体位置影响外，还受其他因素影响，如用户成分、广告内容、位置接触成本等。

3．媒体排期

媒体排期是指站外广告宣传的起止时间因素。排期对广告投放的效果影响较大。例如，正常上班时间比节假日投放效果好，春节期间效果非常差；工作日比休息日的广告效果好。

4．媒体预算

媒体预算对广告效果的直接影响是预算多则曝光时间长、流量大，因此产生的转化较多。因此，当对广告按照时间进行趋势分析时，如果发现某天的时段流量突然降低，那么很可能是预算限制的问题。

5．营销对象

营销对象即广告宣传的对象，如品牌推荐、活动促销、单品爆款等。营销对象是影响广告效果的核心要素之一，主要表现在：符合用户需求的影响对象可以形成用户的共鸣，因此，可以产生更好的广告效果。共鸣点包括优质且低价的商品、免费领取的红包、优惠券、电影票、餐券等，以及行业标杆产生的促销，如 iPhone 手机、联想小 Y 笔记本系列等。

契合用户需求与企业营销目标的对象，可以使广告效果事半功倍，也是营销活动成功的基础；反之，如果宣传对象不被用户认可，即使其他要素全部具备，也很难产生良好的效果。

6．投放素材

投放素材是指站外广告投放时的广告素材。素材设计是吸引用户关注和单击的重要环节。素材对广告效果的影响示例：与众不同的创意更能获得用户的关注；大型图片或素材更容易被用户发现；促销类广告对于折扣、价格更敏感，如直降 400 元、3 折。

7．投放链接和跳转

投放链接是指用户单击广告之后的链接页面。在大多数情况下，当用户单击广告后会直接到达着陆页，但在某些情况下也会存在跳转。链接跳转会引起到跳转前的页面数据指标异常，表现为跳出率低、停留时间短、退出率低等。因此，识别跳转链接是进行数据排查和异常监测的重要步骤，同时也是理解业务工作的必然途径。

8．媒体特质

每一类媒体都有自己的特质，如豆瓣的慢文化、人人的学生气、领英的商业社交、微博的陌生关系和媒体属性、微信的熟人网络等。这些媒体因其特质而聚集人气，即物以类聚，人以群分，具备不同特质的人群往往也具有不同的价值观念和行为趋向，从而影响媒体与广告主的用户重合度、需求匹配度、信息表达和接收、行为表现等。

10.3.3 用户端

用户端的分析维度包含用户属性、用户线上行为和用户线下行为。

1．用户属性

用户属性是指用户本身的特征和要素，包括性别、年龄、收入、设备等人口社会属性数据。

（1）性别、年龄和收入等人口社会属性信息主要通过 CRM 系统获得。

（2）设备属性包括设备浏览器（如 Internet Explorer）、操作系统（如 Windows）、设备类型（计算机、手机、平板电脑）、设备名称（如 NOTE 2）等。设备属性主要作用于用户当时的操作环境，对网站设计具有重要参考意义。

此外，网站分析工具还提供了基于用户访问次数的新老访问、客户留存、访问活跃度等数据，这些是评估用户活跃情况的重要维度。

2．用户线上行为

用户线上行为包括普通页面访问行为、搜索行为、转化行为、电子商务行为 4 类。

（1）页面访问行为包括页面查看、单击等基本数据，可分为页面访问和页面内链接单击 2 类。

（2）搜索行为是用户站内喜好和需求的重要表现。

（3）转化行为是网站自身定义的转化目标，包括注册、下载、预订、接受服务等。

（4）电子商务行为是付款相关的核心转化，包括订单、预付款、服务预订等。

用户行为挖掘是线上分析的重点，也是所有基于网站分析工具提供价值的联系纽带。所有营销行为的本质都是用户行为，基于用户的喜好、诉求、动作是营销总结和分析的连接点。

3．用户线下行为

线上的用户行为可通过网站分析工具获取，而线下的用户行为基本需要通过用户与各个业务部门的交互获取，包括用户与呼叫中心的电话和沟通信息、线下门店的销售记录、客户经理的线下拜访、客户退换货信息等。这些信息是客户数据的主要来源，因为它们都属于用户与企业发生过的真实"关系"，这种关系一般都是基于服务交易产生，如订单、购买等。

10.3.4　网站端

网站端需分析的要素主要包括着陆页设计、关键表单设计和站内流程设计 3 个部分。

1．着陆页设计

着陆页设计是影响站外营销到达站内的第一要素，也是站内漏斗的第一环节。着陆页设计会直接影响用户在着陆页的直接反应，如是马上跳出、浏览后跳出、浏览其他页面，还是浏览目标页面等。

2．关键表单设计

关键表单设计是影响业务效果的节点因素。关键表单包括注册表单、登录表单、试用表单、预定表单、购物车表单等。

3．站内流程设计

站内流程设计对营销效果的影响是潜在的，原因是大多数相同类型的网站流程都是相似的。站内流程设计的影响与关键表单设计的影响类似，不同点在于流程设计是"线"的影响，而表单设计是"点"的影响。

除以上要素外，网站自身知名度、市场占有率、品牌美誉度及口碑等因素都会对用户的消费和转化产生影响。

10.3.5　竞争端

竞争对手的营销投放是影响企业本身营销效果的重要因素，其主要影响有以下几个方面。

1．广告影响

当竞争对手与企业在相同媒介投放广告时，品牌认知度的差异会导致用户单击倾向的差异，尤其是 2 个广告投放的内容类似时，会造成用户选择的冲突。例如，当某个媒介同时投放知名企业 A 和不知名企业 B 的广告时，用户会更倾向于单击 A 的广告。

2．活动冲突

当竞争对手与企业存在相同或类似的营销活动时，用户会被分流而产生以下 2 个不利结果。

一是用户提前被竞争对手透支了消费能力，企业的营销活动效果大打折扣。

二是长此以往地被竞争对手占得先机，用户会产生一种趋向，认为竞争对手会有更多优惠和促销活动而产生品牌偏好，这是对企业长远发展的不利因素。

当然，广告冲突、活动冲突可能存在一种"共赢"效果。当社会整体对某个事物或活动尚未形成大规模认知时，大量企业一起协作并集中推出活动会形成一种人为的促销节日气氛，此时未产生购买意愿的用户可能会激发购物欲望，从而使参与企业都得到不同程度的收益。

例如，当京东推出 618 活动时，其他电商活动同时展开，就人为地制造了一年中最重要的电商节日——618 活动，大多数参与企业都能获利。

10.4 应用场景矩阵

应用场景是指数据分析完成后，可以在哪些场景下使用数据结论，或者将数据结论应用到哪些实际场景中。在企业应用的实践中，数据应用的场景可分为 4 类：效果预测、结论定义、原因探究和业务执行。这 4 类场景贯穿了每个业务活动的始末，使数据工作与业务运营成为一个完整、密不可分的整体。

10.4.1 效果预测

效果预测是对未来的预估和推断，常被应用到业务执行前的计划阶段和评估阶段。效果预测可以帮助业务方建立合理的预期目标，并为实现目标建立资源需求图谱；同时效果预测还能够帮助企业提前识别未来会发生的异常情况，通过建立相关机制减少或避免损失。

预测结果大多是具体值，如 20%、800、200 万等，另外还可能是特定区间或分类，如高级活跃会员、A 类销售店铺、响应或不响应等。

效果预测包括正向预测和负向预测 2 种。

（1）正向效果预测，通常是基于已知事实推导未知事实，即从前到后的正向预测。这种预测应用的前提是可控因素和变量事实，基于此预测可达成目标。正向效果预测常用于制定 KPI、战略目标、战术目标等业务场景中。例如，广告部门掌握了 50 万元的预算，预期能带来多少 UV？

（2）负向效果预测，通常是基于已知事实或目标反向推导过程事实，属于从后向前的预测。这种场景应用的前提是已经掌握目标信息，在业务规划时预测达成目标所需的资源和投入情况。例如，全站本月的目标 UV 是 3 000 万，需要投入多少广告费用？

10.4.2 结论定义

结论定义是判断正在发生的和已经发生的事件的结果，以评估结果是否符合预期或存在异常情况。结论定义并不是简单地定义结果是好还是不好，而是进一步定义所谓的好或者不好属于正常还是异常情况，这才是真正的数据结论定义。现在很多数据分析师在给出结论时往往是这样陈述的，"昨日比前日增长 20%""流量下降 40 万"，类似这样的报告不属于结论定义，这只是数据陈述而已。

结论定义最常应用的场景是业务状态进行时和业务状态完成后。业务状态进行时的结论定义可快速帮助业务方建立实时数据反馈机制，通过即时的数据判断结果是否符合预期，并可通过措施优化当前业务状态；业务状态完成后的结论定义除了可以评估业务效果外，还为原因解析和数据探究提供了方向。

常见的结果定义举例如下。

（1）昨日订单超过 30 000 单，超过正常水平 230%。

（2）过去的 1 小时内的流量突然下降了 75%，这是一个异常的预警信号。

（3）过去一周内的注册会员量环比增长 7%，这是正常波动。

10.4.3　数据探究

数据探究是指对数据进行探索和研究，以便发现进一步的数据观点和数据洞察。数据探究是挖掘数据深层次原因和关系的关键动作，也是数据论证的主要过程。数据探究是项目类、专题类数据分析，数据挖掘报告等的核心部分。

数据探究包括针对已知结论和未知结论的数据探究。

（1）已知结论的数据探究。它围绕已知结论进行数据分析和挖掘，以找到导致结果发生的原因。常见的应用场景是针对业务提出的具体问题进行分析，侧重于"为什么"的答疑解惑。例如，昨日网站访问量提高 77%，是哪些原因导致访问量突然增加？

（2）未知结论的数据探究。它是指在数据研究之前没有明确的数据结论，只围绕某一范围或主题开展数据挖掘工作，以便寻找结论和原因。例如，不同的商品是如何关联销售的？

在数据应用过程中，针对未知结论的数据探究的业务认同价值要高于已知结论的价值；同时，针对已知结论进行重复论证的工作价值认同度非常低。例如，通过 A/B 测试结果反映，2 个版本的目标转化率分别是 5% 和 8%，业务方只看结果数据就知道 8% 的效果更好，如果数据分析师仍然通过复杂算法或检验得出了 8% 比 5% 的转化效果更具有显著性，那么该结论的意义非常小。

10.4.4　业务执行

业务执行是指数据分析结论可以直接被业务方使用。这类场景常见于业务方有明确的行动目标，但需要找到一定特征的数据要素作为业务执行的参照。常见的应用场景举例如下。

（1）重新激活可能会流失的会员，应该挑选具有什么特征的会员？

（2）商品 A 库存大量积压，现要将该商品进行捆绑和搭配销售，应该选择哪些商品作为捆绑对象？

业务执行根据具体规则是否明确可分为明确的业务执行规则和模糊的业务执行规则。

（1）明确的业务执行规则，是指数据规则可直接被业务使用。例如，针对网站预计会流失的会员，应该挑选具有什么特征的会员？个人收入 >5 400 元，最近购买时间是 5 个月之前，总订单金额在 4 300 元以下的会员。

（2）模糊的业务执行规则，是指数据分析结论未提供详细的执行方法，仅指明了下一步行动的方向或目标。例如，在某商品 E 页面流量来源中，站内流量来源太少，要如何提高站内流量？站内主要流量页面是 A、B、C，建议从 A、B、C 3 个最大流量的页面入手。

10.5　新手常见误区

10.5.1　把数据陈列当作数据结论

把数据陈列当作数据结论是指数据报告中的结论全部都是数字的简单陈述，通俗点讲就是"读数"。这种问题常见于日常报告，如日报、周报、月报等常规性报告，报告内容以阶段性总结和汇总为主，报告中没有深度分析的内容。

简单地陈列出来的报告中的数据通常称为数据事实。数据事实与数据结论的区别在于：数据事实是将数据陈列，不涉及好、坏、优、劣的定性；而数据结论需要将数据事实结合业务目标和实际情况定性为好、坏、优、劣等。数据事实与数据结论的联系在于：数据事实和数据结论是日常总结性报告不可缺少的两部分，前者以数据的形式直接反映结果，后者从数据分析的角度定性该结果并阐述了该结果的影响。

类似问题：现在很多工具都能直接提供模型结果。例如，使用 sklearn 可提供分类的指标评估报告，很多数据分析师会直接把这些指标给业务方。但业务方对评估指标并没有深入的理解，更不熟悉到底如何通过指标评估模型的好坏。因此，需要数据分析师在做模型时，将模型结果的解读放入数据分析报告中。

10.5.2　数据结论产生于单一指标

数据结论产生于单一指标是指当前结论的来源是某个指标，而非全面的数据指标。这是普遍存在于日常报告中的结论定义错误，原因是单一指标无法全面衡量某一业务效果。例如，昨日全站订单量提高 20% 并不意味着全站销售效果提高，还需要根据客单价、实际妥投率等做综合评估。

类似问题：在数据分析中，初级数据分析师经常在通过某个单一维度找到问题后，立即给出建议。例如，通过分析发现购物车流程中的转化率下降，立即要求改造购物车流程。殊不知，需要再通过多个角度验证到底是不是购物车流程的问题，是全部业务渠道都有问题还是特定渠道有问题，是长期问题还是短期问题，是刚出现的问题还是在特定时间节点出现的问题。

10.5.3　数据立场扭曲的数据结论

数据立场扭曲的数据结论是指用户的立场扭曲客观事实，这种情况常见于数据分析师已经具备某种认知，而只选择符合其预期的结论做定义。

数据分析师的立场决定了数据的立场，这种立场受以下 2 方面因素影响。

（1）数据分析师在公司所处的角色。如果数据分析师在企业组织架构中处于采销中心之下，在对公司级数据进行整理并汇报采销相关数据时，出于自我中心或其他因素的保护意识，可能会出现不客观的结果，如只报喜不报忧，甚至颠倒是非。

（2）数据分析师基本的价值观。任何人都有基本的认知价值观，对于数据分析师而言，如果在拿到一个案例之后，先有了结果偏向，那么整个数据分析和挖掘过程必然会只选择与其结果一致性的样本和方法进行验证，这可能直接导致数据结论扭曲。

类似问题：数据工作相对于业务工作是一个较为明显的"信息不对称"的工作，业务方在很多时候可以通过表面的描述或展示发现一些明显的结论偏颇。但某些数据分析师可能从数据分析工作的一开始就带有特定的数据目的，因此意识上的立场扭曲才是最可怕的。因为意识上的扭曲会决定整个数据分析的导向，这不是表面看起来的样式、功能、步骤的问题，而是从根本上就会存在"误导"。因此，客观的数据工作态度是数据分析师的职业底线。

10.5.4 忽视多种数据落地方式

在传统意义上，数据分析师被定义为通过分析报告输出价值。实际上，数据分析师还可以通过提取数据、数据清洗、数据建模和挖掘、交付数据小产品或应用、参与企业级大型数据项目（如推荐系统、辅助决策系统等）等方式输出价值。此时，分析报告将不再是唯一数据落地的方式。因此数据分析师首先要摆正的观念是：数据分析师不仅能写报告，还能通过很多其他工作来输出价值。

类似问题： 企业需要构建起针对企业级别的辅助决策支持或数据化运营支持的框架。只有框架完整了，数据分析师才能在大框架下将数据工作的定位摆正，最后才是如何输出价值。例如，营销部门、会员部门的数据分析师，其视野和眼界仅局限于自身部门；而企业级大数据中心的数据分析师，则可以将视野扩大到企业全局，此时才可能出现基于企业整体利益考虑的数据工作价值输出。

实训：搭建针对企业的数据化运营应用体系

1．基本背景

数据化运营是在当前社会背景下，各企业普遍关注的一个话题。如何搭建适合企业发展阶段的数据化运营体系是每个数据分析师都应该考虑的问题。它决定了数据分析师的思维能力、视野能力、格局能力，以及更重要的价值输出能力。

2．训练要点

假设企业处于初级阶段，规划出完整的在企业中发挥价值的数据化运营体系。

3．实训要求

（1）思考企业现阶段需要什么样的数据支撑和应用。

（2）明确有哪些实际场景可以将数据分析落地，以及以何种方式落地。

（3）规划出数据分析师所在的部门应该从哪些方面提供数据支撑和应用。

4．实现思路

（1）思考企业所处的发展阶段。一般而言，发展初期重视规模增长；发展中后期侧重于精细化经营。

（2）考虑目前企业的数据工作文化，包括制度、流程、数据丰富度，以及业务部门对数据的认知、接受、应用程度和局限性。

（3）与业务部门负责人沟通了解业务部门对数据价值和数据落地的期望，尤其在哪些方面能发挥作用。

（4）根据业务需求并结合现状，规划出数据报告、分析指标、探索维度、应用场景的综合思路，以及落地方式。

思考与练习

1．会员分析有哪些指标和维度可以使用？

2．为什么通过单一指标不能直接得到数据结论？

3．如何看待数据在企业经营中的价值和作用？

4．如果你分别是会员部门和企业大数据部门的负责人，你会如何规划数据化运营应用体系？

5．使用本章的数据集，手写代码实现各个模块和逻辑。